1000
Voitures de course

93
GT
53

1000 Voitures de course

terres éditions

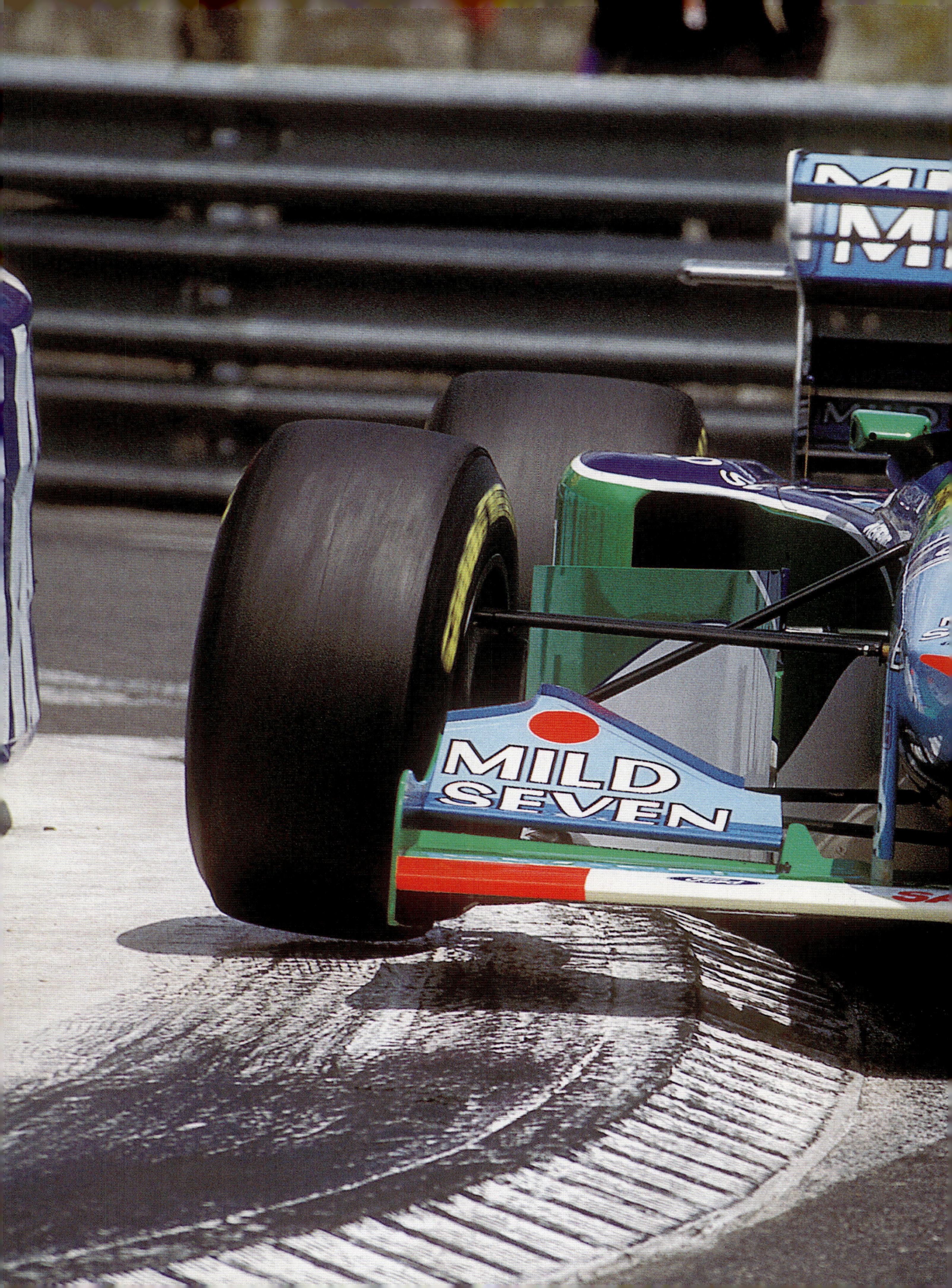
MILD
SEVEN

SEVEN
SPORTSYSTEM
MILD SEVEN
MILD
SEVEN

Double page précédente : sept fois champion du monde, Michael Schumacher est le pilote le plus titré de l'histoire de la Formule 1. Il a remporté le Grand Prix de Monaco et son premier titre mondial en 1994 sur une Benetton B194 à moteur Ford V8.

Textes originaux : Hans G. Isenberg et Reinhard Klein

Réalisation : InTexte, Toulouse
Traduction de l'allemand : Séverine Wanlin, Florence Lecanu, Mathieu Masselot

Réalisation complète : Naumann & Göbel Verlagsgesellschaft mbH, Köln

Imprimé en Chine

Dépôt légal : septembre 2010

ISBN : 978-2-35530-097-4

www.naumann-goebel.de

Sommaire

La vitesse – Une affaire (parfois) lucrative

Grand Prix de France en 1914, près de Lyon. À l'époque, la plus importante course de l'année se déroulait encore sur un terrain glissant. Carl Jörns, le pilote de l'écurie Opel, arriva dixième.

Le premier circuit permanent du monde vit le jour à Brooklands, en Angleterre, il y une centaine d'années (1907). Plus de 200 000 tonnes de béton furent nécessaires à la construction de cet autodrome de 4,47 km, réalisé en neuf mois – un temps record. Désormais, les heureuses victoires comme les défaites se déroulèrent sous les yeux des spectateurs enthousiastes et non plus dans la solitude des épreuves d'endurance comme c'était le cas jusqu'alors. Le circuit de Brooklands fut une sorte de version pilote des circuits fermés à venir. Ses coûts de construction et d'exploitation colossaux grevèrent sérieusement les finances du grand propriétaire terrien Hugh Locke King, à qui il appartenait. L'entretien du circuit était si onéreux qu'il dut fermer ses portes avant la Seconde Guerre mondiale. Comme l'histoire allait le montrer, il ne s'agissait malheureusement pas d'une exception En effet, beaucoup de circuits ne sont pas rentables. Il existe cependant un circuit permanent à haute vitesse qui réalise des bénéfices depuis 1911 : l'ovale d'Indianapolis, aux États-Unis. Quelque 42 petites courses de 5 à 200 miles y furent organisées en 1909 et 1910. C'est seulement en 1911 que la course des 500 miles soit 805 km) vit le jour, une aubaine pour les organisateurs qui avaient compris qu'une grande course était plus lucrative que 20 petites. Toutes les écuries européennes et américaines renommées participèrent à l'Indy 500, et 80 000 spectateurs remplirent les

Au Grand prix de Tripoli en 1939, Rudolf Caracciola arriva second derrière Hermann Lang, sur la Mercedes-Benz W 165 dont ce fut la seule course.

En 1954, la route nationale très rapide de Reims était considérée comme un circuit de Grand Prix innovant. Encensée jadis, la piste où Mercedes-Benz réalisa un come-back fulgurant grâce à une double victoire est aujourd'hui envahie par les mauvaises herbes.

caisses de Carl G. Fisher et de l'Indianapolis Motor Speedway Inc. ; de nos jours, l'Indy 500 attire jusqu'à 400 000 spectateurs.

L'Europe se mesure aux États-Unis

Créé sur le modèle du circuit d'Indianapolis, l'autodrome de Monza, en Italie, fut longtemps considéré comme le circuit le plus rentable et le plus rapide d'Europe. Dans les années 1950, l'Indy 500 comptait encore parmi les épreuves du championnat du monde de Formule 1, et les voitures de Formule 1 européennes échouèrent misérablement face à leurs homologues américaines de l'Indy 500. Aux 500 miles d'Indianapolis, les bolides de Formule 1 italiens n'avaient aucune chance contre les voitures de course de l'ovale. En 1956, l'ancien champion du monde Nino Farina n'arriva pas à se qualifier parmi les 33 pilotes les plus rapides avec sa Ferrari Bardahl, alors qu'un jeune pilote texan y parvint sans difficulté avec un véhicule identique. Le combat de forces aux 500 miles de Monza en 1957 pesa encore plus lourd dans la balance. Une course de ce type fut en effet organisée en Italie il y a une cinquantaine d'années environ. L'Américain Jimmy Bryan y remporta deux des trois épreuves de 170 miles à bord d'une Dean Van Lines Special, qui était dotée d'un Offenhauser quatre cylindres, établissant simultanément un

Grand Prix de Suisse en 1954 sur le circuit de Bremgarten, près de Berne. Sur sa Mercedes-Benz W 196, Juan Manuel Fangio passe le virage de Forsthaus à toute allure, devant José Froilán González et sa Ferrari.

La proximité du public plutôt que l'isolement. Au Grand Prix de Belgique en 1968, les passionnés de course pouvaient examiner de près le travail des mécaniciens.

nouveau record du tour à 282,75 km/h dans les virages relevés de Monza. À ce jour, ce record est resté invaincu sur les circuits européens. À chaque tour, l'Américain prit plus de 3 secondes d'avance sur la plus rapide des Maserati.

En froid avec les États-Unis

Les rapports troublés entre la Formule 1 et le milieu des courses automobiles américain datent de cette époque. Au cours des 25 dernières années, le promoteur de courses Bernie Ecclestone a tenté à maintes reprises d'implanter la Formule 1 aux États-Unis, mais en vain. Jusqu'en 1992, les efforts déployés à Watkins Glen, Détroit, Long Beach, Las Vegas et Phoenix ne suscitèrent pas un écho suffisant auprès des spectateurs et des organisateurs. En 2000, Bernie Ecclestone fit une nouvelle tentative très audacieuse sur le circuit d'Indianapolis : un tracé sinueux combiné à un virage relevé rapide, passé à 300 km/h, devait remplacer la course plein gaz dans l'ovale et déchaîner l'enthousiasme des spectateurs américains. Ce fut cependant un nouvel échec, les organisateurs abandonnèrent après seulement huit compétitions.

Les courses de nuit font recette

Une course automobile doit être divertissante. Selon un sondage représentatif réalisé auprès des visiteurs des circuits américains, le show entourant la course doit être au moins aussi excitant que la course elle-même. Organisée en 2008 à

La plupart des écuries de course doivent leur survie à des sponsors. En 1986, Lotus accueillit dans ses rangs un futur double champion du monde, Ayrton Senna. Mais le plus gros poisson pêché par Lotus à cette époque fut le contrat de sponsoring avec la marque de cigarettes John Player's.

De 1992 à 2006, Michael Schumacher (1er rang, au centre) a remporté chaque année au moins une victoire lors du championnat du monde de F1.

Singapour, la première course de nuit en Formule 1 rencontra un franc succès. Ce ne fut pas vraiment une surprise, les courses nocturnes de stock-cars (NASCAR), de dragsters et d'IndyCar aux États-Unis ayant actuellement la faveur du public et des sponsors. De nouveaux circuits permettront de réagir à cette tendance en Europe.

De lointains pays porteurs d'avenir

La Chine, l'Inde, les Émirats arabes unis et les anciens pays de l'Union soviétique ont du retard à rattraper en Formule 1. Mais les nouveaux circuits qui y sont prévus, voire déjà construits, mettent déjà dans l'ombre leurs équivalents européens, totalement obsolètes et peu attrayants, pour certains. Un circuit n'offrant aucune possibilité de dépassement, comme en Hongrie, ou une aire de stationnement où l'on s'embourbe dès qu'il pleut un peu fort, comme à Silverstone, sont des aberrations. Une course automobile exigeant un droit d'entrée élevé doit obligatoirement fournir un divertissement haut de gamme. En ces temps de crise économique, les exploitants des circuits de course doivent plus que jamais tenir compte de cet aspect, sous peine de devoir mettre la clé sous la porte, chose qu'aucun de nous ne souhaite.

Une poignée de mains qui vaut son pesant d'or. Après le départ de Michael Schumacher, le pilote le plus cher est vraisemblablement Fernando Alonso, l'Espagnol double champion du monde (à droite), avec un salaire annuel fixe s'élevant à 15 millions d'euros.

Voitures de Grand Prix

Lors de la première course de l'histoire de l'automobile, 22 véhicules se rassemblèrent sur la ligne de départ. Tout ce qui avait un moteur et trois ou quatre roues s'y trouvait – du quatre places de type calèche au bus de ligne à vapeur.

En 1894, chacun des participants de la course Paris-Rouen était considéré comme un héros potentiel, les sceptiques tenant les nouveaux moteurs à essence pour extrêmement dangereux. En fin de compte, aucun des véhicules n'explosa, à la grande déception des journalistes de la presse à sensation venus de toute l'Europe. L'esprit d'aventure saisit le tout jeune Automobile Club de France, puis la France entière et finalement la moitié de l'Europe et les États-Unis. Il ne se passa pratiquement pas un mois sans une nouvelle course de ville à ville, encore plus exigeante et plus longue. Au départ de Paris, les courageux pilotes rallièrent Amsterdam, Berlin ou encore Vienne, à une cadence toujours plus soutenue. En 1903 déjà, des centaines de milliers de spectateurs fascinés virent des bolides passer à environ 130 km/h juste sous leurs yeux lors de la course Paris-Madrid. Les organisateurs escomptaient deux à trois millions de curieux le long du parcours. Les véhicules les plus rapides effectuaient d'effarantes manœuvres de dépassement pour doubler les plus lents dans un nuage de poussières, sur des routes bordées d'arbres centenaires et de profonds fossés, au milieu d'une foule de gens, d'animaux et d'outils agricoles. Ce qui devait arriver arriva : trois coureurs et cinq spectateurs perdirent la vie après les 160 pre-

14 août 1938. Départ fulgurant de la Coppa Acerbo près de Pescara (Italie). Les flèches d'argent allemandes de Mercedes-Benz et Auto Union dominent également cette course.

L'essentiel, c'est de gagner. C'était à des courses américaines telles que le Grand Prix d'Amérique en 1910, à Savannah (Géorgie), que les pilotes européens remportaient les prix les plus élevés.

miers kilomètres. Le nombre de spectateurs et de conducteurs blessés n'est pas connu mais il y en eut sans doute beaucoup puisque le public se tenait sur le bas-côté. La course fut interrompue avant son terme, à Bordeaux. La vitesse moyenne du vainqueur est représentative de la vélocité des véhicules les plus rapides jadis : 104,5 km/h malgré trois pneus crevés et un arrêt pour remplir les réservoirs d'eau et de carburant.

Tourner en rond

Après le désastre de la course Paris-Madrid, la totalité des épreuves de ville à ville au départ de Paris furent annulées sans autre forme de procès. Des industriels à l'esprit commerçant et d'ingénieux éditeurs de journaux tels que l'Américain Gordon Bennett se mirent alors à organiser des courses en circuit fermé dotées de prix importants. Un an à peine après la débâcle du Paris-Madrid, la première de ces compétitions eut lieu en Belgique sur le circuit des Ardennes, dont les participants devaient effectuer six fois le tour. Ce système suscita l'enthousiasme du public malgré la méthode de départ, individuelle à l'époque. Les nouvelles courses en circuit fermé se révélaient pleines d'avenir. Elles le sont d'ailleurs toujours aujourd'hui.

Réglementation

La France était déjà l'épicentre du sport automobile jadis, et elle le reste aujourd'hui. C'est à Paris que sont fixés les règlements auxquels même les grandes écuries doivent se plier, comme on l'a vu lors de la récente polémique en Formule 1. Les formules furent déjà modifiées à maintes reprises avant la Première Guerre mondiale. En 1906, le poids maximal autorisé pour une voiture de Grand Prix était de 1 000 kg. La quantité maximale de carburant fut définie entre 1907 et 1913, le nombre de cylindres en 1908, la limitation de la cylindrée en 1914 – pour ne citer que quelques exemples. La présence ou l'absence de garde-boue intéressa peu les organisateurs jusqu'à la Seconde Guerre mondiale. Quelques minutes suffisaient pour alléger une voiture de sport à garde-boue en vue des courses de Grand Prix, comme Bugatti, Talbot ou encore Mercedes (avec la SSK) le démontrèrent dans les années 1920. Dans les années 1930, les flèches d'argent allemandes lancèrent la mode des voitures de Grand Prix à carrosserie intégrale, ravissant toute chance de victoire aux véhicules qui en étaient dépourvus sur des circuits rapides comme ceux de Monza ou de l'AVUS. Dix ans après la Seconde Guerre mondiale, les associations internationales de sport automobile optèrent pour une dissociation claire des voitures de sport à garde-boue et des modèles de Grand Prix sans garde-boue ou à châssis nu. Depuis 1956, le Championnat du monde de Formule 1 est disputé uniquement par des véhicules de Grand Prix à roues découvertes.

Panhard & Levassor *1894*

C'est une Panhard & Levassor dotée d'un moteur Daimler – avec une vitesse de pointe de 25 km/h – qui décrocha la victoire lors de la première course de l'histoire automobile : une épreuve de 126 km entre Paris et Rouen, en 1894. La compétition suscita un tel enthousiasme auprès du public et de la presse que plusieurs autres courses de ville à ville furent organisées, avec Paris pour point de départ généralement. Panhard & Levassor produisit des moteurs Daimler sous licence dès 1890. La société Panhard fut absorbée par Citroën en 1965.

Voiture de course Benz, 14 ch *1900*

À la fin du XIXe siècle, la société Benz & Cie se concentrait sur les épreuves de fiabilité, ne se préoccupant que peu des courses de ville à ville comme celles qui existaient en France et aux États-Unis. Mais Benz & Cie finit cependant par se consacrer en parallèle à cette activité et proposa officiellement ce modèle de course à moteur boxer bicylindre de 14 ch et 2 714 cm^3 à sa clientèle férue de compétition. Le succès ne se fit pas attendre. La photographie ci-dessous montre Matthias Bender (au volant) et le mécanicien Wilhelm Schmitt, qui remportèrent de nombreuses courses de plaine et de montagne. En 1900, une vitesse de pointe de 65 km/h leur suffit pour gagner la célèbre course de plaine de Francfort.

Portrait

Otto Salzer

Pilote de la première heure, Otto Salzer rejoignit la Daimler-Motoren-Gesellschaft en qualité de mécanicien en 1896. Il participa à sa première course en 1898 à bord d'un camion Daimler : une épreuve d'endurance de huit jours à Vienne, contre des voitures à chevaux. À la fin du quatrième jour, les véhicules à chevaux avaient tous abandonné et Otto Salzer fut le seul à atteindre le but. Après cela, Salzer prit part à un nombre croissant d'épreuves de fiabilité et de courses de ville à ville ou sur circuits fermés aux États-Unis. Ce mécanicien devint un véritable pilote de course au parcours jalonné de succès.

Mercedes Simplex 1902

Au début du XXe siècle, la plupart des automobiles utilisées en compétition étaient des véhicules à grandes roues avec une tenue de roue périlleuse. Leurs piètres freins causaient de nombreux ennuis aux conducteurs, au même titre qu'un système de refroidissement insuffisant en cas de températures élevées. Avec son centre de gravité bas, et de ce fait une tenue de route optimisée, cette Mercedes Simplex de 1902 était considérée comme une voiture de sport des plus innovantes et simple à manœuvrer, d'où la désignation « Simplex ». Elle était également dotée d'un moteur quatre cylindres de 6 785 cm^{3} bénéficiant d'un système de refroidissement amélioré, sous la forme d'un radiateur en nid d'abeilles filigrané, et elle développait déjà 40 ch à 1 100 tr/min. À son bord, les conducteurs courageux pouvaient se laisser gagner par l'ivresse de la vitesse à 80 km/h.

Serpollet type H 1902

Comme toutes les voitures de sport et de course qui furent construites par Léon Serpollet, ce modèle de 1902 était équipé d'un moteur à vapeur. En 1903, la plus rapide des sept Serpollet type H participant à la course d'endurance Paris-Madrid couvrit l'épreuve à une vitesse moyenne de 83 km/h jusqu'à son interruption à Bordeaux. En effet, le conducteur dut arrêter la courses après plusieurs accidents graves. Le moteur quatre cylindres de ce véhicule délivrait environ 40 ch. Ce fut également une Serpollet à vapeur qui établit un nouveau record de vitesse mondial en 1903 : 75,6 km/h. La mort de Léon Serpollet en 1907 marqua également la fin de son entreprise.

Opel-Darracq, 9 ch *1902*

En ce début de XXe siècle, Alexandre Darracq était considéré non seulement comme l'un des meilleurs constructeurs automobiles mais également comme un homme d'affaires intelligent. Il parvint à convaincre la famille Opel, dont la production était encore modeste, que ses voitures et moteurs réalisaient des performances exceptionnelles tout en étant les plus fiables. La famille Opel conclut un contrat de licence avec Darracq et se chargea de sa représentation générale en Allemagne, en Autriche et en Hongrie. Cette Opel de course de 9 ch, montée sur un châssis Darracq, date de cette époque mouvementée. Le pilote français Béconnais décrocha de nombreux trophées à son volant. Cette voiture était dotée d'un équipement spartiate, mais son moteur monocylindre de 1 300 cm^3 avec un régime de 1 400 tr/min lui permettait d'atteindre 45 km/h.

De Dion-Bouton type S *1903*

Au tournant du siècle, la course automobile en était à ses premiers balbutiements. La société française De Dion-Bouton était alors l'un des principaux constructeurs de voitures sportives. Sa fabrique faisait travailler 400 personnes en 1898, chiffre qui passa à 1 300 personnes, à peine un an plus tard. Les voitures y étaient produites une à une, conformément aux souhaits particuliers des clients. Ce type S de 1903 prit part à des épreuves d'endurance afin de démontrer la puissance de son moteur bicylindre de 727 cm^3. Avec ses 12 ch, il atteignait 50 km/h, vitesse suffisante jadis pour susciter une légère sensation d'enivrement chez le conducteur et le mécanicien.

De Dietrich *1903*

La société De Dietrich de Lunéville produisit ses premières voitures de tourisme dès 1898, et connut un certain succès en compétition. La photographie montre un roadster biplace souvent utilisé pour les courses d'endurance jusqu'à 5 000 km. Ettore Bugatti fut employé quelques temps par la société De Dietrich, qui devint Lorraine-Dietrich par la suite. Caractéristiques techniques du véhicule : moteur monobloc quatre cylindres, 23 ch, pointe à 40 km/h.

Benz *1903*

La course automobile Paris-Madrid de 1903 galvanisa les grands constructeurs. Une foule de spectateurs se pressa le long du parcours pour applaudir les intrépides conducteurs. En trois ans, la puissance des moteurs de course quadrupla grâce à un système de refroidissement optimisé. Ce ne fut plus à 65 km/h, mais à plus de 160 km/h que les bolides dépassèrent le public amassé sous les arbres bordant la chaussée. Un monde de différence, comme en atteste le nombre de victimes. Deux pilotes, un mécanicien et cinq spectateurs décédèrent durant cette course qui coûta la vie à Marcel Renault. La photographie ci-dessous montre une voiture de course Benz de 60 ch conduite par Barbarou, le pilote de l'écurie. L'épreuve fut interrompue avant son terme à Bordeaux, en raison des nombreux accidents. Ce fut la dernière course de ville à ville de l'époque.

Benz 60 ch *1903*

En 1903, le Français Marius Barbarou prit la tête du célèbre circuit des Ardennes avec sa Benz 60 ch. La photographie présentée ci-dessus en noir et blanc le montre lors du contrôle technique.

Dufaux *1904*

Deux Suisses, les frères Dufaux, conçurent cette puissante voiture de Grand Prix en 1904 pour l'épreuve la plus importante de la saison, la prestigieuse Coupe Gordon Bennett. Son moteur de 12 761 cm³ délivrant jusqu'à 90 ch était doté de huit cylindres en ligne – une grande nouveauté, la concurrence se satisfaisant généralement de quatre à six cylindres. Avec un bon 150 km/h en pointe, c'était l'un des modèles les plus rapides de l'époque. Finalement, le projet fut abandonné pour des raisons de budget. Comme c'est souvent le cas, le manque d'argent fit obstacle au succès. Ce bolide disputa ses dernières courses en 1907.

Mercedes 90 ch, Coupe Gordon Bennett *1904*

Désireux de promouvoir les automobiles, l'éditeur américain Gordon Bennett organisait chaque année une course soumise à un classement par pays. Il créa également des compétitions similaires pour les premiers avions motorisés et les bateaux de course. Camille Jenatzy, le pilote de l'écurie Mercedes, arriva second à cette épreuve, la plus importante de l'année. Son véhicule de Grand Prix consommait pratiquement autant d'eau de refroidissement que d'essence.

Mathis Hermes *1904*

Avant de fonder sa société, Ettore Bugatti avait été ingénieur chez le constructeur français Mathis, qui commercialisait des voitures de course et de tourisme. La photographie montre une Mathis Hermes biplace sport. Cet exemplaire rare, en parfait état de fonctionnement, est exposé au musée national de l'Automobile à Mulhouse. Ses caractéristiques techniques : quatre cylindres, 12 057 cm³, 92 ch, 135 km/h.

Peugeot type 56 Tonneau *1904*

La plupart des premières courses automobiles comprenaient déjà une évaluation de la consommation, particulièrement populaire en France. Cette Peugeot de 1904 consommait à peine 5,3 l/100 km, ce qui lui valut de remporter le « critérium de consommation », la première place et la médaille d'or. Avec son moteur monocylindre de 833 cm³, elle atteignait 40 km/h.

Benz 60 ch, Targa Florio *1906*

Les constructeurs italiens n'étaient pas les seuls à considérer la Targa Florio comme la course la plus difficile de l'année. Le circuit particulièrement ardu des Madonies fut inclus dans le calendrier des courses en 1906, et tout ce qui avait un nom y participa. Benz y prit part avec ce modèle sport racé de 60 ch, conduit par le duc Clemens von Bajano – sans le succès escompté, malheureusement. Son compatriote Alessandro Cagno gagna la course sur une Itala.

Mercedes 37/70 Sport *1906*

Les Mercedes de sport biplaces construites avant la Première Guerre mondiale n'étaient pas des modèles de course au moteur gonflé, mais furent cependant employées avec succès à des épreuves de plaine et de montagne. Ce type 37/70 est doté d'un moteur à six cylindres en ligne développant 70 ch. Avec ses 9 495 cm³, il possédait une cylindrée et un couple moteur tout à fait honorables. Il atteignait 90 km/h et son système de freinage se limitait aux roues arrière, comme c'était l'usage jadis. À l'époque, les freins avant étaient considérés comme très dangereux, bien que les premiers véhicules munis de freins aux quatre roues eussent été présentés en 1902.

Écurie Mercedes *1906*

Ci-dessus, les mécaniciens en train de préparer une Mercedes de course quatre cylindres pour la prochaine course, dans l'usine d'Untertürkheim, près de Stuttgart. La photographie date de 1906. Autrefois, les voitures étaient dépourvues de freins avant.

Pékin-Paris *1907*

La course Pékin-Paris de 1907 fut l'épreuve la plus longue et la plus ardue organisée avant la Première Guerre mondiale : un supplice de 15 200 km pour les hommes et les véhicules. La compétition lancée par le journal français *Le Matin* fut remportée par le prince italien Scipione Borghese à bord d'une Itala ; il parvint au but en 60 jours. La De Dion qui arriva seconde ne passa la ligne d'arrivée que deux mois plus tard. Tous les autres participants abandonnèrent.

Opel « Targa Florio » *1907*

La famille Opel considérait le sport automobile comme une excellente publicité à un coût relativement bas. La photographie montre Fritz Opel posant au volant de sa nouvelle voiture de course Targa Florio construite en 1907. Il termina l'épreuve sicilienne dans le fossé en essayant d'éviter une chèvre. L'homme et l'animal s'en sortirent sains et saufs.

Lancia Alfa 12 ch *1907*

Vincenzo Lancia se découvrit une vocation de constructeur automobile en 1906. Contrairement à certains « rêveurs », Lancia possédait les connaissances nécessaires grâce à l'expérience acquise au sein de l'écurie Fiat : pilote dans l'âme, il avait gagné la coupe Florio en 1904 et bouclé le tour le plus rapide lors de la coupe Vanderbilt aux États-Unis en 1905. Aux débuts de l'automobile, les pilotes connaissaient parfaitement leurs voitures. Lancia remporta plusieurs courses de fiabilité avec sa nouvelle création, dont il avait également conçu le moteur quatre cylindres de 2 543 cm^3, développant 24 ch. Ce modèle très léger, 710 kg seulement, atteignait 90 km/h.

Ford R Runabout *1907*

En plus d'avoir vendu plus de 15 millions de modèles T entre 1908 et 1927, Ford établit plusieurs records de vitesse, en personne ou par le biais de son pilote Barney Oldfield, sur des lacs gelés. La photographie montre un ancien roadster de type R, équipé pour la première fois de marchepieds. Cette version sport fut utilisée aux États-Unis pour la compétition : dotée d'un moteur quatre cylindres de 2 397 cm^3 de 15 à 18 ch, elle atteignait environ 60 km/h. À la fin de l'année 1908, ce beau véhicule fut remplacé par le modèle T, plus spartiate et uniquement disponible en noir.

Thomas Flyer *1908*

Cette Thomas Flyer est une véritable rareté. La société américaine Thomas construisit des voitures particulières uniquement de 1902 à 1919. Ce fut une Thomas Flyer qui gagna la course d'endurance New York-Paris en 1908. Ce rallye, pour lequel il fallait traverser la moitié de la planète, n'eut lieu qu'une seule fois.

Opel, course de côte de Semmering *1908*

Ci-contre, Carl Jörns rayonnant – non sans raison, puisqu'il était une fois de plus parvenu à remporter la victoire générale à la populaire course de Semmering, établissant simultanément un nouveau record de course avec son moteur quatre cylindres de 10 l, et laissant derrière lui des voitures encore plus puissantes.

Panhard & Levassor GP *1908*

Durant la première décennie suivant la naissance du sport automobile, les voitures de compétition et de tourisme de René Panhard et Émile Levassor remportèrent la plupart des courses et des épreuves de fiabilité, ou se positionnèrent dans les premières places. La clé de ce succès : une licence de production relativement peu coûteuse, obtenue dès 1890 pour les moteurs à essence Daimler destinés au marché français. La voiture de course illustrée ici est équipée d'un moteur quatre cylindres de 12 824 cm^3. Ce bolide bleu à traction arrière développait 121 ch et filait à une allure de 155 km/h sur les pistes poussiéreuses.

Delage type F *1908*

Avant la Première Guerre mondiale, Louis Delage conçut plusieurs voitures de course qui remportèrent de grandes victoires dans la catégorie « Voiturettes ». Cette Delage type F, dotée d'un moteur monocylindre de 1 265 cm^3 délivrant 18 ch, atteignait environ 80 km/h en pointe. En 1913, Lucien Delage fit courir des voitures de Grand Prix de sept l, qui ne gagnèrent pas uniquement des courses européennes telles que le Grand Prix de France, l'épreuve la plus importante de la saison, la même année. Une Delage pilotée par René Thomas remporta même les célèbres 500 miles d'Indianapolis en 1914.

Opel, course Prinz Heinrich *1908*

À partir de 1907, les usines Opel de Rüsselsheim participèrent de plus en plus fréquemment, et avec succès, à des épreuves de fiabilité internationales et des courses telles que la Targa Florio en Sicile ou le Grand Prix de France. Carl Jörns, le meilleur pilote de l'écurie Opel, arriva premier à plus de 200 reprises. Il remporta de grandes courses comme le Kaiserpreis, tandis que Fritz et Wilhelm Opel se concentraient sur des épreuves de fiabilité telles que l'exigeante course Prinz Heinrich, où fut prise cette photo lors du départ et où Wilhelm Opel décrocha la victoire générale en 1909.

Benz de Grand Prix *1908*

Lors du Grand Prix de France en 1908 à Dieppe, les pilotes de l'écurie Benz, Christian Lautenschlager (à gauche sur la photographie) et Otto Salzer (tout à droite), prirent le départ à bord d'un bolide dont le moteur quatre cylindres de 12 l délivrait 120 ch à 1 500 tr/min. Peu de pilotes maîtrisaient cette voiture du course au couple brutal, qui atteignait 163 km/h. Christian Lautenschlager gagna la course, de 753 km, et Otto Salzer établit un nouveau record de tour. Un choc pour les Français coutumiers du succès, qui durent annuler la course l'année suivante pour des raisons de coût, l'Europe vivant une nouvelle crise économique.

Benz de Grand Prix *1908*

Avant la Première Guerre mondiale, les voitures de course françaises donnaient généralement le ton lors du Grand Prix de France. Pour les constructeurs allemands, anglais et italiens, cette humiliation représentait plus qu'une bataille perdue. Les perdants cédaient également des parts de marché à « l'adversaire bleu ». En 1908, les sociétés Benz & Cie et Mercedes contre-attaquèrent avec cette voiture de Grand Prix qui affronta Peugeot, le vainqueur coutumier, au Grand Prix de France la même année. Résultat : les deuxième et troisième places revinrent à la voiture de course Benz, qui atteignait 163 km/h avec son moteur quatre cylindres de 12 l et 120 ch, tandis qu'une Mercedes de Daimler (ci-dessus) remportait la première place.

Voiture de course Opel 21/45 *1909*

En 1909, la célèbre semaine de Nice réunit tous les grands constructeurs automobiles pour un combat de force comprenant une épreuve en ville et plusieurs courses de côte. Des moteurs de grosse cylindrée étaient indispensables. Le pilote de l'écurie Opel Carl Jörns, à gauche sur la photographie, remporta l'épreuve de ville à une vitesse moyenne de 130 km/h et Otto Lindpaintner, à droite au volant, s'imposa devant plus de 51 autres concurrents avec sa petite Opel 21/45. Ses caractéristiques techniques : moteur de 45 ch et 5 322 cm³, quatre cylindres en fonte coulés deux par deux, carter moteur en aluminium. Vitesse de pointe environ 80 km/h. Boîte à quatre rapports avec embrayage à cône en cuir.

Opel 21/45, course Prinz Heinrich

1909

En Allemagne, la légendaire course Prinz Heinrich était la course d'endurance par excellence. Elle garantissait à son vainqueur des ventes lucratives auprès d'une clientèle critique, pour un certain temps. À l'époque, le slogan publicitaire d'Opel était « Opel, la voiture fiable ». En 1909, Wilhelm Opel (sur la photographie) sortit vainqueur de ce supplice de plus de 1 000 km avec une voiture de course quatre cylindres de 45 ch.

Ford T *1909*

Avant la Première Guerre mondiale, traverser les États-Unis représentait une épreuve aussi interminable qu'éreintante pour l'homme et pour la machine, comme la photographie en témoigne. En 1909, Henry Ford fit participer trois exemplaires de son inusable modèle T (« Tin Lizzy ») à cette épreuve longue distance de New York à Seattle (plus de 5 000 km), et l'un d'entre eux la remporta. Ces voitures tout-terrain et donc « hautes sur pattes » étaient mues par un moteur quatre cylindres de 2 884 cm³ développant à peine 20 ch. Dans des conditions optimales, elles atteignaient 60 km/h.

Benz « Blitzen-Benz » *1909*

Cette voiture est entrée dans les annales de l'automobile. Atteignant 202,7 km/h sur le circuit de Brooklands (Angleterre), Victor Hémery fut le premier pilote à dépasser les 200 km/h en Europe, le 8 novembre 1909. Deux ans plus tard, l'Américain Bob Burman établissait un nouveau record mondial avec cette voiture de course sur la plage d'Ormond Beach, en Floride : 228,1 km/h au mile lancé. Il s'agissait jadis de la vitesse la plus élevée jamais atteinte par l'homme dans les airs, sur rails ou avec quelque véhicule que ce fût. Cette voiture remporta en outre d'importantes courses en circuit fermé, notamment une épreuve de la Coupe Vanderbilt aux États-Unis, avec Barney Odlfield au volant (photographie ci-dessus). Son moteur est le plus gros jamais monté sur une Mercedes ou une Benz de course : un quatre cylindres de 21 504 cm^3 développant 200 ch à 1 600 tr/min.

Benz « Blitzen-Benz » *1909*

La réglementation des courses fit déjà l'objet de modifications de dernière minute avant la Première Guerre mondiale, l'Automobile Club de France souhaitant limiter la cylindrée des voitures participant aux courses de Grand Prix. Le quatre cylindres de 21 504 cm^3 se retrouva exclu des courses de formule.

Voiture de course Benz 200 ch *1909*

Benz conçut dès 1908 une voiture de course délivrant 200 ch, qui établit un nouveau record lors de la célèbre course de côte de Gaillon en 1910. Destiné initialement aux avions, son moteur quatre cylindres de 12 060 cm^3 était l'un des plus puissants de l'époque. Les pilotes de l'écurie Benz, Victor Hémery et René Hanriot, disputèrent des courses de Grand Prix sur des voitures qui en étaient équipées. Chacun des cylindres de ce moteur gonflé de 120 ch à 200 ch « s'enflammait » à l'aide de deux bougies. Selon la transmission, cette voiture anguleuse au poids conséquent dépassait largement les 160 km/h.

Moteur de course « Blitzen-Benz » *1909-1911*

Avec sa gigantesque cylindrée, le moteur de 21,5 l de la Blitzen-Benz possédait une énorme puissance de traction qu'il démontra lors de courses de vitesse américaines et en établissant de nouveaux records à Brooklands et en Floride. Il était basé sur un moteur de course de 12 l et 150 ch datant de 1908, dont la cylindrée avait été portée à 21,5 l et la puissance à 200 ch à 1 600 tr/min. Le moteur à double allumage de la « Blitzen-Benz » pesait 407 kg – un vrai poids lourd.

Voiture de Grand Prix Renault *1909*

Les courses se gagnent également lors des arrêts ; il en fut toujours ainsi. En 1906 déjà, Renault remporta le Grand Prix de France parce que son partenaire Michelin avait mis au point des jantes démontables réduisant de 15 à 3 minutes le temps requis pour changer les pneus. Avec cet as dans sa manche, l'équipe française se rendit en 1909 aux 24 Heures de New York où le pilote de l'écurie François Szisz décrocha la première place. Caractéristiques techniques : moteur quatre cylindres en ligne, 12 975 cm³, de 90 à 105 ch, boîte à trois rapports, pointe à 160 km/h.

Lancia Beta 15/20 HP *1909*

Conçu pour des épreuves longue distance jusqu'à 5 000 km, ce modèle de tourisme sportif était particulièrement bas, caractéristique qu'il partageait avec les autres voitures construites par Vincenzo Lancia, un pilote chevronné. Ses véhicules bénéficiaient ainsi d'une meilleure tenue de route. Lancia créa également une Beta roadster biplace destinée à la compétition. La motorisation était identique à celle de ce modèle à quatre places : un quatre cylindres de 3 117 cm³ et 34 ch. Cette voiture de 780 kg permettaient aux conducteurs sportifs de traverser la Toscane à 95 km/h

Benz « Prinz Heinrich », 115 ch *1910*

Les ingénieurs de Benz développèrent cette voiture de sport et de tourisme racée pour l'incontournable course Prinz Heinrich. Elle était dotée d'un moteur de 7 267 cm³ délivrant de 100 à 115 ch, dont les quatre cylindres étaient chacun pourvus de quatre soupapes inclinées en V – une grande nouveauté à l'époque. On lui attribue une vitesse de pointe de 125 km/h. Elle fut produite à un seul exemplaire.

Alfa Romeo 12 HP *1910*

Comme presque tous les constructeurs à vocation sportive de son temps, Alfa proposa ce modèle avec différentes carrosseries. Outre la 15/20, une version de course biplace, la 12 HP illustrée ici était considérée comme la voiture la mieux adaptée aux épreuves d'endurance particulièrement difficiles. Elle était équipée d'un moteur quatre cylindres de 2 412 cm³ développant 24 ch et d'une boîte à trois rapports. Avec une vitesse maximale de 65 km/h, elle remporta maintes victoires, de sorte que le nom A.L.F.A. (« Anonima Lombarda Fabbrica Automobili ») prit une connotation plus sportive.

Benz, course Prinz Heinrich *1910*

Avant la Première Guerre mondiale, la course Prinz Heinrich était la plus importante des compétitions automobiles organisées dans l'Empire allemand, et réunissait la haute société presque au complet. Les participants devaient traverser l'Allemagne, l'Autriche et la Hongrie sur quelque 1 840 km de pistes caillouteuses. En 1908, son énorme coupe d'argent revint au pilote de l'écurie Benz, Fritz Erle. En 1909, ce fut au tour de Wilhelm Opel, puis à celui de Ferdinand Porsche sur une Austro-Daimler en 1910, année où Fritz Erle prit le départ avec la Benz illustrée ici. À cause de nombreuses pannes, Erle arriva seulement en cinquième position cette année-là, en dépit des performances de sa nouvelle Benz : moteur quatre cylindres/16 soupapes de 7 272 cm³, 115 ch à 2 100 tr/min, quelque 125 km/h en pointe.

Itala *1910*

Les Itala étaient des voitures italiennes considérées à bien des égards comme exceptionnellement solides et sportives. En 1914, leurs phares électriques, mais également et surtout leur démarreur électrique constituaient de grandes innovations techniques et Itala en équipa ses voitures de série. En 1907, c'est une Itala conduite par le prince Borghese qui remporta la terrible épreuve Pékin-Paris. Notre photographie montre une Itala de 1910, dotée d'un moteur six cylindres de 75 ch, lors d'une course historique en Sicile. Une Itala pilotée par Alessandro Cagno y avait remporté la Targa Florio en 1906.

Lancia Epsilon 20/30 HP *1911*

La vitesse maximale des voitures de tourisme rapides de cette époque dépassait rarement 75 km/h. Cet élégant roadster Lancia atteignait 115 km/h sur piste sablonneuse, le type même du gagnant dans les courses de ville à ville jadis si populaires. Également connue sous le nom de Tipo 58, cette voiture de sport était mue par un moteur quatre cylindres de 4 048 cm^3 délivrant 60 ch. Elle se vendit à 350 exemplaire entre 1911 et 1913.

Opel Torpédo 5/12 *1911*

« Voiture du peuple », cette Opel Torpédo superbement restaurée connut un grand succès commercial. Opel promettait aux clients des frais d'achat et d'entretien réduits ainsi qu'une fiabilité absolue. Avec un prix de base de 4 300 marks (soit 2 198 euros), ce modèle était un achat très judicieux. Il démontra la solidité lors de nombreuses courses de fiabilité très exigeantes et en apporte la preuve aujourd'hui encore (ci-dessus). Ses caractéristiques techniques : moteur monobloc quatre cylindres de 1,3 l, 14,5 ch, 1 800 cm^3, pointe à 55 km/h.

Portrait

Barney Oldfield

Il n'avait peur de rien. Barney Oldfield, qui ne se présentait jamais devant les caméras sans son cigare, battit de nouveaux records avec la célèbre « Blitzen-Benz ». Toutefois, son compatriote Bob Burman fut encore plus rapide : il établit un nouveau record du tour à 102,127 mph avec une « Blitzen-Benz » sur l'Indianapolis Speedway en 1911 et atteignit les 228 km/h sur la plage de Daytona Beach la même année.

Opel Torpédo 1912

Avant la Première Guerre mondiale, une victoire lors d'une épreuve longue distance constituait la meilleure preuve de la fiabilité d'une automobile. La photographie montre une Opel Torpédo à l'arrivée de la course Milan-Munich en 1912. Le règlement imposait de plomber toutes les ouvertures du véhicule, de sorte qu'il était impossible de rajouter de l'huile de moteur ou de boîte de vitesses ou encore de regraisser le différentiel de l'essieu arrière, un *must* sur la majorité des voitures de l'époque.

Voiture de Grand Prix Opel 8/30
1912

L'écurie Opel avant le départ du Grand Prix de Belgique à Dinant en 1912. Fritz von Opel, Carl Jörns et Christian Michel furent confrontés à de sérieux concurrents lors de cette épreuve dans les Ardennes : Benz, Mercedes, Fiat et Peugeot. Les pilotes d'Opel décrochèrent seulement la troisième, la quatrième et la cinquième places. De construction légère, cette voiture de course était dotée d'un moteur quatre cylindres en ligne de 2 080 cm³. Carl Jörns prit sa revanche quelques semaines plus tard à la course de Spa, où il battit Erle (écurie Benz) et le baron de Crawhez (écurie Mercedes) avec une vitesse moyenne de 91 km/h.

Voiture de Grand Prix Opel 8/30
1912

Fritz von Opel posant pour les photographes au Grand Prix de Belgique. Le pare-brise rabattable se révéla une invention utile, les coureurs souffrant beaucoup des pierres, du sable, des éclats de verre et des pièces en caoutchouc projetés par les véhicules qui les précédaient. Le malheureux copilote essuyait l'intégralité des projectiles. Le véhicule disposait d'un frein de service agissant sur la boîte de vitesses et d'un frein à main commandant les freins à mâchoires intérieures placés sur la face extérieure des roues arrière. Les freins avant étaient interdits en raison d'un prétendu risque de dérapage.

Grand Prix de Belgique *1912*

Suspense avant le départ du Grand Prix de Belgique en 1912 à Dinant, dans les Ardennes. Ceux qui avaient le goût du risque réalisèrent des paris comme aux courses hippiques. On les voit ci-dessous en train d'évaluer les voitures les plus rapides. Les Opel blanches se trouvent sur la seconde ligne de départ. À l'époque, les véhicules prenaient encore le départ individuellement.

Hispano-Suiza Alphonse XIII Sport *1912*

Avant la Première Guerre mondiale, seuls quelques rares nantis pouvaient s'offrir une voiture très haut de gamme telle que l'Hispano-Suiza, notamment le roi d'Espagne Alphonse XIII. Outre sa luxueuse Hispano Suiza avec chauffeur, celui-ci possédait également un roadster racé du constructeur espagnol, qu'il conduisait lui-même. Les roadsters Hispano-Suiza à quatre et six cylindres se défendirent honorablement en compétition jusqu'en 1921 et remportèrent à plusieurs reprises la Coupe Boillot à Boulogne. Ce roadster est doté d'un moteur quatre cylindres de 3 620 cm³ développant 64 ch.

Voiture de course S.P.A.
1912

Avant la Première Guerre mondiale, les modèles de course du constructeur italien S.P.A. comptaient parmi les vainqueurs potentiels des épreuves de ville à ville. Après la guerre, l'industriel Ceirano cessa de s'intéresser aux courses automobiles, plutôt onéreuses, pour finalement céder sa société à Fiat en 1925. Caractéristiques techniques : moteur quatre cylindres de 5 800 cm³ délivrant de 25 à 40 ch, selon l'année de construction. On lui attribue une vitesse de pointe de 125 km/h.

Peugeot « Bébé » *1913*

Jusqu'à la fin des années 1920, les voitures de course Peugeot remportèrent tous les Grand Prix d'une certaine importance et plusieurs éditions des 500 miles d'Indianapolis. Cette Peugeot « Bébé » participa également à de longues épreuves d'endurance à caractère compétitif. Ettore Bugatti dessina la première « Bébé » dès 1906. La photographie montre la seconde version de la « Bébé » construite en 1913 avec un moteur de 13 ch et 856 cm^3. Atteignant une vitesse de 65 km/h, elle était considérée comme très sportive.

Voiture de Grand Prix Opel *1913*

Avant la Première Guerre mondiale, les constructeurs renommés prirent tous part au Grand Prix de France. Carl Jörns y courut pour l'écurie Opel avec ce modèle dont le capot blanc dissimulait un tout nouveau moteur quatre cylindres de 3 970 cm^3 à arbre à cames en tête. Grande innovation pour l'époque : les cylindres à quatre soupapes en tête, aujourd'hui standard sur la plupart des moteurs de course. Son rapide moteur quatre cylindres développait 110 ch. Tombée en panne lors de sa première course, l'élégante voiture remporta cependant plusieurs victoires par la suite.

Voiture de Grand Prix Opel *1913*

Cette vue arrière d'une voiture de Grand Prix Opel construite en 1913 et restaurée fidèlement dévoile la technologie de pointe utilisée jadis en compétition : une transmission non plus par chaîne mais à cardan, et des amortisseurs à friction innovants, garantissant aux voitures à essieux rigides une meilleure adhérence sur route que celle offerte par de simples ressorts à lames. Le réservoir à essence de 100 l est derrière les sièges. S'aidant d'une pompe à air, le copilote veillait au maintien d'une pression suffisante dans le réservoir pour que l'essence parvienne dans le carburateur. La consommation de carburant était estimée à 30 ou 40 l en course, c'est-à-dire dans des conditions plus dures que la normale. Le copilote devait en outre lubrifier le cuir de l'embrayage à cône au moyen d'un graisseur compte-gouttes.

Alfa Romeo 40/60 HP *1913*

La première voiture de tourisme A.L.F.A. vit le jour à Milan en 1910 et disputa des courses de moindre importance pour le compte de quelques personnes. Cela changea radicalement après la présentation de la voiture de course 40/60 HP. Grâce à ce bolide capable de tenir tête aux voitures de course Fiat jusque là inégalées, Franchini et Campari (écurie A.L.F.A.) ainsi que quelques pilotes privés devinrent de sérieux candidats à la victoire. Jusqu'en 1922, l'Alfa 40/60 HP remporta de nombreuses courses de sport et de Grand Prix à l'échelle internationale contre de redoutables adversaires. Elle était équipée d'un moteur quatre cylindres en ligne de 6 082 cm³ délivrant jusqu'à 70 ch, selon l'année de construction. Entre 1913 et 1922, sa vitesse de pointe passa de 127 km/h à bien plus de 150 km/h. Giuseppe Campari gagna la course du Mugello en 1920 et 1921 avec cette voiture.

Mercedes Kettenwagen *1913*

Le Grand Prix de France organisé par l'Automobile Club de France avait lieu presque chaque année sur un circuit différent : en 1912 à Dieppe, en 1913 au Mans (ci-dessous), en 1914 à Lyon. La photographie montre une Mercedes « Kettenwagen » à quatre cylindres devant la tribune principale.

Voiture de Grand Prix Mercedes *1914*

En 1914, les organisateurs du Grand Prix de France, l'épreuve la plus importante en Europe, imposèrent une nouvelle limitation de la cylindrée et du poids. Illimitée jusqu'alors, la cylindrée autorisée fut réduite à 4,5 l tandis que le poids ne devait plus dépasser 1 100 kg. Ce fut le « département course » de Daimler qui s'accommoda le mieux de ces exigences. Les trois pilotes de l'écurie Mercedes parvinrent tous au but et occupèrent les trois premières places. L'illustration montre l'équipe arrivée seconde, avec Louis Wagner au volant. Les caractéristiques de son bolide blanc : un moteur quatre cylindres/16 soupapes flambant neuf à arbre à cames en tête, développant 115 ch à 3 100 tr/min. Comme ses prédécesseurs, ce modèle atteignant 180 km/h était uniquement doté de freins arrière, les freins avant étant considérés dangereux sur des chaussées sablonneuses ou mouillées, sans revêtement solide.

Grand Prix de France *1914*

Christian Lautenschlager remporta le Grand Prix de France pour Mercedes à Lyon en 1914, se positionnant avant les deux autres pilotes de son équipe, Louis Wagner et Otto Salzer – et avant la Peugeot la plus rapide, pilotée par Jules Goux. Cette victoire permit à l'écurie Mercedes de rejoindre les grands noms du sport automobile international, principalement français ou italiens jusqu'alors.

Portrait

Louis Wagner

Le Français Louis Wagner fut l'un des premiers pilotes de course professionnels. Après quelques grandes victoires pour l'écurie Darracq, il rejoignit l'équipe de la Daimler-Motoren-Gesellschaft en 1914. Il arriva en seconde position, après Lautenschlager et avant Salzer, lors de l'épreuve la plus importante de la saison, le Grand Prix de France, auquel 41 voitures avaient participé. Cette triple victoire de Daimler sur les vainqueurs habituels, Peugeot et Fiat, souleva une vague d'enthousiasme en Allemagne et contraria profondément les Français.

Grand Prix de France à Lyon *1914*

À cette compétition, Mercedes remporta une triple victoire confortable sur les voitures de Grand Prix françaises et italiennes d'ordinaire victorieuses : Peugeot, Delage et Fiat. Il y eut 47 voitures appartenant à 14 écuries qui prirent le départ. Pour ce Grand Prix, la puissance du moteur essence quatre cylindres de 4,5 l de la Mercedes avait été portée de 115 ch à 3 200 tr/min à 172 ch à 3 450 tr/min. Ce fut également avec cette voiture que Ralph DePalma gagna les 500 miles d'Indianapolis devant Dario Resta (Peugeot) et Gil Anderson (Stutz) en 1915.

Voiture de Grand Prix Opel, 260 ch
1914

Construite en 1914, cette Opel de Grand Prix disputa de nombreuses courses avec beaucoup de succès jusqu'en 1926. Carl Jörns, le pilote de l'écurie Opel, remporta plusieurs victoires durant cette époque tumultueuse, notamment la célèbre course de côte du Schauinsland, en Forêt-Noire.

Voiture de Grand Prix Opel, 260 ch
1914

Cette voiture de Grand Prix unique, qui a survécu à deux guerres mondiales, a pu être conservée dans son état initial pour le bonheur des générations futures. Dans les années 1920, cette puissante automobile en fut réduite à courir en formule libre ou dans des épreuves réservées aux véhicules de plus de 5 000 cm³ en raison des modifications apportées au règlement. Elle était en effet dotée d'un moteur quatre cylindres/16 soupapes de 12 l, avec double allumage. Développant 260 ch à 2 900 tr/min, le plus gros moteur de course jamais construit par Opel fournissait un couple impressionnant. Grâce à lui, Carl Jörns atteignit 228 km/h lors de courses au record.

Voiture de course Stutz, Coupe Vanderbilt
1915

La Stutz Motor Company fabriqua des voitures de luxe et des roadsters haut de gamme de 1912 à 1934. Du siège de la société, le patron avait vue sur le circuit d'Indianapolis. De là à développer une voiture de course pour l'ovale, il n'y avait qu'un pas, qui fut franchi avec succès : ce modèle de course quatre cylindres remporta la Coupe Vanderbilt et, lors des 500 miles d'Indianapolis en 1915, trois Stutz de ce type arrivèrent troisième, quatrième et septième. Ce fut Ralph DePalma (Mercedes) qui eut la première place devant Dario Resta (Peugeot) – les deux stars des circuits, jadis.

Alfa Romeo 40/60 HP, Targa Florio
1920

L'écurie Alfa emplie d'optimisme avant le départ de la Targa Florio. Le chanteur d'opéra Giuseppe Campari (à gauche) se découvrit un incontestable talent de pilote de course sur une Alfa. En 1920, un an après la création de l'épreuve, il remporta la Targa Florio dans des conditions extrêmement défavorables. Au centre, on reconnaît Enzo Ferrari au volant et à droite, Giulio Ramponi.

Voiture de course Stutz, Coupe Vanderbilt
1915

Les moteurs de course Stutz étaient exceptionnels. Avec ses 4 916 cm³ de cylindrée, cette voiture de 75 ch atteignait presque 165 km/h. Le pilote de l'écurie Stutz Gil Anderson parvint à 152,22 km/h lors des qualifications de l'Indy 500 de 1915, s'appropriant ainsi la troisième position.

Laurel *1920*

Aux États-Unis, plus de 150 sociétés construisirent des automobiles jusqu'à la Première Guerre mondiale. En 1920, il n'en restait plus que 87. Pour beaucoup, il s'agissait peu ou prou de garagistes recourant aux moteurs et boîtes de vitesses de grands constructeurs pour fabriquer en nom propre des véhicules répondant aux désirs de la clientèle. Laurel n'en faisait pas partie. Ses voitures étaient conçues en interne et fabriquées à la main. Il se spécialisa dans les modèles sport adaptés à la route et construisit un petit nombre de voitures de course. La photo montre une Laurel de compétition extrêmement rare, avec une cylindrée de 9 l et 75 ch. Elle peut atteindre 135 km/h aujourd'hui encore.

Lancia Dikappa Torpédo de course

1921

Au début des années 1920, les courses de fiabilité firent l'objet d'une véritable surenchère entre la France, l'Italie et l'Allemagne. En Italie, il s'agissait purement et simplement de courses de route. De 1921 à 1922, Lancia y fit courir sa Dikappa de 87 ch, avec succès. Baptisé Kappa, le modèle de série possédait un moteur légèrement moins puissant. Avec son quatre cylindres de 4 942 cm^3, la voiture de compétition atteignait 130 km/h. Sa plus grande rivale était l'Alfa Romeo type RL.

Bugatti type 13 Biplace Course

1921

Après avoir été employé comme ingénieur chez d'autres constructeurs tels que De Dietrich, Deutz et Mathis, Ettore Bugatti réalisa son rêve et fonda son propre atelier de construction automobile. Décliné dans de nombreuses versions, le type 13 fut le premier modèle fabriqué dans sa propre société à Molsheim. Il courut pour la première fois en 1911, au rallye de Monte Carlo. Contre toute attente, Ernst Friedrich obtint la même année la seconde place au Grand Prix de France avec un type 13 optimisé, face à des voitures beaucoup plus puissantes. En 1914, le type 13 remporta le Grand Prix de France sur le circuit du Mans. La photographie ci-contre montre l'un des derniers types 13, conservé au musée national de l'Automobile. Ses caractéristiques : moteur quatre cylindres en ligne à arbre à cames en tête, 30 ch pour une cylindrée de 1 453 cm^3, 125 km/h en pointe.

Voiture de course Opel « AVUS »

1921

Passionnée de course automobile, la famille Opel saisit l'opportunité de se montrer sous son meilleur jour en présentant son nouveau modèle de compétition à la première course de l'AVUS. Fritz von Opel, debout à l'arrière-plan, sortit vainqueur dans sa catégorie avec une vitesse moyenne de 131,39 km/h.

Benz « Blitzen-Benz » *1921*

Cette « Blitzen-Benz » de 200 ch construite en 1909 regagna l'usine de Mannheim en 1921, après une longue odyssée. Elle fut alors remise en état et dotée d'un système d'échappement légèrement plus silencieux. À son bord, Franz Hörner et son copilote Georg Wenz (ci-contre) remportèrent la course de côte de Semmering le 24 septembre 1922.

Mercedes Biplace Sport 10/40/65

1921

Paul Daimler présenta ce modèle sport racé au Salon de l'automobile de Berlin dès 1921. Ce fut la première Daimler à compresseur. Sa production en série commença seulement en 1923, en petites quantités. En effet, en 1924, moins de 400 exemplaires avaient été construits. Dans la désignation du type, le nombre du milieu indique la puissance de son quatre cylindres de 2,6 l sans compresseur, et celui de la fin, sa puissance une fois le compresseur enclenché.

Austro-Daimler ADS-R « Sascha »

1922

Le jeune Ferdinand Porsche travailla quelques années à la conception de voitures et moteurs en tous genres pour Austro-Daimler. En 1922 déjà, il montrait une préférence pour des véhicules sportifs se distinguant nettement de la concurrence. Une voiture devait être légère, maniable et posséder une bonne tenue de route. Ce petit modèle de compétition pesait à peine 598 kg ; avec son moteur quatre cylindres de 1 089 cm^3, il atteignait les 144 km/h – une belle performance dans les années 1920. Dès sa première course, la terrible Targa Florio, la « Sascha » empocha une double victoire dans sa catégorie. Elle remporta encore 43 compétitions par la suite, à la grande joie du comte Alexander « Sascha » Kolowrat, qui l'avait financée, et de Ferdinand Porsche, qui se sentit reconnu.

Alfa Romeo RL *1922*

De 1922 à 1927, le destrier de l'écurie Alfa Romeo qui connut le plus grand succès fut le type RL, décliné en deux versions, à deux et quatre places. Le constructeur décrocha sa première victoire générale à l'impitoyable Targa Florio de 1923 avec une RL pilotée par Sivocci. Au cours des années suivantes, la puissance de son moteur six cylindres en ligne délivrant 95 ch à 3 800 tr/min fut portée à plus de 125 ch tandis que sa cylindrée passait de 3 154 cm^3 à 3 620 cm^3.

Bugatti type 32 Biplace Course *1923*

Surnommée « le Tank », cette Bugatti de compétition à carrosserie aérodynamique fit sensation au Grand Prix de Tours en 1923. Son moteur Bugatti éprouvé, qui possédait huit cylindres en ligne et une cylindrée de 1 991 cm^3, développait à peine 75 ch. Sa vitesse de pointe n'en était que plus surprenante : on mesura 189 km/h le « jour des records » en 1923 à Arpajon. Cette Bugatti type 32 resta un exemplaire unique. Elle est aujourd'hui exposée à musée de l'Automobile de Mulhouse.

Opel 8/25 *1923*

Il fallait du courage pour foncer sur des routes de montagne poussiéreuses, dépourvues de glissière de sécurité, comme celles de la course du Klausen en 1923. Opel conçut des voitures de sport et de tourisme pour les conducteurs particuliers moins nantis, par exemple cette 8/25 dotée d'un moteur monobloc quatre cylindres de 2 332 cm³ et 28 ch. Carl Jörns, le pilote de l'écurie Opel, arriva quatrième lors de l'édition de 1923.

Voiture de course Benz RH 2 l « Tropfenwagen » *1923*

La première voiture de course à moteur central de l'histoire automobile fut dérivée des concepts d'Edmund Rumpler, qui propagea jadis la carrosserie aérodynamique et acquit une renommée internationale en tant qu'ingénieur aéronautique. Benz se rallia à ses idées et développa ce modèle de compétition allégé pour le Grand Prix d'Italie à Monza, allant même jusqu'à réduire le poids des jantes. Malgré la sous-motorisation manifeste de son véhicule, Fernando Minoia arriva quatrième derrière les bolides à compresseur italiens (Fiat) et américains (Miller), deux fois plus puissants.

Voiture de course Benz RH 2 l « Tropfenwagen » *1923*

Ce type de construction, sensationnel à l'époque, devait permettre d'alléger la voiture au maximum. Le réservoir et le radiateur d'eau se trouvent à l'avant, le moteur et la boîte de vitesses devant l'essieu arrière. Même les longerons du châssis, la pédale de frein et les jantes étaient percés de trous afin de les alléger autant que possible.

Voiture de course Benz RH 2 l « Tropfenwagen » *1923*

Dans les années 1920, les voitures de compétition étaient toutes dotées d'essieux rigides munis de ressorts à lames à l'arrière, et souvent aussi à l'avant. Benz équipa la « Tropfenwagen » de freins internes à tambour et de demi-essieux oscillants à l'arrière. L'essieu avant était rigide, avec des ressorts à lames. Le moteur six cylindres en ligne, équipé de 24 soupapes et de culasses à courant transversal, était le point faible de ce véhicule si innovant. Il possédait une cylindrée de 1 992 cm^3 et délivrait 90 ch, permettant à la « Tropfenwagen » d'atteindre quelque 170 km/h – une vitesse insuffisante comparée aux voitures à compresseur presque deux fois plus puissantes de Fiat et Cie, qui surpassaient la RH de 20 km/h dans les lignes droites.

Les frères Sizaire *1924*

Les grands constructeurs n'avaient pas l'apanage des moteurs largement en avance sur leur temps. Dans les années 1920 déjà, les frères Sizaire développèrent ce moteur de course quatre cylindres de 2 000 cm^3 pourvu de 16 cylindres – la norme aujourd'hui sur les moteurs hautes performances.

Voiture de sport Benz RH 2 l « Tropfenwagen » *1924*

Entre 1922 et 1924, la Benz « Tropfenwagen » fut déclinée en quatre versions. La photo montre le modèle sport de Willy Walb, le pilote de l'écurie, avec phares intégrés et ailes en trois parties à l'avant. Il fallut reléguer le radiateur à l'arrière en raison de ces modifications. Willy Walb remporta de nombreuses courses, de côte et en circuit fermé, avec cette voiture qui atteignit 167,4 km/h, la meilleure vitesse de la journée, au sprint du Prix Badenia en 1924.

Voiture de Grand Prix Alfa Romeo P2 *1924*

L'Alfa Romeo P2 remporta 14 Grand Prix de 1924 à 1930 ainsi que le premier Championnat du monde automobile en 1925. Son long capot abritait le premier moteur de course Alfa doté de deux compresseurs Roots, un huit cylindres de 1 987 cm^3 délivrant de 140 à 165 ch. Antonio Ascari fut chronométré à 195 km/h dès sa première victoire en 1924, à Crémone – une superbe performance pour l'époque. La P2 fut également la plus rapide au Grand Prix d'Italie de 1924. L'Alfa Romeo P2 est considérée, à juste titre, comme l'une des voitures de Grand Prix les plus puissantes des années 1920. Les pilotes de P2 les plus célèbres étaient Antonio Ascari, Giuseppe Campari et Louis Wagner (ancien pilote de Mercedes).

Voiture de course Mercedes 2 l, Targa Florio *1924*

Dans les années 1920, Mercedes participa assidûment à la plus difficile des courses de route italiennes, l'inoubliable Targa Florio. On voit ici la voiture sur laquelle Christian Werner gagna la course en 1924. L'équipe Mercedes avait préféré la peindre en rouge, couleur plutôt inhabituelle pour l'écurie allemande, en raison du patriotisme prononcé des Siciliens qui n'aimaient guère voir des voitures françaises (bleues) ou encore allemandes (blanches) remporter l'épreuve.

Voiture de course Mercedes 2 l *1924*

La photographie montre le pilote Alfred Neubauer avant le départ de la Targa Florio en 1924. Il arriva treizième, résultat modeste qu'il compensa par la suite en tant que directeur de course grâce aux grandes victoires remportées par les flèches d'argent de Stuttgart. Sa voiture de compétition, une Mercedes 2 l, prit également part aux 500 miles d'Indianapolis en 1923. Sur les trois voitures de l'écurie, ce fut celle de Max Sailer qui obtint le meilleur classement avec la huitième place. Tommy Milton gagna la course sur une Miller Special. Caractéristiques techniques : moteur quatre cylindres à double arbre à cames en tête, 120 ch, vitesse maximum entre 163 et 185 km/h selon la transmission.

Bugatti type 37 *1925*

Dans les années 1920, Ettore Bugatti conçut pour sa clientèle des véhicules sportifs adaptés tant à la conduite sur route qu'à la compétition. En 1925 et 1926, les voitures de course Bugatti remportèrent 1 045 victoires à travers l'Europe. La photographie ci-contre montre un des courageux participants de la rétrospective des Mille Miglia. Cette merveille manifestation est tout simplement idéale pour une voiture plus qu'octogénaire. Caractéristiques techniques : moteur huit cylindres, 1 991 cm³, 70 ch, vitesse maximum environ 130 km/h.

Amilcar Biplace Sport CGS *1925*

Dans les années 1920 et 1930, les voitures de course et de sport françaises Amilcar connurent de nombreuses victoires contre celles des constructeurs Salmson et Riley dans la catégorie « Voiturettes ». Elles se distinguaient par l'extrême étroitesse de leur carrosserie. Elles étaient dotées d'un moteur quatre cylindres de 1 074 cm³ et 30 ch, et leur vitesse de pointe variait de 115 à 140 km/h selon la transmission.

Sénéchal Biplace Sport S.S. *1925*

À l'instar de Bugatti et d'autres passionnés d'automobile, Robert Sénéchal tenta à partir de 1921 de concevoir la voiture de sport idéale, adaptée tant à la conduite sur route qu'à la compétition. Bugatti y parvint, Sénéchal n'obtint de résultats respectables qu'à des courses de moindre importance et enterra son rêve en 1925. Le moteur auquel il avait fait appel était un quatre cylindres de 32 ch et 969 cm³ mis au point par ses soins, avec une vitesse de pointe de 105 km/h environ.

Bugatti type 35 Biplace Course *1925*

Le type 35 d'Ettore Bugatti différait fondamentalement des autres voitures de course des années 1920. Bugatti préféra un moteur huit cylindres léger, doté de deux arbres à cames en tête, aux lourds monobloc quatre cylindres. Léger et esthétique, le châssis devait être aérodynamique pour une vitesse accrue. Les qualités prônées par Bugatti devinrent réalité avec le type 35 : esthétisme, légèreté et aérodynamisme. La photographie montre la première voiture de ce type, qui avait les caractéristiques techniques suivantes : moteur huit cylindres en ligne de 1 991 cm^3 et 95 ch, vitesse maximum 190 km/h.

NSU célébrant sa victoire *1926*

Autres temps, autres fêtes. La quadruple victoire des pilotes de l'écurie NSU sur le circuit berlinois de l'AVUS déclencha au sein de la population un enthousiasme difficilement concevable aujourd'hui. La photographie montre leur présentation dans l'usine en compagnie de la direction. Le quatuor victorieux se rendit ensuite en grand cortège à Heilbronn et à Stuttgart pour y être célébré à nouveau avec les honneurs dus.

Voiture de course NSU 6/60 *1926*

Le Grand Prix d'Allemagne de 1926 fut un triomphe pour les pilotes de l'écurie NSU de Neckarsulm (Allemagne) qui célébrèrent une quadruple victoire sur le circuit de l'AVUS. On voit ici la voiture sur laquelle Georg Klöble remporta cette course, devant les autres membres de son équipe. Il s'agit du dernier exemplaire existant, restauré de manière exemplaire par Audi. Les voitures à compresseur NSU gagnèrent plus d'une course à cette époque mais la crise économique sonna le glas de ces activités coûteuses avant 1930. Caractéristiques techniques : moteur six cylindres à compresseur, 1 476 cm^3, 60 ch à 4 000 tr/min, environ 175 km/h.

Voiture de Grand Prix Amilcar *1926*

Le constructeur français Amilcar resta toujours dans l'ombre de Bugatti mais n'en construisit pas moins, outre de sportives biplaces de tourisme, quelques voitures de Grand Prix jusqu'à 1 500 cm^3 qui coururent dans la catégorie « Voiturettes ». Cette Amilcar appartenait jadis à Maurice Trintignant, qui remporta avec elle le Grand Prix d'Avignon en 1947. Caractéristiques : moteur six cylindres, 1 097 cm^3, 107 ch, vitesse maximum 200 km/h.

Salmson Sport *1926*

Durant les années 1920, des courses âprement disputées par des voiturettes de compétition faiblement motorisées furent organisées en France, en Angleterre et en Italie. Les Français Amilcar et Salmson en étaient les leaders incontestés, Bugatti y concourait activement. En Angleterre, Austin Seven jouissait d'un grand prestige auprès des passionnés de course. Dans cette catégorie très courue, la cylindrée maximale se montait à environ 1 100 cm³. La Salmson se contentait de 36 ch, délivrés par un charmant moteur quatre cylindres. Deux arbres à cames en tête garantissaient un régime respectable. La vitesse de pointe variait entre 130 et 150 km/h selon la transmission.

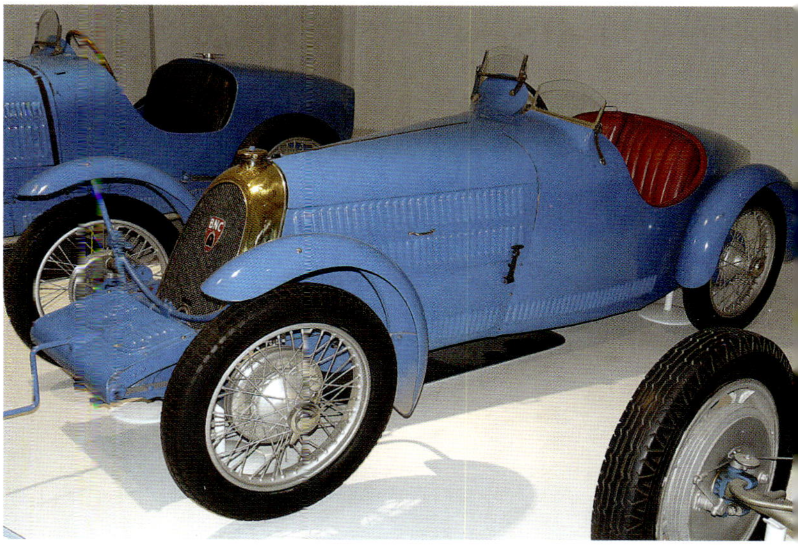

B.N.C. Biplace Sport 527 GS *1926*

Avant la Seconde Guerre mondiale, les voiturettes de course françaises représentaient le tremplin idéal pour les futurs pilotes de Grand Prix. Il y avait foule sur la ligne de départ, les organisateurs étaient parfois confrontés à 75 participants. Les adversaires de cette B.N.C. étaient de taille : Amilcar, Salmson et Bugatti. Le moteur quatre cylindres limité à 1 100 cm³ de cette biplace sport développait 40 ch. Sa vitesse de pointe – quelque 140 km/h – était suffisante pour les pilotes de cette époque mouvementée.

Mercedes-Benz 36/220 type S *1927*

À partir de 1927, le Grand Prix d'Allemagne fut organisé sur le Nürburgring récemment construit, dont le revêtement rappelait celui d'un circuit américain. Mercedes-Benz y remporta une triple victoire avec un type S très optimisé. La photographie montre Christian Werner, qui arriva second tandis qu'Otto Merz remportait la course. Les voitures de l'écurie étaient dotées d'un moteur six cylindres de 6,8 l délivrant 120 ch. Une fois enclenché, le compresseur portait cette puissance à 180 ch et la vitesse de pointe à 180 km/h.

Mercedes-Benz 720 SSK *1927*

Les SSK blanches de Mercedes-Benz entrèrent dans l'histoire automobile sans devenir un succès commercial, comme en attestent les petites quantités produites. L'économie allait très mal et, de 1927 à 1934, la SS/SSK ne fut construite qu'à 112 exemplaires, dont 33 SSK à compresseur et cinq versions de compétition allégées (SSKL) destinées aux pilotes de l'écurie.

Bentley 4,5 l, Le Mans *1927*

Les premiers modèles sport de Bentley virent le jour dès 1919 mais la production du quatre cylindres de 3 l démarra seulement en 1921. Bentley se contentait de fournir le « châssis roulant » à sa clientèle, Vanden Plus ou Gurney Nutting se chargeant généralement de la carrosserie, ce qui explique la fabrication de Bentley de sport et de tourisme d'aspect très diversifié et de première qualité. Bentley jouit aujourd'hui encore d'une réputation sportive remontant à la Bentley 4,5 l (photo) et à la Bentley Speed 6, d'apparence presque identique, qui remportèrent de nombreuses victoires aux 24 Heures du Mans dans les années 1920 et 1930. Les caractéristiques techniques de la Bentley 4,5 l : de 100 à 130 ch selon l'année de construction, environ 170 km/h en pointe, 4 398 cm^3.

Bugatti type 35B Biplace Sport
1927

En termes de design et d'équipement, ce type 35B diffère fondamentalement des types 35 présentés précédemment. Cette voiture de sport aux courbes attrayantes est dotée d'un moteur huit cylindres en ligne gonflé à 2 261 cm3 qui délivrait 140 ch et lui permettait d'atteindre 220 km/h.

B.N.C., Le Mans *1927*

B.N.C. fut l'un des constructeurs de voiturettes sport et de voitures de course français qui connut le plus de succès entre 1923 et 1931. La photographie ci-contre montre une B.N.C. biplace destinée aux 24 Heures du Mans. Avec son moteur Ruby quatre cylindres de 1 098 cm³ développant 61 ch à 4 900 tr/min, elle pouvait filer sur l'asphalte à 140 km/h.

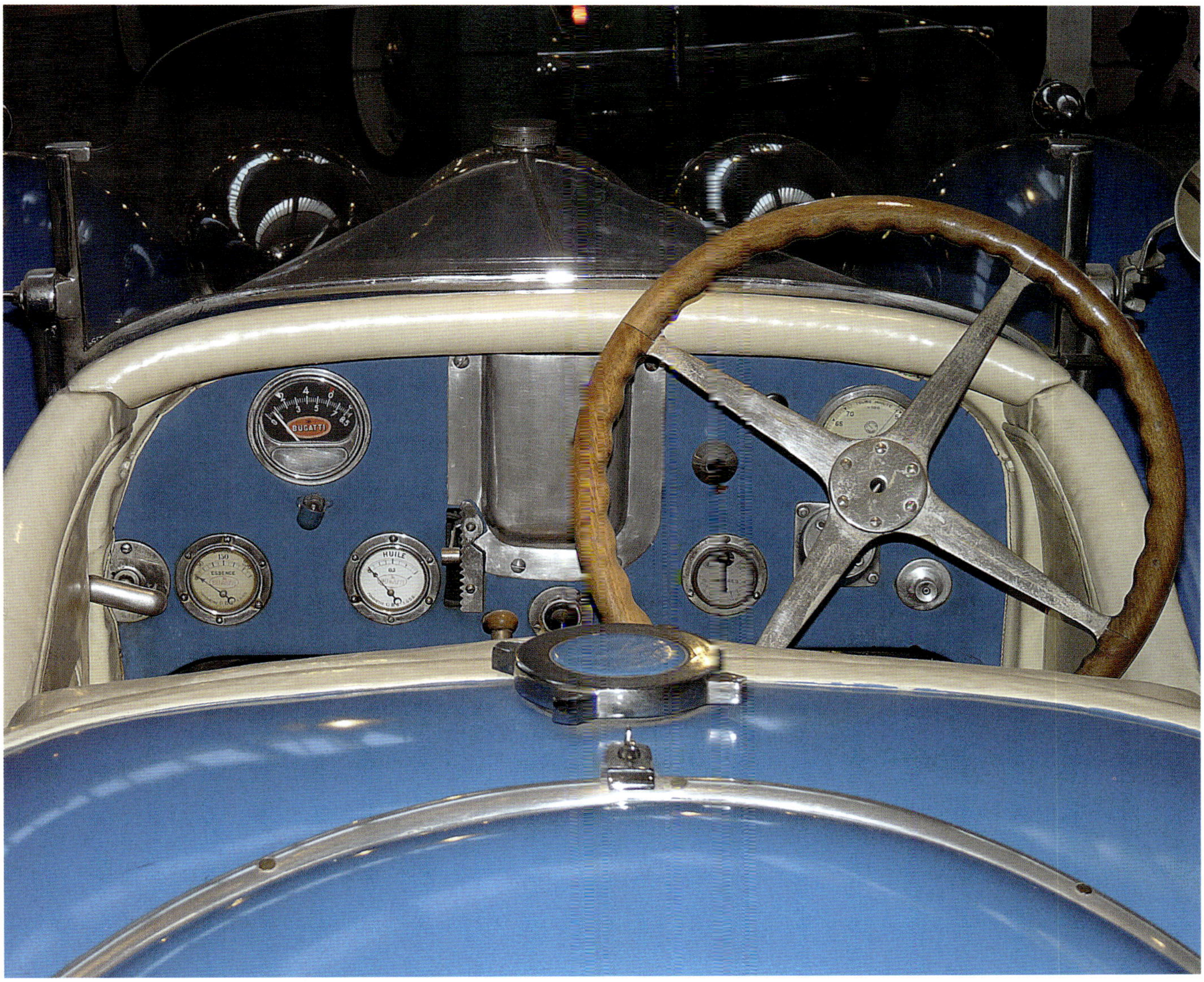

Bugatti type 35B *1927*

Le poste de conduite de la Bugatti type 35B dans son état d'origine : sobre et fonctionnel. Le volant surdimensionné était indispensable en 1927 car la direction assistée n'existait pas encore.

Alfa Romeo 6C 1500 MMS à compresseur *1927*

Vittorio Jano quitta Fiat pour faire souffler un vent nouveau sur le département de construction d'Alfa Romeo. Jano considérait que les moteurs à compresseur étaient l'avenir des voitures, non seulement de Grand Prix mais aussi de sport. L'histoire lui donna raison. Son nouveau modèle de Grand Prix suralimenté, l'Alfa Romeo P2, se retrouva en tête de la plupart des courses et devint le grand favori des épreuves d'endurance à partir de 1927. Son moteur six cylindres en ligne de 84 ch était soutenu par un compresseur Menini. Une vitesse maximum de 140 km/h représente une performance respectable pour un moteur d'à peine 1 487 cm³.

Alfa Romeo 6C 1500 Mille Miglia Speciale *1928*

La série de victoires remportée par l'Alfa Romeo 6 C suralimentée connut un premier point culminant avec une victoire générale aux Mille Miglia en 1928. On voit ici la voiture victorieuse avec sa grille de calandre caractéristique. La Mille Miglia Speciale est la version la plus courte de ce type qui fut décliné en six carrosseries différentes.

Bugatti type 35A Biplace Course *1928*

Ce type 35A atteste l'ingéniosité d'Ettore Bugatti. Son capot dissimule le moteur de course huit cylindres de 95 ch et 1 991 cm³ du type 35 de 1925. Sa carrosserie adaptée à la conduite sur route fut conçue conformément aux souhaits d'Elisabeth Junek, la première femme à mener l'éprouvante Targa Florio pendant longtemps. Selon le musée national de l'Automobile, la Bugatti type 35 aurait décroché 1 851 victoires au cours de ses sept années de production. D'autres sources en mentionnent 2 015. Bugatti était le seul constructeur français à vendre des voitures de Grand Prix à des particuliers nantis.

Bugatti type 35B Biplace Course *1929*

Cette Bugatti fut l'une des dernières voitures de Grand Prix biplace de type 35B. Fritz Schlumpf disputa de nombreuses courses de côte à son bord. Puis la concurrence s'accrut et les victoires se firent plus rares. Ettore Bugatti développa alors le type 51, doté de deux arbres à cames en tête et délivrant 190 ch. Le véhicule illustré ici est équipé d'un moteur huit cylindres de 2 263 cm³ et 140 ch. Sa vitesse de pointe : pas moins de 210 km/h.

Mercedes-Benz SSK *1929*

Lorsque les premières Mercedes-Benz suralimentées firent fureur sur les circuits de course en 1927, la presse ne tarit plus d'éloges, qualifiant les imposantes voitures de sport de « prodiges blancs » ou encore d'« éléphants blancs », le son de leurs moteurs six cylindres rappelant celui d'un pachyderme prêt au combat. Bien que produites à seulement 290 exemplaires tous types confondus (S, SSK et SSKL) entre 1927 et 1931, ces incomparables voitures de sport constituent une étape importante du développement automobile. Issu de la construction aéronautique, le moteur à compresseur se révéla aussi un atout pour les voitures de luxe ou de sport adaptées à la route.

Bugatti type 43 Torpédo Grand Sport

1929

Les voitures de course et de sport Bugatti se vendaient au prix fort, Ettore Bugatti recourant à des moyens inhabituels en raison des faibles quantités produites. Pour les rallyes, les pilotes privés appréciaient ce type 43 dont le long capot abritait un huit cylindres de course suralimenté, d'une puissance légèrement réduite (125 ch pour une cylindrée de 2 261 cm³) atteignant une vitesse maximale de 190 km/h. Des moteurs plus puissants étaient disponibles sur demande. En fin de compte, le type 43 se vendit à seulement 160 exemplaires durant ses cinq années de production de 1927 à 1932.

Mercedes-Benz SSK *1929*

Ce splendide moteur six cylindres en ligne conçu avec la participation de Ferdinand Porsche était la clé de voûte de la série à compresseur. Porsche fut le directeur technique de la Daimler-Motoren-Gesellschaft (DMG) de 1923 à 1928. Sans compresseur, ce moteur de 7 065 cm³ développait 170 ch à 3 300 tr/min. Avec compresseur, sa puissance passait à 225 ch. La SSKL de Caracciola aurait même délivré 340 ch pendant un temps. Le compresseur s'enclenchait en exerçant une (forte) pression supplémentaire sur la pédale d'accélérateur. Sur la photographie, on distingue le compresseur Roots argenté à gauche. La vitesse maximale oscillait entre 192 km/h et plus de 200 km/h selon la transmission.

Cord L29 Sportsman *1929*

C'est le célèbre Harry Miller en personne qui conçut cette traction avant au design harmonieux. Durant 20 ans, les moteurs de course huit cylindres conçus par Harry Miller régnèrent en maîtres sur les 500 miles d'Indianapolis, où l'ingénieur fit courir la première voiture de course à traction avant – qui remporta la course. Cette Cord L29 Sportsman gagna de nombreuses courses en circuit fermé aux États-Unis dans les années 1930. Elle était mue par un moteur Lycoming FDA à huit cylindres en ligne de 4 894 cm^3 et 125 à 145 ch, au choix. Sa vitesse de pointe s'élevait à 170 km/h.

Franklin Airman Roadster *1929*

La marque Franklin ne joua jamais aucun rôle en Europe. Aux États-Unis, par contre, les élégants roadsters étaient connus de tous. Les modèles Franklin étaient équipés de moteurs refroidis par air, également utilisés en compétition. Un pilote de l'écurie Franklin doté d'une infinie patience démontra leur fiabilité en traversant le continent américain d'est en ouest (5 000 km), en première vitesse ! Les caractéristiques techniques : moteur six cylindres en ligne, 3 874 cm^3, 60 ch, vitesse de pointe entre 100 et 125 km/h. La dernière Franklin fut produite en 1934.

Bentley Speed Six *1929*

Cette Bentley 6,5 l est une rareté appartenant à un collectionneur américain. Le châssis de la Speed Six est sensiblement plus court que celui des modèles de tourisme. Elle possède un moteur six cylindres en ligne de 160 ch et atteint 175 km/h. Des Speed Six remportèrent les 24 Heures du Mans en 1929 et 1930. Si la Bentley 4,5 l à compresseur leur faisait concurrence, elle ne gagna cependant jamais les 24 Heures du Mans. Le nom de ce constructeur reste néanmoins indissociable de cette course.

Bentley 8 l *1930/1931*

Le chef de l'entreprise Walter Owen Bentley et son partenaire Woolf Barnato firent tout ce qui était en leur pouvoir pour que leur prestigieuse société devienne rentable. Mais en vain. Rolls-Royce racheta Bentley en 1931, devenant ainsi le leader du marché anglais dans le segment des voitures de luxe. La célèbre 8 l de Bentley vit le jour la même année. Elle fut construite à moins de 100 exemplaires. Rolls-Royce ne voulait plus consacrer aucun moyen financier à la course automobile.

DuPont Speedster *1930*

Le constructeur DuPont jouissait d'une grande renommée aux États-Unis où il produisit des voitures de type très varié de 1920 à 1932. Il commença par de simples modèles de tourisme, pour passer en 1925 à des voitures de luxe et de sport qui se firent une excellente réputation dans le milieu de la course automobile. Les voitures de compétition du constructeur de Wilmington, Delaware, disputèrent également les 500 miles d'Indianapolis. La photographie ci-contre montre le speedster le plus rapide conçu par DuPont. Son moteur Continental huit cylindres de 5 278 cm^3 délivrait 140 ch. DuPont garantissait une vitesse maximale de 180 km/h à sa clientèle fortunée.

Morgan Super Sports Matchless *1930*

La société britannique Morgan est une entreprise familiale depuis sa création en 1912. Morgan se fit connaître par un modèle à trois roues très sportif qui remporta plusieurs victoires sur la concurrence à quatre roues lors d'essais et de courses sur circuit. Plus les virages étaient nombreux, plus sa vitesse en dérapage contrôlé augmentait. Leur supériorité était telle que les organisateurs des courses britanniques imposèrent aux trois-roues de courir en catégorie moto. Cette rareté (ci-dessus) est une Morgan Super Sport dotée d'un moteur de course V2 Matchless refroidi par eau et développant 40 ch. Ses 145 km/h étaient une performance remarquable pour une voiture de 1930. Les modèles de série furent souvent équipés de moteurs V2 Blackburne, Anzani ou JAP refroidis par air, avec une cylindrée de 960 cm^3 et 30 à 35 ch.

MG Midget *1930*

Les initiales MG correspondent au nom « Morris Garages ». William Morris eut l'idée géniale de créer une voiture de sport à un prix raisonnable pour grand public, en utilisant des pièces éprouvées, issues de la production de voitures particulières : la MG Midget, une petite voiture de sport, dont le moteur quatre cylindres de 20 ch et 847 cm³ provenait de la Morris Minor, au même titre que de nombreux autres composants. Ce modèle s'imposa avec succès sur les circuits face à des véhicules plus puissants.

Maserati Biplace Sport 2000
1930

Alfieri Maserati fonda sa société automobile au milieu des années 1920 avec ses cinq frères. Après de premiers succès à la Targa Florio ainsi qu'à d'autres compétitions, Maserati concentra ses efforts sur la fabrication de voitures de Grand Prix qui partirent favorites un peu partout aux côtés des Bugatti et Alfa Romeo. À cette époque, Maserati ne construisit qu'un petit nombre de voitures adaptées à la course et à la route, dont la Maserati Sport 2000, équipée d'un moteur de course huit cylindres à puissance réduite, qui délivrait 155 ch pour seulement 1 980 cm³.

Alfa Romeo 6C 1750 « Gran Sport »
1930

En course automobile, l'arrêt du développement est synonyme de régression. C'est pourquoi Vittorio Jano équipa la 6C « Gran Sport » d'un moteur six cylindres à compresseur plus puissant en 1930. Avec une cylindrée portée à 1 750 cm³, celui-ci délivrait 95 ch et était beaucoup plus fort en reprises. La photographie montre Tazio Nuvolari en route pour la victoire avec son copilote Giudotti lors de la Targa Florio de 1930. Il fut également le premier à passer la ligne d'arrivée aux Mille Miglia, battant de plus d'une heure la SSK suralimentée de Mercedes-Benz, qui développait 225 ch pour une cylindrée de 7 l.

Mercedes-Benz SSKL *1931*

Rudolf Caracciola et son copilote Wilhelm Sebastian au départ des Mille Milles de Brescia, plus connus sous le nom de Mille Miglia, en 1931. Ce fut la première fois qu'un étranger l'emporta sur les Italiens, habitués à gagner cette course de route particulièrement exigeante. Avec une vitesse moyenne de 100,5 km/h, Caracciola établit un nouveau record au volant de sa Mercedes-Benz SSKL, une voiture de compétition allégée de 125 kg, dont le moteur six cylindres suralimenté avait été gonflé à 300 ch. De Brescia, le lieu de départ, à Bologne les chronométreurs enregistrèrent même une vitesse moyenne de 154 km/h, et ce sur des routes sans cordons de police et dans un état pitoyable par endroits.

Alfa Romeo 8C 2300 *1931*

Les victoires aux Mille Miglia et aux 24 Heures du Mans permirent à Alfa Romeo de s'établir dans le segment des voitures de sport. En effet, l'Alfa Romeo 6C se vendit à près de 2 500 exemplaires, un beau succès si l'on considère que les marchés mondiaux se remettaient à peine du crash de 1929. Saisi d'un nouvel élan, l'ingénieur Vittorio Jano sortit de son chapeau un huit cylindres à compresseur de 2 336 cm^3 qui fut utilisé sur la P3 de Grand Prix ainsi que sur ce modèle de course baptisé 8C 2300. La version la plus faible de ce robuste moteur suralimenté délivrait 142 ch tandis que celui de la voiture du pilote de l'écurie, Nuvolari, était censé en développer 170. Le principal étant de gagner : aux 24 Heures du Mans, d'abord, puis aux Mille Miglia, et ce dès la première année – le début d'un succès qui devait perdurer jusqu'en 1936.

Alfa Romeo 8C Monza 2300 *1931*

En 1931, les constructeurs automobiles étaient loin d'avoir surmonté la crise économique de 1929. Cela n'empêcha pas Vittorio Jano, l'ingénieur en chef d'Alfa Romeo, de présenter sa nouvelle voiture de Grand Prix, qui devait en outre servir de base à une nouvelle série de modèles sport. Considérés comme des véhicules de Grand Prix maquillés, homologuées pour la route, ceux-ci acquirent une renommée internationale sous la désignation générique Alfa Romeo 8C (8 pour huit cylindres et C comme compétition). La photographie montre la voiture de Grand Prix de cette série. À son bord, Nuvolari et Caracciola remportèrent une double victoire au Grand Prix de Monaco en 1931 ; au Grand Prix de Monza, ce furent Nuvolari et Campari qui eurent ce plaisir au volant de l'Alfa Romeo 8C 2300 Monza. Un an plus tard, Alfa Romeo présentait la P3, une voiture de course monoplace dont les succès furent encore bien plus nombreux. Caractéristiques : moteur huit cylindres en ligne suralimenté, 2 336 cm^3, environ 178 à 190 ch à 5 400 tr/min, plus de 200 km/h.

OM Roadster 665 MM *1931*

Dans les années 1930, le constructeur italien OM bénéficiait d'une solide position dans de grandes courses telles que les Mille Miglia. En 1927, trois roadsters OM remportèrent la victoire générale lors de la première édition des Mille Milles (distance équivalant à 1 600 km) à une vitesse moyenne de 77 km/h. Aux 24 Heures du Mans de 1926, ils avaient obtenu la quatrième et la cinquième position au classement général face à des concurrents plus puissants. L'OM 665 MM illustrée ci-dessous est une version perfectionnée du type 665 Superba présenté en 1925 et jouit également d'un moteur plus puissant : un six cylindres en ligne de 2 200 cm³ et 65 ch. Sa vitesse de pointe était de 120 à 140 km/h environ.

Mercedes-Benz SSK, Mille Miglia *1931*

Conçue initialement pour les courses de côte, la Mercedes-Benz SSK ne tarda pas à devenir le véhicule préférée des pilotes de l'écurie et de nombreux particuliers pour les épreuves d'endurance européennes les plus ardues. Rudolf Caracciola remporta les Mille Miglia avec une voiture de ce type en 1931. La SSK ou « Super Sport Kurz » était la version courte de la SS, 450 mm plus longue. La SSKL (L pour *Leicht*) était une voiture de compétition pure et dure avec une carrosserie allégée de 125 kg.

Bugatti type 51 Biplace Course *1931*

Ettore Bugatti fut sans nul doute l'un des ingénieurs les plus créatifs qui se consacrèrent aux formules de course de cette époque et à venir. Il créa notamment deux versions du type 51 : une voiture de Grand Prix biplace et une variante « sport » dotée de garde-boue. Le bolide biplace illustré ici est équipé d'un moteur huit cylindres en ligne de 2 263 cm³ délivrant 190 ch. Vitesse de pointe : 230 km/h.

Bugatti type 35B *1931*

Un coup d'œil sous le capot d'une Bugatti type 35B de 1931 révèle un moteur de course suralimenté de 140 ch et 2 261 cm³. On distingue très clairement les huit bougies d'allumage ainsi que le compresseur Roots argenté juste au centre. Le bloc-moteur se compose de deux fois quatre cylindres en aluminium, disposés en ligne. Bugatti n'acceptait aucune marge de tolérance évitable au niveau de la production, de sorte que ses moteurs huit cylindres fonctionnaient même sans joint de culasse.

Bugatti type 51A Grand Prix *1932*

Le type 51 ne connut pas tout à fait le même succès que son célèbre prédécesseur, le type 35, décliné en plusieurs versions avec ou sans compresseur. Ce type 51A fut la dernière Bugatti de Grand Prix monoplace également vendue à des particuliers. Avec son moteur huit cylindres en ligne de 1 500 cm³ et 140 ch, elle atteignait 210 km/h en pointe.

Frazer Nash TT Replica *1932*

Dans les années 1920-1930, les modèles de sport et de course du constructeur britannique Frazer Nash étaient considérés comme les véhicules de compétition idéaux pour les pilotes moins aisés. Un roadster Frazer Nash du même type que celui illustré ci-contre remporta l'exigeant TT (Tourist Trophy) en 1931 et glana les trophées de courses de côte tout aussi difficiles. Techniquement parlant, le Frazer Nash TT Replica (telle était sa désignation officielle dans les années 1930) était en retard sur son temps car équipé d'une transmission par chaîne, placée dans son « coffre à bagages », plutôt que d'un arbre à cardan. Invisible de l'extérieur, celle-ci nécessitait un apport constant de lubrifiant au moyen d'une pompe à main située près du siège du conducteur. Ce modèle était disponible soit avec un moteur Anzani quatre cylindres de 1,5 l développant 40 ch soit avec un moteur AFN/Meadows de 110 ch, suralimenté par compresseur. Le client avait libre choix.

Mercedes-Benz SSKL à carrosserie aérodynamique *1932*

Le 22 mai 1932, Manfred von Brauchitsch remporta la première course de l'AVUS à Berlin dans la catégorie des plus de 1,5 l et établit un nouveau record mondial dans sa classe, sur 200 km/h. Cette imposante carrosserie dissimule une SSKL allégée, avec compresseur.

Voiture de Grand Prix Alfa Romeo P3 *1932*

Utilisée par l'écurie Alfa Romeo à partir de 1932, puis par la Scuderia Ferrari à partir de 1933, l'Alfa Romeo P3 fut l'une de voitures de Grand Prix les plus célèbres des années 1930. Conçu par Vittorio Jano, cet étroit *monoposto* (monoplace) d'à peine 680 kg remporta 46 grandes victoires entre 1932 et 1935, dont 6 courses de Grand Prix sur 11 en 1933. D'illustres pilotes tels que Tazio Nuvolari, les futures stars de l'écurie Mercedes Rudolf Caracciola et Luigi Fagioli, Achille Varzi ou encore Louis Chiron conduisirent la P3. En 1935, Nuvolari remporta encore le Grand Prix d'Allemagne avec une P3 réalésée à 3 165 cm³, devant les nouvelles flèches d'argent allemandes de Mercedes et Auto Union, qui dominèrent pratiquement tous les Grands Prix jusqu'à la Seconde Guerre mondiale. La P3 bénéficia d'optimisations constantes : de 2 654 cm³ en 1932, sa cylindrée fut portée à 2 905 cm³ en 1934, puis à 3 165 cm³ en 1935, et la puissance de son moteur huit cylindres suralimenté passa de 170 à plus de 260 ch au fil des ans.

Aston Martin 1,5 l Le Mans *1932*

Dans l'ombre de Bentley, les succès sportifs d'Aston Martin ne s'accompagnèrent que d'un succès commercial modéré. Aston Martin ne put jamais rivaliser avec les autres grands constructeurs en termes de quantités. Pourtant, l'Aston Martin Le Mans 1,5 l (une petite 4 places, au départ) possédait une tenue de route de premier ordre. Après avoir fait ses preuves aux 24 Heures du Mans où elle remporta une victoire dans sa catégorie, l'élégante version biplace fut proposée à la clientèle férue de compétition sous la désignation « Le Mans ». Son moteur quatre cylindres en ligne de 1 493 cm³ délivrait 71 ch à 4 750 tr/min. Sa vitesse maximale était de 137 km/h.

Mercedes-Benz SSKL à carrosserie aérodynamique *1933*

Nous devons cette SSKL aérodynamique, conçue en 1933 pour Otto Merz, à la société allemande Vetter de Fellbach (fondée à Bad Cannstatt), qui se consacre aujourd'hui encore à la construction de carrosseries spéciales. Son six cylindres délivrait 240 ch sans compresseur et 300 ch avec.

Bugatti type 51A Biplace Sport *1933*

Les apparences sont trompeuses : le capot de cette Bugatti biplace, dotée de garde-boue et de phares comme une banale voiture de sport, dissimule un moteur de course dont la cylindrée a été réduite de 2 263 cm³ à 1 492 cm³ pour qu'elle puisse participer aux épreuves de Grand Prix dans la catégorie 1,5 l.

Alfa Romeo 8C 2,6 Superleggera *1933*

Le type 8C fut l'une des meilleures voitures de sport des années 1930 – et l'une des plus victorieuses. Comme chez Bugatti, son moteur huit cylindres en ligne était issu d'un véhicule de Grand Prix, le type B, également connu sous le nom de P3. Comme chez Bugatti, le moteur se composait de deux blocs de quatre cylindres soudés pour former un huit cylindres de 180 à 220 ch. Lors de ses débuts en compétition en 1931, l'Alfa Romeo 8C gagna les deux principales courses de la saison : les 24 Heures du Mans et les Mille Miglia. Ces victoires furent suivies de nombreuses autres à la Targa Florio, tant avec la motorisation 2,3 l qu'avec la 2,6 l, toutes deux suralimentées par compresseur.

Fiat 508S Balilla Sport Coupé 1933

Cet élégant coupé Fiat 508S fut l'une des petites voitures de sport qui connurent le plus de succès avant la Seconde Guerre mondiale. Elle remporta plusieurs victoires en compétition et Fiat vendit 1 000 exemplaires de cette version sport, également déclinée en cabriolet biplace. Le conducteur disposait de 36 ch à 4 400 tr/min. Avec ses 995 cm³, la Fiat 508S appartenait à la catégorie des 1 000 cm³ sport, particulièrement populaire en Italie.

Fiat 508S Balilla Sport 1933

Initialement, la Fiat 508 Balilla était une voiture bon marché destinée à tout le monde, raison pour laquelle la berline quatre places fut dotée d'un quatre cylindres de 995 cm³ de 20 ch lors du lancement de la production en 1932 – une motorisation trop faible au goût des jeunes conducteurs. Mais Fiat réagit vite à la nouvelle tendance aux modèles sport plus puissants. La photographie ci-dessous montre la version cabriolet, très prisée, équipée d'un moteur 26 ch qui pouvait être remplacé par le 36 ch du coupé à la demande de conducteurs sportifs. Privée de ses garde-boue, la décapotable devenait une voiture de course biplace et participait aux compétitions italiennes dans la catégorie « Voiturettes ».

Lagonda Tourer 3 l 1933

La société britannique Lagonda fut fondée par un Américain, Wilbur Gunn. Jusqu'à la Seconde Guerre mondiale, elle produisit une série de voitures sportives qui parvinrent même à s'imposer face à leur rude concurrence au Mans en 1935. On voit ici la Tourer 3 l à carrosserie sport, pourvue d'un moteur six cylindres de 3 181 cm³. Seuls d'infimes détails distinguait la Lagonda victorieuse aux 24 Heures du Mans de cet imposant véhicule atteignant 180 km/h. Son design n'était pas le fruit du hasard. Walter Owen Bentley, l'ancien propriétaire de la société Bentley, était en effet devenu ingénieur en chef chez Lagonda en 1931, après le rachat de son entreprise par Rolls-Royce. En 1975, Lagonda passa entre les mains d'Aston Martin.

Duesenberg SJ 1933

Cette Duesenberg compacte à compresseur est unique. Son propriétaire, un passionné de sport automobile, voulait une voiture de compétition de 320 ch qu'il pourrait également conduire sur la voie publique. On lui fournit ce qu'il demandait mais ses dons de pilote, plutôt modestes, anéantirent ses rêves de victoire. Cette SJ resta donc un jouet de luxe, dont la valeur actuelle s'élève à cinq millions de dollars.

Aston Martin Ulster 1,5 l *1934*

En 1935, la petite société Aston Martin dirigée par Bertelli et Driscoll remporta la coupe biennale aux 24 Heures du Mans face à des constructeurs jouissant d'une renommée et de moyens financiers bien supérieurs, tels que Fiat, Alfa Romeo ou Bugatti. Elle sortit également victorieuse du Tourist Trophy de l'Ulster, en Irlande, et produisit alors une petite série de 20 véhicules baptisée Ulster. Destinés aux particuliers, ceux-ci étaient dotés d'une motorisation plus faible que les voitures de compétition : un quatre cylindres en ligne de 1 493 cm^3, développant 81 ch à 5 250 tr/min et atteignant 164 km/h. Leur poids à vide était de 940 kg.

Voiture de course Mercedes-Benz W 25, 750 kg *1934*

En 1934, le poids maximal autorisé pour les véhicules de Grand Prix fut ramené à 750 kg (sans les pneus, le carburant, l'huile et l'eau de refroidissement) et il se révéla que la nouvelle W 25 pesait 1 kg de trop. Le directeur de course Alfred Neubauer fit poncer sa peinture blanche durant la nuit. Le lendemain, la voiture pesait exactement 750 kg et put donc prendre le départ. Les « flèches d'argent » étaient nées. Malgré de sérieux adversaires tels qu'Alfa Romeo avec la P3 et Auto Union, Manfred von Brauchitsch remporta sans tarder sa première victoire à la course internationale de l'Eifel sur le Nürburgring, puis d'autres grandes épreuves, notamment à Pescara et au Grand Prix d'Italie à Monza. Avec son moteur huit cylindres suralimenté de 3 364 cm^3 délivrant 354 ch, la W 25 atteignait quelque 280 km/h.

Grand Prix d'Allemagne *1934*

Suspense avant le Grand Prix d'Allemagne en 1934 sur le Nürburgring. Chacun pouvait tenter sa chance sur ce circuit exigeant. À gauche, à l'avant-plan, Attilio Battilana sur une Alfa Romeo Monza portant le numéro 22. On distingue également Goffredo Zehender sur une Maserati 8CM 3 l (n° 20), Rudolf Caracciola sur une Mercedes-Benz W 25 (n° 6), Hans Stuck sur une Auto Union type A (n° 1), Ulrich Maag sur une Alfa Romeo Monza (n° 12) et, sur la quatrième ligne de départ, Luigi Fagioli sur une Mercedes W 25 ainsi que Laszlo Hartmann sur une Bugatti 59 portant le numéro 11. Jadis, les moteurs des voitures de Grand Prix devaient encore être lancés par un mécanicien à l'aide d'une manivelle.

Mercedes-Benz W 25 Grand Prix *1934*

Dans les années 1930, l'ingénieur en chef Hans Nibel mit au point ce moteur huit cylindres à compresseur pour la nouvelle formule des 750 kg. Au fil des ans, sa puissance fut portée de 280 ch à 480 ch, et sa cylindrée de 3 360 cm^3 à 4 740 cm^3. Chacun des huit cylindres disposait de deux soupapes d'admission et d'échappement, commandées par deux arbres à cames. De 1934 à 1936, ce moteur permit de remporter presque tous les Grand Prix dignes d'intérêt. Durant la saison 1935, la W 25 gagna 9 des 11 courses et Rudolf Caracciola fut sacré champion d'Europe avec six victoires.

Arrêt au stand *1934*

Arrêt au stand au Grand Prix de Suisse en 1934 : ravitaillement en essence de la W 25 du pilote de l'écurie Mercedes-Benz, Luigi Fagioli. Une couverture protégeait le pilote en cas de débordement du carburant – une méthode considérée très dangereuse aujourd'hui, mais pratiquée par toutes les écuries jadis.

Portrait

Luigi Fagioli

Le talentueux pilote italien Luigi Fagioli eut le plaisir de remporter le Grand Prix d'Espagne en 1934 puis le Grand Prix d'Italie à Monza en 1935 pour Mercedes. Lors du Grand Prix d'Allemagne de 1934 sur le Nürburgring, il dut se soumettre à la volonté d'Alfred Neubauer et laisser gagner un pilote allemand, Rudolf Caracciola. Les coups tactiques ne sont donc pas une nouveauté.

Dans les années 1930, les affiches fantaisistes avaient cote.

Mercedes type 25 A *1934*

Après une longue période d'absence, l'équipe Mercedes reprit les courses de Grand Prix en 1934 avec le type 25 A. La même année, les quatre pilotes de l'écurie remportèrent quatre compétitions sur huit. À l'époque, les changements de pilote étaient encore possibles, de sorte que Caracciola et Fagioli se partagèrent la victoire au Grand Prix d'Italie à Monza. À l'arrière-plan, on distingue deux Maserati 8CM de 1933 qui n'avaient plus aucune chance contre les flèches d'argent de Mercedes et Auto Union, sauf à des courses de second plan.

« Berline de course » Mercedes-Benz W 25 *1934*

La version découverte de la Mercedes-Benz W 25 de Grand Prix se transforma à peu de frais en voiture de record, dotée d'un moteur huit cylindres réalésé et suralimenté, avec une cylindrée de 3 992 cm³ et 398 à 430 ch. Ce fut la première voiture de record Mercedes-Benz. Cette création fut qualifiée de « berline de course », une désignation peu flatteuse. En 1934, Rudolf Caracciola obtint le meilleur temps au kilomètre lancé et au mile lancé (à 317,6 km/h) sur une route droite, près de Budapest. Équipée d'un toit légèrement modifié et pilotée par Hans Geier, la « berline de course » disputa une dernière fois la course de l'AVUS à Berlin en 1935, mais sans succès – les voitures de compétition découvertes étaient plus rapides.

Maserati 8CM *1934*

Les préparatifs précédant le départ du Grand Prix d'Espagne de 1934 à Lasarte, près de Saint-Sébastien. À droite, les deux Mercedes-Benz W 25. Luigi Fagioli (n° 18) remporta la course. Brunet se trouve tout à gauche, sur une Maserati 8CM (n° 24) dont le moteur huit cylindres à compresseur et double arbre à cames en tête délivrait 280 ch à 2 800 tr/min. Ce fut la première Maserati à freins hydrauliques. En 1933, des Maserati pilotées par Nuvolari et Achille Varzi gagnèrent encore d'importantes courses telles que le Grand Prix de Belgique ou le Grand Prix de Nice. En 1934, année où les nouvelles flèches d'argent firent leur entrée, le bilan des voitures rouges fut moins réjouissant, les bolides de Mercedes-Benz et Auto Union bénéficiant d'une supériorité technique non négligeable.

Jaguar SS 100 *1935*

Le type SS 100 fut la première voiture de sport Jaguar. En 1935, une succursale de la société Swallow Sports (d'où la désignation « SS ») fabriquait encore des side cars pour motos. Toutefois, la production automobile n'avait cessé de gagner du terrain depuis 1927. Sous le nom accrocheur de « Jaguar », les automobiles de Swallow conquirent rapidement le cœur des Britanniques férus de compétition qui les firent courir à des rallyes et à des courses d'endurance avec un succès grandissant. Un robuste moteur six cylindres en ligne de 3 485 cm^3 et 125 ch à 4 500 tr/min fournissait la puissance nécessaire. Selon la version et l'année de construction, la SS 100 passait les virages à une vitesse oscillant entre 160 et 175 km/h.

Auburn 851 Speedster *1935*

Avant la Seconde Guerre mondiale, les voitures de sport et de luxe américaines les plus renommées (Auburn, Cord et Duesenberg) étaient toutes construites dans la petite ville d'Auburn. Cette Auburn 851 Speedster stylisée est équipée d'un compresseur Cummins. Auburn garantissait jadis à ses clients que leur voiture parviendrait à 100 miles/heure (soit 160 km/h) au moins. Un bel argument pour les coureurs qui remportèrent plus d'une victoires avec ce modèle, qui atteignait même 175 km/h dans les lignes droites. Son moteur huit cylindres en ligne Lycoming de 4 894 cm^3 ou 5 680 cm^3 développait jusqu'à 165 ch.

Duesenberg SJ Speedster *1935*

Cette énorme automobile est considérée comme la voiture de sport pour route la plus rapide des années 1930. Avec elle, le pilote Ab Jenkins établit un nouveau record du monde sur 24 heures le 31 août 1935 – à 240 km/h. Son moteur Duesenberg à huit cylindres en ligne et compresseur Cummins délivrait 390 ch. La même voiture fut modifiée en 1936 et dotée d'un moteur d'avion Curtiss Conqueror encore plus puissant. Rebaptisée « Mormon Meteor », ce bolide de 2 800 kg pulvérisa de nombreux records mondiaux sur 24 et 48 heures en 1936 et 1938.

Duesenberg SJ Speedster *1935*

De 1920 à 1937, Duesenberg construisit des voitures de luxe, de course et de sport devant satisfaire aux plus hautes exigences. Ses voitures de luxe étaient les plus chères du monde. Ce fut une Duesenberg qui remporta les 500 miles d'Indianapolis en 1924, 1925 et 1927. En 1932, un type SJ version tourisme coûtait près de 30 fois le prix d'une Ford A. La Duesenberg SJ Speedster était équipée d'un moteur huit cylindres en ligne de 6 800 cm^3 (ci-contre). La variante la moins puissante délivrait 265 ch, contre 320 ch avec compresseur et 390 à 400 ch pour le solide moteur de course.

Duesenberg *1935*

Les célèbres Duesenberg étaient également distribuées en Allemagne et en Autriche. Duesenberg fournissait uniquement le châssis sur roues, que des carrossiers tout aussi renommés habillaient conformément aux désirs d'une clientèle privilégiée. Les maîtres carrossiers Grabner, Le Baron, Derham et Murphy conçurent pour leur clientèle nantie des véhicules uniques au design exceptionnel qui valent aujourd'hui plusieurs millions d'euros.

Voiture de sport tout terrain Opel, 2 l *1935*

Opel, qui faisait courir jusqu'à huit voitures aux impitoyables courses tout-terrain, collectionna les médailles d'or. Ces épreuves étaient de véritables combats de boue. En Prusse orientale, seules 3 des 67 équipes participant à la compétition parvinrent au but. Les véhicules roulaient capote ouverte même en hiver, et ce durant 90 heures. Ces circuits de 2 000 km constituaient de terribles tests d'endurance pour les hommes comme pour les machines. Ils attiraient jusqu'à 2 millions de spectateurs et plus de 100 000 membres des forces armées veillaient au maintien de l'ordre dans les bois. Caractéristiques techniques de ce modèle : moteur six cylindres en ligne de 36 à 55 ch, cylindrée de 1 932 à 2 473 cm^3, différentiel autobloquant sur l'essieu arrière. Pointe à environ 115 km/h.

Grand Prix de Monaco *1935*

Le futur vainqueur Luigi Fagioli dépassant la Maserati de Soffietti sur sa Mercedes W 25, plus puissante, lors du Grand Prix de Monaco en 1935.

Ford V8 Roadster *1936*

De 1932 à 1940, les usines Ford de Cologne produisirent plus de 17 000 voitures de sport et de tourisme à moteur V8, qui décrochèrent plus d'une victoire en compétition et aux épreuves de fiabilité. La photographie montre la Ford V8 Roadster allemande arrivée première à la course de Hohensyburg en 1936. Heiner Pätzold fut non seulement le plus rapide dans sa catégorie, mais également dans celle des voitures de sport sans compresseur. Son bolide était équipé d'un moteur Ford V8 de 3 560 cm³ délivrant 90 ch à 3 800 tr/min qui fut fabriqué à plusieurs millions d'exemplaires. Doté d'une boîte à trois rapports, il atteignait 142 km/h sans son overdrive Columbia contre 166 km/h avec.

Alvis Speed Twenty Five *1936*

Les Alvis étaient rarement semblables, leur constructeur faisant appel à des carrossiers réputés tels que Vanden Plas, Charlesworth, Mayfair et Cie pour habiller ses véhicules sur mesure. Alvis se chargeait uniquement des composants internes. Ses clients pouvaient également sélectionner la motorisation de leur choix. Des moteurs six cylindres en ligne de 2,76 l furent disponibles à partir de 1931, suivis de moteurs de 3,57 l et d'un moteur gonflé de 4,3 l, comme sur cette élégante version de course. Avec une vitesse de pointe de 180 km/h, l'Alvis Speed Twenty Five collectionna les premiers prix en Grande-Bretagne. La société Alvis fut rachetée par le groupe Rover en 1965, qui fut lui-même repris par British Leyland en 1967.

Bugatti 57S Atalante *1936*

La Bugatti Atalante était l'une des plus belles voitures de sport de l'entre-deux-guerres. Quelques modifications mineures avaient été apportées a la carrosserie de la Bugatti 57S qui remporta le Grand Prix de l'Automobile Club de France en 1937 sur le circuit de vitesse de Montlhéry, établissant simultanément un record mondial de vitesse dans sa catégorie à 217,941 km/h. La même année, une 57G montée sur le châssis de la 57S gagna les 24 Heures du Mans. Son moteur huit cylindres en ligne de 2,3 l développait 170 ch à 5 500 tr/min sans compresseur, contre 200 ch une fois le compresseur enclenché.

Alfa Romeo 8C *1936*

L'épreuve italienne des Mille Miglia resta la plus importante course de route d'Europe durant plusieurs décennies. En 1936, Alfa Romeo la disputa avec cette voiture de compétition mue par un moteur de Grand Prix légèrement dégonflé. Deux compresseurs arrachaient quelque 220 ch à ses 2 904 cm³. Lorsque Brivio déboula à 220 km/h vers la ligne d'arrivée à Brescia en 1936, il avait 14 minutes d'avance. Ses phares tombèrent alors en panne. Brivio parvint au but à l'aveuglette, 32 secondes avant ses adversaires.

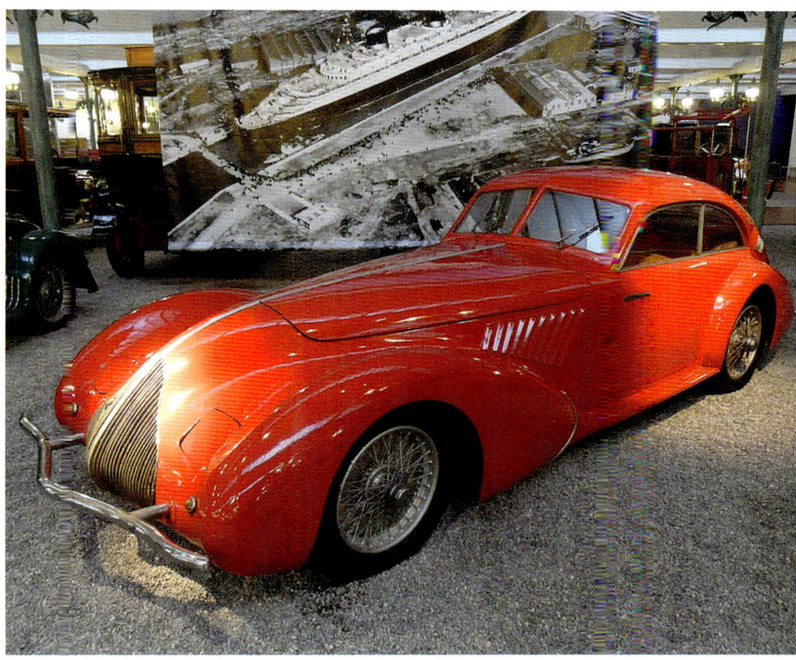

Voiture de record Mercedes-Benz 12 cylindres *1936*

Cette voiture de record fut la première automobile testée dans le tunnel aérodynamique du centre de recherches aéronautiques allemand à Berlin, avec pour résultat une carrosserie très aérodynamique à carénage intégral. Toutefois, des difficultés imprévisibles survinrent : la voiture de record de Rudolf Caracciola perdit brièvement toute adhérence au sol au niveau de l'essieu avant à une vitesse de 370 km/h. Sa portance positive était trop élevée. Mais 90 kg de plomb à l'avant et de nombreuses modifications au niveau de la carrosserie, rallongée à l'arrière, permirent de résoudre la plupart des problèmes d'aérodynamisme. En 1936 et 1938, Rudolf Caracciola battit quantité de records avec cette voiture au coefficient de traînée surprenant (0,1571). Il réalisa sa plus belle performance le 28 janvier 1938 sur une autoroute à proximité de Darmstadt (en Allemagne) avec une vitesse de 432,7 km/h au kilomètre lancé. Il s'agit de la vitesse la plus élevée atteinte à ce jour sur une voie publique en Allemagne.

Voiture de record Mercedes-Benz W 25 *1936*

Courses au record sur l'autoroute Francfort-Darmstadt le 11 novembre 1936. Rudolf Caracciola enregistre cinq records de catégorie internationaux et un record mondial. Ce modèle aérodynamique atteignant plus de 410 km/h est dérivé de la W 25 de Grand Prix, dont le huit cylindres en ligne de 3 364 cm³ a été remplacé par un moteur de course V12 de 5 600 cm³ de type M25 DAB.

Courses au record sur l'autoroute *1936*

Les courses au record s'intégraient parfaitement dans le concept de propagande national-socialiste.

Moteur 16 cylindres Auto Union *1936*

Ferdinand Porsche conçut ce moteur de course 16 cylindres pour Auto Union en 1936. Il fut monté sur la voiture utilisée par Hans Stuck pour les courses de côte ainsi que sur l'Auto Union type C Grand Prix. Ce moteur de 6 l à compresseur développait 60 à 70 ch de plus que le 12 cylindres de 3 l de la Mercedes-Benz W 154. Avec son couple de 850 Nm, le 16 cylindres d'Auto Union bénéficiait déjà d'une énorme reprise à 2 500 tr/min, raison pour laquelle il fallut équiper la voiture de Hans Stuck de pneus doubles pour les épreuves de côte.

Auto Union type C *1936*

Cette voiture de compétition à moteur central était en avance sur son temps. Elle remporta les Grands Prix d'Allemagne et d'Italie en 1936 ainsi que le Grand Prix de Belgique en 1937. La photographie montre le « roi de la course de côte » Hans Stuck sur son bolide à pneus doubles lors de la Shelsley Walsh, la course de côte la plus ancienne et la plus renommée d'Angleterre. Avec ses 6 006 cm³ de cylindrée, ce modèle de course innovant mais peu maniable délivrait 520 ch à 5 000 tr/min.

Course de l'Eifel *1937*

Cette photographie de la course internationale de l'Eifel sur le Nürburgring en 1937 met en lumière le rôle prépondérant des flèches d'argent avant la Seconde Guerre mondiale. Sur la grille de départ, les six premières places sont occupées par des voitures allemandes Auto Union et Mercedes. Le futur vainqueur Bernd Rosemeyer (Auto Union) porte le numéro un, Manfred von Brauchitsch et Rudolf Caracciola (tous deux sur Mercedes) les numéros 8 et 6. Au second rang, on distingue Hermann Lang sur Mercedes (n° 7) et Ernst Hasse sur Auto Union (n° 4). Les deux Alfa Romeo 12C de Nuvolari et Farina se trouvent seulement au troisième rang, aux côtés de Kautz sur Auto Union (N° 2).

Peugeot 302, Le Mans *1937*

Pour les passionnés de compétition automobile français, les 24 Heures du Mans étaient déjà l'événement à ne pas manquer avant la Seconde Guerre mondiale. Le sport de haut niveau combiné à une atmosphère de champ de foire enchantaient les masses. Peugeot y vit une excellente publicité pour ses voitures. Trois de ces Peugeot 302 à carrosserie spéciale prirent le départ en 1937. Elles décrochèrent finalement les places 7, 8 et 10 au classement général. Le moteur quatre cylindres de 1 991 cm³ et 55 ch de la série 302 avait été porté à 73 ch. La vitesse maximale était de quelque 170 km/h.

Lagonda V12, Le Mans *1937*

Les Lagonda Speed étaient parmi les meilleures voitures de sport de l'entre-deux-guerres, et également parmi les plus maniables. La photographie montre une voiture utilisée par l'écurie Lagonda au Mans et à de nombreuses autres courses d'endurance. Ce modèle fut décliné dans de multiples versions, y compris monoplaces, à la demande de la clientèle. Avec son moteur de course V12 de 4 480 cm³ et 225 ch, elle parvenait sans difficulté à 185 km/h.

Simca-Gordini type 5 *1937*

Amédée Gordini était déjà le préparateur le plus renommé de France avant la Seconde Guerre mondiale. Il utilisait les moteurs de grande série Simca développés par Fiat. Durant plusieurs décennies, les pilotes moins nantis purent ainsi s'offrir une voiture de sport ou de course Simca-Gordini alors qu'une Bugatti leur était inaccessible. Cette voiture de course Simca-Gordini type 5 décrocha moult victoires dans sa catégorie (la plus petite, jusqu'à 600 cm³). Elle enregistra en outre une série de records de vitesse, dont 48 heures à une moyenne de 103 km/h – une remarquable performance pour ce moteur d'à peine 570 cm³ développant tout juste 23 ch, dérivé du 13 ch d'une drôle de petite voiture, la Fiat 500 « Topolino ».

BMW 328 *1937*

Le type 328 est considéré comme l'une des meilleures voitures de sport 2 l de l'entre-deux-guerres. Grâce à son excellente tenue de route, la BMW 328 était en général beaucoup plus rapide que ses adversaires italiens et anglais sur circuit fermé et en côte. Autre atout : de puissants freins à tambour à commande hydraulique aux quatre roues, qui étaient loin d'être la règle jadis. Sa motorisation, en revanche, était plutôt moyenne puisque la version de série de son six cylindres BMW délivrait 80 ch, mais il s'agissait d'un moteur éprouvé d'une fiabilité sans faille, dérivé de celui de la 326, une voiture de tourisme à quatre places. La version de série du type 328 fut construite à 464 exemplaires entre 1937 et 1940. Cette voiture remporta ses plus grands succès de classe à la course de l'Eifel en 1936 ainsi qu'aux 24 Heures de Spa et du Mans en 1938. Sa victoire au classement général des Mille Miglia en 1940 est restée dans les annales.

HRG 1500 *1937*

L'avenir appartient aux voitures de sport bon marché. C'est dans cet esprit que les constructeurs britanniques conçurent à la moitié des années 1930 une multitude de voitures de sport et de course à prix abordable à l'intention des salariés moyens. Frazer Nash et HRG se disputait chaque client présentant des ambitions de pilote de course, les succès sportifs ayant un impact financier positif. Cette HRG 1500 arriva seconde dans la catégorie très disputée des 1 500 cm³ aux 24 Heures du Mans de 1937, où Peter Clark parvint même à décrocher une victoire de classe en 1939. Les modèles sport HRG étaient disponibles avec une foule de motorisations. Cet exemplaire est doté d'un moteur Singer quatre cylindres de 1 468 cm³ développant 65 ch, mais on trouvait également des HRG sport équipées de moteurs Meadows, avec ou sans compresseur. Ce constructeur renommé mit la clé sous la porte en 1966.

Coupe Vanderbilt *1937*

Les 500 miles d'Indianapolis et la Coupe Vanderbilt étaient les deux principales compétitions organisées aux États-Unis dans l'entre-deux-guerres. La plupart des épreuves de la Coupe Vanderbilt se couraient en formule libre, c'est-à-dire sans limitation de cylindrée. En 1937, Auto Union gagna cette course dotée de prix importants avec une 6 l, le type C

Alfa Romeo 8C 2900 B spéciale *1937*

Les coureurs amateurs font souvent preuve d'une créativité peu commune. Cette Alfa Romeo 8C biplace appartenait à un pilote suisse. Ensemble, ils gagnèrent de nombreuses épreuves de côte et courses en circuit fermé dans les années 1960. Les accidents ne manquèrent pas non plus, de sorte que sa carrosserie fut remodelée à plusieurs reprises. Avec 200 ch pour une cylindrée de 2 905 cm³, cette biplace de compétition atteignait 200 km/h en pointe.

Mercedes-Benz W 25, course de l'AVUS *1937*

En 1937, cette voiture de course aérodynamique hors formule franchit le virage relevé du circuit berlinois de l'AVUS à près de 300 km/h, une contrainte énorme pour le pilote comme pour les pneus, soumis à une accélération massive de la pesanteur. Hermann Lang remporta cette épreuve légendaire à une vitesse moyenne de 261,7 km/h. Son record du tour resta invaincu jusqu'en 1958. Les caractéristiques techniques de ce véhicule utilisé uniquement sur l'AVUS : moteur V12 de 5 577 cm³, 570 ch à 5 800 tr/min.

Auto Union type C Streamliner *1937*

Aux yeux d'Adolf Hitler, le sport automobile était un outil de propagande servant les objectifs du Troisième Reich, les victoires et courses au record des bolides de Mercedes-Benz et Auto Union reflétant la force de sa politique. C'est pourquoi les constructeurs bénéficiait d'un soutien financier massif de l'État et de la collaboration d'ingénieurs très compétents. La photographie montre une Auto Union type C Streamliner à moteur 16 cylindres telle que celle pilotée par Bernd Rosemeyer sur le circuit de l'AVUS en 1937. Avec ce monoplace de 520 ch, Rosemeyer boucla son tour le plus rapide à 276,39 km/h et atteignit près de 400 km/h sur les deux longues lignes droites.

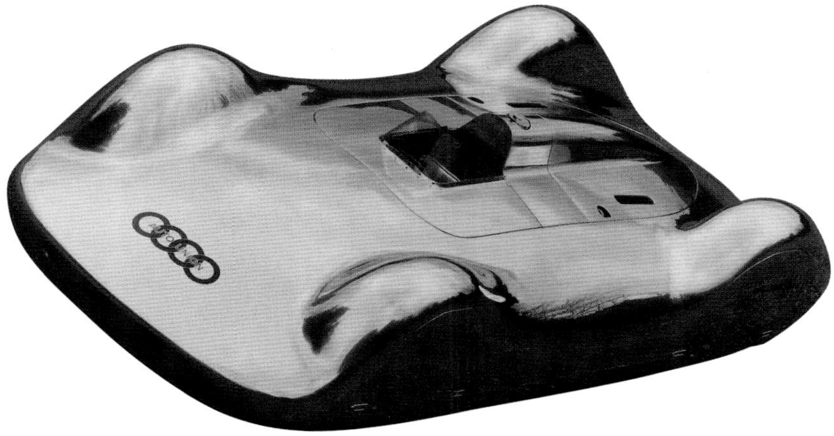

Portrait

Bernd Rosemeyer

Le pilote de l'écurie Auto Union Bernd Rosemeyer est toujours présent dans les mémoires. Avec Rudolf Caracciola, il est considéré comme le plus grand pilote de l'ère des flèches d'argent. Bernd Rosemeyer décéda le 28 janvier 1938 sur une section d'autoroute près de Langen, dans la Hesse, alors qu'il tentait de battre le record du monde de vitesse (432,692 km/h) établi par Rudolf Caracciola sur Mercedes-Benz quelques heures auparavant. Il n'avait que 29 ans. Pour des raisons restées partiellement inexpliquées à ce jour, Rosemeyer perdit le contrôle de son Streamliner au kilomètre 9,2, alors qu'il roulait à environ 430 km/h. L'explication la plus plausible est qu'une rafale de vent soudaine lui aurait fait quitté la chaussée. Bernd Rosemeyer fut éjecté de son véhicule et mourut de ses blessures.

Portrait

Rudolf Caracciola et Alfred Neubauer

Le « duo » le plus percutant de l'entre-deux-guerres : Rudolf Caracciola et le directeur de course de Mercedes-Benz, Alfred Neubauer. Caracciola fut champion d'Europe en 1935, 1937 et 1938, titre équivalant jadis peu ou prou à celui de champion du monde. Il remporta 26 Grand Prix sur Mercedes-Benz. Après la Seconde Guerre mondiale, il participa encore à quelques courses avec des voitures moins compétitives. Il abandonna la compétition après deux accidents graves. Caracciola décéda le 28 septembre 1959 à Kassel, à l'âge de 58 ans.

Grand Prix de Donington (Grande-Bretagne) *1937*

Bernd Rosemeyer remporta le Grand Prix de Donington avec son Auto Union type C 16 cylindres, devant les flèches d'argent de Mercedes-Benz. La grille de départ (ci-dessus) illustre bien les rapports de force entre les constructeurs à la fin des années 1930. Les deux premiers rangs étaient occupés par des véhicules allemands, ERA (Grande-Bretagne), Maserati et Alfa Romeo se positionnant seulement au troisième rang. À cette course, 20 voitures prirent le départ. Rosemeyer passa la ligne d'arrivée suivi des deux pilotes Mercedes, Manfred von Brauchitsch et Rudolf Caracciola, puis de Hermann Paul Müller et Rudolf Hasse sur Auto Union en quatrième et cinquième position, et finalement du Prince Bira sur une Maserati 2,9 l en sixième position, avec deux tours de retard.

Auto Union type C *1937*

Bernd Rosemeyer roule ici à la limite de ses possibilités. Le comportement de son Auto Union 16 cylindres, qualifié de « tricky » en jargon automobile, exigeait le maximum du pilote. Il arrivait que sa voiture parte de l'arrière – ou non – et que le compresseur s'enclenche immédiatement – ou non. Si l'on compare la largeur des circuits actuels avec celle d'alors, il devient évident qu'une course à bord d'un véhicule aussi puissant pouvait se révéler mortelle à l'époque.

Auto Union type C, course de l'AVUS
1937

Avant la Seconde Guerre mondiale, peu de compétitions automobiles marquèrent autant les esprits que la légendaire course de l'AVUS en formule libre, c'est-à-dire sans limitation de cylindrée, en 1937. Avec sa mythique voiture aérodynamique, la Mercedes-Benz W 25 « AVUS », Hermann Lang boucla la course à une vitesse moyenne de 261,67 km/h, faisant de l'AVUS le circuit le plus rapide du monde. Lors de l'épreuve finale, Ernst von Delius arriva second sur la voiture de Grand Prix sans carrosserie aérodynamique la mieux placée sur la grille de départ. Le record d'Hermann Lang fut seulement battu 21 ans plus tard à Monza.

Auto Union type D *1938*

De 1934 à 1937, Auto Union fit courir des types C à moteur central 16 cylindres. Avec leurs 6 006 cm³, ceux-ci n'eurent plus le droit de participer aux courses de Grand Prix à partir de la saison 1938, la cylindrée étant désormais limitée à 3 000 cm³. Ferdinand Porsche, jadis constructeur en chef d'Auto Union, conçut alors ce type D à compresseur équipé d'un moteur V12, dont la puissance initiale de 420 ch fut portée à 485 ch ultérieurement. L'écurie Auto Union remporta les Grands Prix d'Italie et de Donington (Grande-Bretagne) en 1938 ainsi que les Grands Prix de France et de Yougoslavie en 1939. La Seconde Guerre mondiale éclata quelques semaines plus tard, mettant alors fin à toutes les compétitions.

Moteur pour voiture de Grand Prix Bugatti 50B *1938*

Les flèches d'argent dominèrent nettement les courses de Grand Prix jusqu'à la fin des années 1930. Aidé de son fils Jean, Ettore Bugatti tenta de reprendre la barre avec un moteur de course huit cylindres en ligne à double arbre à cames, d'une cylindrée de 4 741 cm³ pour une puissance de 400 ch. Mais sa tentative ne fut guère couronnée de succès.

Alfa Romeo 8C 2900 B Biplace Course
1938

Ce biplace de compétition remporta les 24 Heures de Spa (Belgique) en 1938. On remarque à son capot qu'il était dérivé d'une véritable voiture de Grand Prix. En deux ans, ce modèle de course racé se vendit à seulement 30 exemplaires. Il est considéré comme l'Alfa Romeo de compétition la plus longue et la plus chère de l'entre-deux-guerres. Caractéristiques techniques : moteur huit cylindres à compresseur, 2 905 cm³, 200 ch, pointe entre 185 et 210 km/h selon la transmission.

Alfa Romeo 12C Biplace Course

1938

En 1936, la forte dominance des flèches d'argent allemandes incita Vittorio Jano, ingénieur chez Alfa Romeo, à développer un nouveau moteur 12 cylindres suralimenté. Monté sur une voiture de Grand Prix pilotée par Tazio Nuvolari, le 12C apporta la victoire à Alfa Romeo à la Coupe Vanderbilt (USA) ainsi qu'à une course de moindre importance à Barcelone. Le type 12C ne fut construit qu'à quatre exemplaires, dont certains furent remodelés ultérieurement (photographie). En raison des coûts élevés, l'équipe d'Alfa Romeo concentra ses efforts sur l'Alfetta huit cylindres qui avait déjà plusieurs succès à son actif. Caractéristiques techniques du type 12C représenté : 370 ch, 4 492 cm³, 12 cylindres, deux compresseurs Roots, pointe à 220 km/h. La version Grand Prix atteignait 310 km/h et développait 430 ch à 5 800 tr/min.

Voiture de course Mercedes-Benz W 154 (3 l)

1938

La formule 750 kg fut remplacée par la formule 3 l dès 1938, la plupart des circuits n'étant pas adaptés aux débordements de puissance des bolides de 750 kg. En 1934, la Mercedes W 25 disposait de 394 ch, qui furent portés à 592 ch sur la W 125 trois ans plus tard. La formule 3 l devait réduire la vitesse et fournir des chances égales aux véhicules français et italiens. La W 154, la nouvelle flèche d'argent Mercedes, gagna six courses sur neuf et Rudolf Caracciola remporta pour la troisième fois le titre de champion d'Europe, qui équivalait jadis à peu près à celui de champion du monde. La W 154 était mue par un moteur V12 suralimenté de 453 ch pour à peine 2 962 cm³, qui permettait aux quatre pilotes Mercedes d'atteindre 235 km/h à 8 000 tr/min.

Grand Prix de Tripoli

1938

La photographie ci-contre montre le chargement de trois Mercedes-Benz W 154 sur le bateau devant les transporter à Tripoli pour le Grand Prix prévu le 15 mai 1938, et où l'écurie allemande décrocha sans peine une triple victoire grâce à ces bolides 12 cylindres. Hermann Lang arriva premier devant Manfred von Brauchitsch et Rudolf Caracciola. Le transport des voitures prit environ deux semaines, chargement et déchargement compris.

Un arrêt au stand qui tourne mal *1938*

Un arrêt au stand tourne au drame lors du Grand Prix d'Allemagne de 1938 sur le Nürburgring. La Mercedes-Benz W 154 de Manfred von Brauchitsch prend feu suite à un débordement de carburant, l'essence s'enflammant au démarrage au contact des gaz d'échappement. Le directeur de course Alfred Neubauer se précipite vers son pilote. Heureusement pour les personnes concernées, le feu est rapidement éteint.

Voiture de record Mercedes-Benz W 154 *1939*

La photographie montre Rudolf Caracciola éperonnant son destrier sur la nouvelle autoroute près de Dessau. Son objectif : de nouveaux records de vitesse au kilomètre arrêté.

Maserati 4CL Grand Prix *1939*

La nouvelle formule 1,5 l avec compresseur devait mettre fin à la suprématie exercée par les flèches d'argent allemandes de Mercedes et Auto Union durant les cinq années précédant la Seconde Guerre mondiale. Les écuries françaises et britanniques avaient baissé pavillon depuis longtemps et la Mercedes W 125 « Tripoli », qui avait été développée en un temps record, battit même les équipes italiennes d'Alfa Romeo sur le type 158 et celles de Maserati. La formule 1,5 l permit cependant à ces dernières de renouer avec la victoire. Pilotée par l'inoubliable Luigi Villoresi et bien d'autres coureurs, cette Maserati 4CL collectionna les succès après la guerre. Ses caractéristiques techniques : moteur quatre cylindres à compresseur, 1 492 cm³, 220 ch, vitesse de pointe entre 230 et 250 km/h selon la transmission.

Voiture de course Mercedes-Benz W 165 (1,5 l) *1939*

Ce modèle est entré dans l'histoire du sport automobile après avoir remporté le célèbre Grand Prix de Tripoli en 1939. Les leaders Mercedes-Benz et Auto Union avaient dû relever un nouveau défi. En effet, en raison de la supériorité des Allemands dans la catégorie 3 l, les constructeurs français et italiens limitaient désormais leur participation aux compétitions dans la classe 1,5 l, de sorte que l'association des sports mécaniques italienne décida d'organiser un Grand Prix réservé aux voitures de 1,5 l à Tripoli en 1939. Mercedes-Benz développa la W 165 en huit mois à peine. Si elle rappelait la W 154 de la formule 3 l en plus petit, la W 165 était cependant une nouvelle construction à bien des égards. Six Alfa Romeo, quatre Maserati appartenant à l'écurie du constructeur et 18 Maserati appartenant à des particuliers prirent le départ à Tripoli. Hermann Lang remporta la course à une vitesse moyenne de 197,8 km/h, devant Caracciola. Caractéristiques techniques : moteur V8 de 1 493 cm³, 254 ch à 8 000 tr/min, pointe à 272 km/h.

Auto Union de Grand Prix *1939*

Avant la Seconde Guerre mondiale, le circuit de Brooklands était l'équivalent européen de l'ovale d'Indianapolis aux États-Unis. Il fut en outre le théâtre de nombreux records du monde de vitesse. La photographie montre une des sections de l'ovale subsistant encore aujourd'hui. Les Auto Union à moteur central y décrochèrent d'importantes victoires ainsi que sur tous les circuits de Grand Prix. On distingue la voiture de record Auto Union type C « Streamline » en haut à droite, le type C/D pour courses de côte, équipés de pneus doubles à l'arrière, en bas à droite, le type D de Grand Prix en haut à gauche et le type C de Grand Prix juste en dessous.

Auto Union 16 cylindres « courses de côte » *1939*

Avec son Auto Union de compétition, « le roi de la course de côte », Hans Stuck, terrassa littéralement ses adversaires. Son indéniable talent n'était pas la seule raison de son succès. À 15 ans, le Bavarois parcourait déjà les montagnes de sa région à moto, puis il se fit un nom en tant que coureur de moto avant de passer aux véhicules à quatre roues. Un ancien mécanicien de course rapporte que, dans des conditions extrêmes, Hans Stuck maîtrisait généralement la 16 cylindres à moteur central mieux que ses collègues. Ce bolide hors du commun remporta sa dernière course le 6 août 1939, sur le Grossglockner. Caractéristiques techniques : 6 006 cm³, 16 cylindres en V, 520 ch avec compresseur, pointe à plus de 330 km/h, selon la transmission.

Mercedes-Benz 230 S, voiture de sport tout-terrain *1939*

Les compétitions pour voitures de sport tout-terrain avait la cote dans les années 1930. Adler, Ford, Mercedes-Benz, Opel et d'autres constructeurs renommés y participaient, l'épreuve en Prusse orientale (1935) ou la course tout-terrain du Brandebourg (1939) influençant les décisions de la Wehrmacht et des autorités allemandes en termes d'approvisionnement. Cette 230 S rouge fut utilisée par une équipe de la Poste du Reich à qui elle servit de véhicule publicitaire. Caractéristiques techniques : moteur six cylindres en ligne, 55 ch pour 2 291 cm³, pointe à 130 km/h.

BMW 327/328 *1939*

Le premier type 328 est aisément reconnaissable aux deux courroies de cuir tendues sur son capot. Les véhicules des années de construction suivantes furent dotés d'une carrosserie légèrement plus longue et plus large, à l'instar de ce modèle de 1939 particulièrement élégant, produit dans l'usine BMW d'Eisenach (Thuringe). Avant, mais aussi et surtout après la Seconde Guerre mondiale, cette voiture remporta de nombreuses victoires entre les mains de coureurs privés. Dans l'après-guerre, des voitures de sport Veritas, AFM et Bristol équipées du moteur six cylindres en ligne de cette BMW 328 gagnèrent quantité de compétitions dans la classe 2 l.

BMW 328, Mille Miglia *1939*

Une multitude de carrosseries roadster furent conçues pour les BMW participant aux Mille Milles italiens. En observant le modèle illustré sur cette photographie noir et blanc, on constate qu'il s'agit d'une voiture de compétition pure et dure. La photographie couleur montre un modèle sport plus adapté à la production en série.

Mercedes-Benz W 165, Tripoli *1939*

Soumise à un examen superficiel, la W 165 rappelait par sa forme le modèle précédent (W 163), pourtant bien plus puissant. C'est pourquoi les journaux spécialisés la surnommèrent « Baby Mercedes ». Cette voiture fut construite à seulement trois exemplaires et ne disputa qu'une course.

La tragédie de Spa *1939*

Un tragique accident au Grand Prix de Belgique en 1939 mit fin à la carrière du sympathique Anglais Richard B. Seaman. Au 22e tour, alors qu'il jouissait de 28 secondes d'avance, son véhicule dérapa sur la piste rendue glissante par la pluie et alla se fracasser contre un arbre. Le réservoir d'essence explosa et la voiture prit feu. Le pilote mourut le lendemain de ses blessures. À l'époque, il était impossible de s'extraire du poste de conduite sans démonter le volant.

Mercedes-Benz W 154 *1939*

La plupart des courses d'avant-guerre se déroulaient dans des conditions de sécurité telles que spectateurs et coureurs y risquaient leur vie. On voit ici la flèche d'argent Mercedes du jeune pilote Walter Bäumer rebondir sur une bosse lors de la seconde course de ville de Belgrade le 3 septembre 1939. Son véhicule atteignait 320 km/h.

Auto Union type D 12 cylindres *1939*

Les flèches d'argent allemandes d'Auto Union et Mercedes dominèrent également le Grand Prix de France en 1939. Cette photographie montre le futur vainqueur Hermann Paul Müller sur son Auto Union type D contrant les attaques de Rudolf Caracciola sur sa Mercedes-Benz W 154. L'épreuve avait lieu sur des routes publiques, à proximité de Reims. Müller la remporta devant son collègue Georg Meier et devant Hermann Lang sur une Mercedes-Benz W 154.

Voiture de record Mercedes-Benz W 154 *1939*

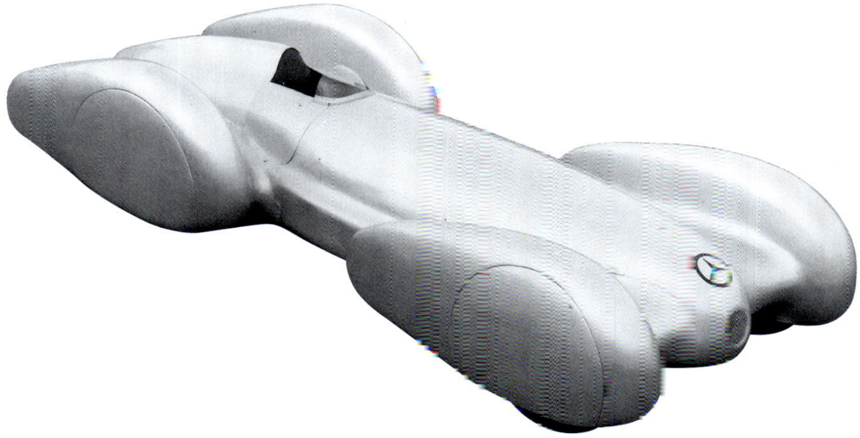

Le 9 février 1939, Rudolf Caracciola établit plusieurs records internationaux en départ arrêté avec cette voiture aux courbes harmonieuses, sur une nouvelle section d'autoroute entre Dessau et Bitterfeld (Saxe-Anhalt). Son véhicule était doté du V12 de 2 962 cm^3 de la W 154 de Grand Prix. Ce moteur de course développait 450 ch et nécessitait une essence à indice d'octane élevé. De l'eau glacée faisait office de liquide de refroidissement.

Portrait

Rudolf Caracciola

Le pilote de l'écurie Mercedes-Benz Rudolf Caracciola fut sans conteste l'un des meilleurs coureurs automobiles de tous les temps : plusieurs fois champion d'Europe de Grand Prix et de course de côte – ici, à la course du Klausen en 1934 – et vainqueur d'épreuves d'endurance telles que la Targa Florio ou les Mille Miglia, il collectionna aussi les records de vitesse durant de nombreuses années.

BMW 328, Mille Miglia *1940*

En 1938, dix personnes trouvèrent la mort aux Mille Miglia, raison pour laquelle le gouvernement italien interdit toute course sur la voie publique. Les Mille Milles eurent cependant lieu une dernière fois en 1940, mais sous la forme d'un circuit de 165 km sur lequel les coureurs devaient effectuer neuf tours. BMW y remporta la victoire au général avec un coupé de compétition de type 328 piloté par le futur directeur de course de Porsche, Huschke von Hanstein, accompagné de Walter Bäumer. Cinq BMW 328, dont deux coupés et trois roadsters (tels que celui de la photographie, conduit par Huschke von Hanstein), avaient pris le départ. Ces types 328 étaient plus légers mais aussi plus puissants que le modèle de série puisque leur mot,eur six cylindres en ligne développait 135 ch pour une cylindrée de 1 971 cm^3. Vitesse de pointe : plus de 190 km/h, 220 km/h pour le coupé de compétition. Huschke von Hanstein décrocha la victoire avec une vitesse moyenne de 166 km/h, battant les Alfa pourtant coutumières du succès.

Le Championnat du monde d'endurance

Le Championnat du monde des marques fut créé en 1953 pour les voitures de sport et les prototypes. Les 24 Heures du Mans constitue toujours le point fort de la saison.

Aucune autre compétition ne favorise autant le progrès automobile que les courses de voitures de sport. Voici quelques exemples issus du développement des voitures de sport qui font aujourd'hui partie de l'équipement des voitures de série – sans jamais avoir été testés sur des voitures de Formule 1 : les freins à disque furent utilisés pour la première fois aux 24 Heures du Mans par Jaguar, qui remporta la course. Citons également les voitures à carrosserie aérodynamique, qui présentent une consommation de carburant sensiblement inférieure à celle des véhicules de Formule 1 à roues découvertes. Dans les années 1960, les coupés en métal léger de Panhard, qui atteignaient les 200 km/h, consommaient déjà moins de 6 l et remportèrent le classement à l'indice énergétique à de nombreuses reprises. La vitesse de pointe des voitures de sport est elle aussi bien supérieure à celle des voitures de formule. Particulièrement aérodynamiques, les voitures de sport Porsche « *Langheck* » (allongées à l'arrière) dépassaient déjà les 380 km/h dans les longues lignes droites du Mans dans les années 1970. La vitesse de pointe des voitures de Formule 1 était alors d'environ 340 km/h.

Le moteur diesel fait un tabac

En termes de motorisation, les plus grands progrès dont bénéficient les moteurs de série ne sont pas testés auparavant en Formule 1 mais dans des courses d'endurance. Audi, par exemple, démontra de manière éclatante la supériorité de moteurs essence sophistiqués à injection directe (FSI) sur les moteurs de course conventionnels, tant au niveau des performances que de la consommation. De nos jours, presque tous les constructeurs équipent leurs voitures de moteurs FSI de série. Toutefois, c'est en faisant courir (avec succès) des modèles diesel suralimentés aux 24 Heures du Mans qu'Audi réalisa l'avancée la plus significative dans le domaine des moteurs de série performants. Eu égard à l'armée de concurrents participant avec des modèles essence bien plus puissants, rares furent les experts à concéder au département de compétition d'Audi une chance réelle au classe-

En 1956, la version optimisée de la Porsche 550A Spider ne bénéficiait pas d'une finition impeccable, loin de là. Cela ne l'empêcha pas de briller sur les circuits, comme ici, aux 1 000 km du Nürburgring.

Le pilote de l'écurie Lotus, Jackie Oliver, sur une UOP Shadow 650 ch de 1972. Fruit d'une coopération américano-britannique, ce modèle Can-Am fut conçu par l'ingénieur de Formule 1 Tony Southgate.

ment général. Pourtant, avec son TDI 12 cylindres très économique, Audi remporta finalement toutes les grandes courses et la concurrence suivit son exemple avec de nouveaux moteurs diesel. À ce jour, Audi peut se targuer de huit victoires générales aux 24 Heures du Mans, la dernière datant de 2008.

L'alternative aux courses de voitures de sport

Le sport automobile était et reste un plaisir coûteux. Par le passé, la plupart des grands constructeurs participaient au Championnat du monde des voitures de sport et des prototypes. La grille de départ des 24 Heures du Mans regroupait Alfa Romeo, Ferrari, Maserati, Ford, Mercedes-Benz, Lancia, Porsche, Peugeot et Renault, mais également Aston Martin, Abarth, Cobra, Matra et Jaguar, pour ne citer que les plus connus. Cependant, plusieurs constructeurs se sont peu à peu retirés du Championnat en raison de l'explosion des coûts due à des changements de règlement ou à leur participation simultanée aux courses de Formule 1. Aujourd'hui, la FIA privilégie un Championnat du monde de GT avec des voitures de grand tourisme proches de la série, d'une puissance équivalant à environ 600 ch, telles que la Lamborghini Gallardo, la Ferrari 430, la Porsche 911 GT3, la Corvette ou l'Audi R8. Aston Martin, Ascari et d'autres constructeurs britanniques s'y intéressent vivement. L'avenir nous dira si cette solution était la bonne, pour les spectateurs comme pour les écuries.

En 2002, Audi décrocha une triple victoire sensationnelle avec la R8R aux 24 Heures du Mans, qu'il remporta cinq fois entre 2000 et 2005 avec ce spider.

Porsche type 64 Prototype *1939*

Le professeur Ferdinand Porsche créa cette voiture de course sur la base de la Volkswagen qu'il avait conçue. La photographie montre une reproduction fidèle présentée dans le musée Porsche. Le véhicule original fut testé avant la Seconde Guerre mondiale. Cette voiture met surtout en avant sa légèreté et son ingénieux aérodynamisme, comme toutes les voitures de course ultérieures de Porsche.

Porsche 356 « Nr. 1 » *1948*

Au printemps 1948 sortit la première voiture de course portant le nom de Porsche. Ferry Porsche concrétisa par ce roadster son idée de voiture de course légère et maniable ayant une excellente tenue de route. Le 8 juin, la voiture était prête à prendre la route et obtint une autorisation exceptionnelle pour un essai sur la voie publique. Cette voiture de course était tractée par un moteur à plat de 1 131 cm^3 développant 35 ch. Ce moteur central était déjà utilisé dans la Coccinelle de Volkswagen. Prête à rouler, cette belle voiture de course ne pesait que 585 kg et atteignait une vitesse maximum de 135 km/h.

Porsche 356 « Nr. 1 » *1948*

Cette très rare photographie de famille montre le professeur Ferdinand Porsche avec son fils Ferry, tout aussi passionné par la technique automobile. Ils se tiennent à côté de la première Porsche 256. Aucun des deux hommes ne pensait à l'époque à produire de grandes quantités. Les estimations les plus optimistes misaient sur 500 exemplaires qu'on voulait fabriquer à la main.

Porsche 356 SL Coupé *1950*

Le premier roadster Porsche 356 vit son aptitude à la course testée lors d'un voyage de fiabilité en Carinthie. Ce coupé de course profilé est la première Porsche 356 engagée dans la course des 24 Heures du Mans en 1950. Avec une moyenne de 118 km/h, le Français Auguste Veuillet fut vainqueur dans sa catégorie. Le quatre cylindres à plat de 1 086 cm³ et 46 ch est situé derrière le pont arrière. Avec une vitesse de pointe de 160 km/h, cette Porsche pouvait résister à des voitures bien plus puissantes.

Simca Gordini Coupé 1[illegible]5 *1950*

Lors des 24 Heures du Mans des premières années de l'après-guerre, de toutes nouvelles voitures de course étaient confrontées à des voitures d'avant-guerre qui n'étaient pas encore des épaves, loin s'en faut. Amédée Gordini construisit ce nouveau coupé de course pour les célèbres héros du Grand Prix, Louis Trintignant et Robert Manzon. En 1950, ils durent abandonner sur ce véhicule équipé d'un moteur quatre cylindres Simca Gordini de 1 490 cm³ et 135 ch. Avec une démultiplication plus longue elle pouvait atteindre les 200 km/h en pointe.

Fiat 500 Sport Barchetta *1950*

La Fiat 500 était considérée par les Italiens « fous de voitures » comme l'objet idéal pour les améliorations créatives. Ici, on voit un modèle de course très rare datant des années 1950. Dans la catégorie des 600 cm³, ce quatre cylindres de 50 ch doté d'un compresseur de suralimentation à trois paliers était toujours parmi les premiers. À l'époque, 135 km/h suffisaient pour une victoire de catégorie. La carrosserie en aluminium fut conçue par Ronaro Armellin à Venise.

Mercedes-Benz 300 SL Roadster *1952*

Avec le Prix du jubilé du Nürburgring, des courses automobiles attirant à nouveau de nombreux spectateurs furent également organisées en Allemagne. Mercedes réussit une quadruple victoire avec Hermann Lang (photographie ci-dessous) devant Karl Kling, Fritz Rieß et Theo Helfrich. L'état du circuit en dit long. Dans cette première version de course, le six cylindres de 2 996 cm³ ne développait que 170 ch. La transmission à quatre vitesses était encore issue de la Berline Adenauer. La vitesse de pointe était d'environ 225 km/h, selon la démultiplication.

Mercedes-Benz 300 SL Coupé version course *1952*

Lors d'une comparaison concrète de la puissance par rapport aux Jaguar britanniques, aux Ferrari, Maserati et Lancia italiennes et aux Talbot françaises, le premier coupé 300 SL était plutôt sous motorisé avec seulement 175 ch. En revanche, il brillait par sa très grande fiabilité grâces aux pièces standard issues de la série des 300 qui avaient été choisies pour des raisons financières. La première participation aux Mille Miglia en 1952 se termina par une deuxième place au classement général. Giovanni Braco gagna la course sur sa Ferrari V13 devant Karl Kling sur la 300 SL. Rudolf Caracciola termina quatrième sur une deuxième 300 SL.

Carrera Panamericana Mexico *1952*

La double victoire Mercedes-Benz lors de la Panamericana longue de 3 111 km fut presque autant fêtée dans les années 1950 qu'une victoire en Coupe du monde de football. Ici, les futurs vainqueurs au classement général Karl Kling et son copilote Hans Klenk changent une roue de leur coupé Mercedes 300 SL. Le pare-brise a déjà été détruit par une collision avec un vautour. Karl Kling roula à une vitesse moyenne de plus de 160 km/h sur des routes non fermées à la circulation et cela en tenant compte des changements de roues, des arrêts aux pompes à essence et des réparations. Le vautour rentra dans le pare-brise alors que la voiture roulait à 200 km/h. Hans Lang et son copilote Erwin Grupp arrivèrent à la deuxième place. En route, ils avaient perdu une portière.

Victoire Mercedes au Mans *1952*

Les 24 Heures du Mans étaient l'heure de vérité. Les meilleurs temps de tour du circuit ne sont pas les seuls à compter ; l'endurance dans tous les domaines est aussi exigée. Une maladresse de l'équipe technique peut compromettre la victoire. L'équipe 300 SL d'Alfred Neubauer réussit ici une excellente double victoire devant une Nash-Healey, une Cunningham et une Ferrari. Les Jaguars pourtant favorites avaient toutes abandonné. La photographie ci-dessous montre le départ. À l'époque, les pilotes traversaient la piste pour rejoindre leur voiture. Lors de la course du Mans, les coupés sport 300 SL atteignirent les 230 à 235 km/h.

Mercedes 300 SL Roadster version course *1952*

L'Américain John Fitch, journaliste et coureur automobile amateur, persuada le directeur de course de Mercedes, Alfred Neubauer, qu'une victoire à la Carrera Panamericana serait bénéfique. À l'époque, l'Amérique victorieuse méconnaissait encore les voitures allemandes. En dédommagement de ses services, on mit cette voiture de course entre ses mains. John Fitch termina quatrième au classement général. On le voit ici avant le départ de Tuxtla Gutiérrez.

Alfa Romeo C52 *1953*

De la route au circuit. Dans la catégorie très représentée des 2 l, l'Alfa Roméo C52 était considérée comme une candidate de toute première classe pour des victoires de catégorie. Son moteur quatre cylindres développait 158 ch. Pour l'époque, une vitesse de pointe de 200 km/h était une excellente performance. À partir de ce modèle, Alfa Romeo mit au point une version de course dotée d'un moteur six cylindres et gagna immédiatement le Mille Miglia de 1953.

Gordini Type 265 *1953*

Avec cette voiture de course, Jean-Louis Trintignant et Harry Shell obtinrent une victoire de catégorie lors des 24 Heures du Mans de 1953 face à des voitures nettement plus puissantes. Amédée Gordini installa un six cylindres développant 182 ch dans cette voiture de course pouvant atteindre les 200 km/h. Le même moteur de 1 987 cm^3 fut également piloté par Gordini dans les voitures du Grand Prix.

Jaguar Type D *1954*

Le constructeur de Jaguar, William Heynes mit au point de nombreuses voitures de sport qui ramenèrent maints trophées lors des courses d'endurance. La photographie montre la type D de 1954. Le châssis constitué de plaques d'aluminium rivetées est un monocoque. Dès la première année, la type D réussit une triple victoire lors des 12 Heures de Reims et fut deuxième au Mans. En plus de nombreuses autres courses, la type D, présentant toutes les caractéristiques de Jaguar, remporta les 24 Heures du Mans de 1955 à 1957. Le moteur six cylindres en ligne de 3 445 cm^3 développant 250 ch était légèrement moins puissant que les 12 cylindres des Ferrari et des Maserati. La vitesse de pointe au Mans dépassa les 300 km/h.

Ferrari 375 Plus Panamericana

1954

En 1954 eut lieu pour la dernière fois la célèbre course d'endurance Carrera Panamericana Mexico. Par le passé, il y avait eu trop d'accidents avec des spectateurs, et de nombreux pilotes y trouvèrent également la mort. Ferrari réussit un triplet lors de cette dernière course. La photographie montre Umberto Maglioli dans la voiture gagnante. Ferrari l'avait dotée d'un gros moteur 12 cylindres en V de 4 480 cm^3 développant 347 ch à 6 800 tr/min. La victoire fut disputée jusqu'à une vitesse de pointe de 300 km/h. En 1954, Ferrari remporta également Le Championnat du monde des voitures de course de cette catégorie.

Siata 208S *1954*

Rares sont les voitures de course ou de sport portant la marque de la firme Siata. Avec l'aide de Zagato, Vignale et Farina, Giorgio Ambrosini créa une série de modèles adaptés à la course souvent basés sur des Fiat. La photographie montre une Siata 208S Competizione lors de la course de Laguna Seca en Californie. Elle était équipée d'un gros moteur V8 de 1 992 cm^3 développant 190 ch. Avec un poids de seulement 780 kg, les exemplaires de série roulaient à 205 km/h. Cette version de course atteignait les 240 km/h. L'entreprise installée à Turin cessa son activité en 1970.

Veritas-Meteor BMW *1953*

La Veritas-Meteor fut la voiture de course allemande ayant eu le plus de succès dans les premières années de l'après-guerre. Sous le capot allongé fonctionnait un moteur BMW trafiqué six cylindres en ligne datant d'avant-guerre. Ernst Loof remplit presque tous les souhaits de sa clientèle passionnée de sport automobile. Tant qu'on lui fournissait un châssis BMW 328, on obtenait de lui des voitures de course, de compétition ou de sport adaptées à la route. Pour les voitures de compétition, il installait un moteur R6 BMW de 1 971 cm^3 permettant d'atteindre une vitesse de pointe de 190 km/h environ. Les dernières voitures de course Veritas quittèrent les ateliers de Nuremberg en 1954.

Porsche 550 Spyder *1954*

Avec cette première Porsche mise au point spécialement pour la course automobile, l'entreprise de Stuttgart, encore très petite à l'époque, conquit le cœur de nombreux fans de sport automobile. Selon la devise « David vainquit Goliath », cette 550 Spyder prit une sensationnelle troisième place au classement général de la Carrera Panamericana. Le moteur quatre cylindres à plat de 1 498 cm^3 ne développait que 110 ch, toutefois les pilotes de la 550 Spyder fonçaient à 220 km/h dans certains endroits difficiles et passèrent ainsi devant des concurrents italiens et anglais pourtant deux fois plus puissants.

Maserati 350S *1955*

Les voitures de course Maserati connurent plusieurs succès dans les années 1950 avec le modèle 250F. Fangio fut champion du monde sur celui-ci en 1957. Maserati eut moins de succès dans le Championnat du monde des voitures de sport avec ce modèle 350S. Seulement trois voitures d'usine furent construites pour Stirling Moss, Hans Herrmann et Roberto Bonimi. La motorisation d'origine : 3 483 cm^3, six cylindres en rang avec 325 ch à 6 200 tr/min, 300 km/h. Deux des trois voitures d'usine furent plus tard équipées de moteurs V12.

Porsche 550 Spyder Carrera Panamericana *1954*

Après plus de 3 300 km dans la chaleur et la poussière, et après quelques dommages pneumatiques, Hans Herrmann passa la ligne d'arrivée en troisième position au classement général. La victoire de catégorie est presque une anecdote car, comparée aux autres voitures de cette catégorie, le poids plume Porsche 550 Spyder est d'une construction supérieure.

Ferrari 340 America Berlinetta *1954*

Dans les années 1950, Ferrari était encore très loin de devenir le plus important constructeur de voitures de course et de série de très grande valeur. On expérimenta différents moteurs. Parfois c'était des moteurs quatre cylindres, puis des motorisations à 12 cylindres puis à nouveau à six cylindres. Mais cela n'était pas suffisant, et certains constructeurs italiens travaillèrent sur différentes formes de carrosserie. La photographie montre un modèle rare : une Ferrari 340 équipée d'une caisse America Berlinetta. Phil Hill pilota ce coupé de 4 100 cm^3 pour un moteur 12 cylindres développant environ 260 ch.

Jaguar type C *1953*

Avec le type C, Jaguar était parfaitement équipé pour les courses d'endurance. En 1953, Jaguar obtint une triple victoire lors des 24 Heures du Mans devant les voitures italiennes et françaises pourtant favorites. Comparativement aux Ferrari et aux Maserati deux fois plus coûteuses, la Jaguar type C était une bonne affaire et tout aussi puissante. Le moteur six cylindres en ligne développait 220 ch à 6 000 tr/min. La vitesse de pointe s'élevait à 285 km/h dans les longues transmissions du Mans.

Jaguar type C *1953*

Cette voiture est entrée dans l'histoire de l'automobile en tant que Jaguar type C. Dans les anales de l'entreprise le type C était baptisé Jaguar XK 120C. Elle fut la première voiture de course équipée de freins à disques conçus par le fabriquant de pneumatique Dunlop pour les avions militaires. La photographie ci-contre montre Stirling Moss aux 12 Heures de Reims lors de sa première victoire pour Jaguar.

Jaguar XK 120 Roadster *1953*

Au début des années 1950, la Jaguar XK 120 Roadster, à l'inhabituel style sportif, était considérée comme la voiture de sport la plus rapide au monde. Le chef de Jaguar, Sir William Lyons, garantissait une vitesse de pointe de 120 mph (193 km/h). Les coureurs britanniques étaient sous le charme et firent immédiatement participer la XK 120 à des courses automobiles. Le type C, véritable version de course, découle de ce modèle. La XK 120 de Jaguar était équipée du célèbre moteur six cylindres développant 160 ch et dotée de deux arbres à came en tête. Ce beau roadster remporta de nombreuses courses automobiles et même des rallyes tels que la Coupe des Alpes.

Jaguar XK 120 Coupé *1954*

Les roadsters décapotables type XK 120 furent complétés par deux versions coupé. La photographie montre la version course avec un toit fixe ; un deuxième modèle fut proposé avec un toit escamotable. En 1954, la motorisation passa à 190 ch. Les voitures d'usine de Stirling Moss et Mike Hawthron avaient plus de 230 ch sous leur long capot et étaient équipées de trois doubles carburateurs Weber.

Ferrari 166-II MM *1953*

En 1953, deux Ferrari 166-II MM gagnèrent le tour de France automobile, un passionnant mélange de courses sur circuits et autres épreuves spéciales sur des routes fermées. Ferrari misa ici avec succès sur ses nouveaux coupés de course quatre cylindres 166-II MM. Les voitures d'usine 166-II MM étaient dotées d'un moteur quatre cylindres de 1 984 cm^3 provenant de la Formule 2 Ferrari F 500 aux multiples succès. Alberto Ascari fut champion du monde en 1953 avec cette voiture de course. Les acheteurs de Ferrari 166-II MM obtenaient environ 180 ch alors que les voitures d'usine prenaient la ligne de départ avec une puissance pouvant atteindre 230 ch.

Mercedes-Benz 300 SL Coupé version course *1954*

Après un examen détaillé, de talentueux et riches pilotes privés avaient le droit de s'asseoir derrière le volant d'une 300 SL trafiquée comme une voiture d'usine. La photographie ci-dessus montre un exemplaire parfaitement restauré par Kienle Automobiletechnik doté d'un six cylindres en ligne développant 230 ch. Les attaches centrales des roues et l'absence de pare-chocs sont des signes extérieurs de son glorieux passé.

Liège-Rome-Liège *1956*

La célèbre course d'endurance partait de la ville belge de Liège jusqu'à la capitale italienne avant de revenir en Belgique sans s'arrêter, tout cela sur des routes secondaires de troisième catégorie qui, comme d'habitude, n'étaient pas fermées à la circulation. Les deux pilotes belges de Grand Prix Willy Mairesse et Olivier Gendebien gagnèrent en un temps record cette course en 1956 sur leur Mercedes-Benz 300 SL coupé sport inscrite à titre privé. La photographie a été prise dans les Dolomites dans le village de Santa Lucia.

Maserati Sport 300S *1955*

Maserati et Ferrari s'affrontaient avec ardeur dans le cadre du Championnat du monde des voitures de sport et des courses de Grand Prix. Il s'agissait surtout de survie dans une époque difficile car, avec Mercedes-Benz et Jaguar, de nouveaux adversaires disposant d'un budget compétition plus important étaient entrés sur le circuit. Cette Maserati Sport 300S est dotée d'un six cylindres de 280 ch, d'une cylindrée de 2 993 cm³ et atteint 280 km/h en pointe.

H.M.W. *1955*

Au milieu des années 1950 est apparue une génération de voitures de compétition aux États-Unis et en Angleterre qui ne se préoccupaient pas d'un aérodynamisme poussé. On demandait des moteurs puissants et un châssis dur comme du bois. En Angleterre, on considérait les Frazer Nash comme étant presque imbattables sur les circuits étroits. Aux États-Unis apparut la H.M.W. au style similaire. Elle était équipée d'un moteur V8 de 4 500 cm³ développant 240 ch. Son propriétaire ne jure que par l'incroyable sensation directe que transmettrait cette voiture de course roulant à 230 km/h.

Mercedes-Benz 300 SLR *1955*

La voiture de sport de loin la plus célèbre dans les années 1950 est cette 300 SLR. Sous son capot en aluminium se cache la technique à peine bridée de la voiture de Grand Prix, la Mercedes-Benz W 196 R. En 1955, Stirling Moss, ici au volant, gagna avec cette voiture la course d'endurance la plus difficile d'Europe : la Mille Miglia, en Italie, qui s'étendait sur plus de 1 000 km. Avec 302 ch provenant de 2 980 cm³, le huit cylindres en ligne était un modèle de fiabilité. La vitesse de pointe s'élevait à 300 km/h.

Stirling Moss et Denis Jenkinson

Bien que Stirling Moss ait couru seulement 13 courses pour Mercedes-Benz, sa victoire lors des Mille Miglia de 1955 est la plus importante de sa carrière comptant plus de 600 courses, écrivit Stirling Moss dans ses mémoires. Sur le siège brûlant du copilote on voit ici Denis Jenkinson, journaliste légèrement excentrique mais aux nerfs d'acier spécialisé dans les courses automobiles. Ils roulèrent ensemble à une moyenne de 15 km/h. Cette course compta 500 voitures sur la ligne de départ.

Tourist Trophy *1955*

Mercedes gagna avec la 300 SLR le Championnat du monde des voitures de sport. Lors du Tourist Trophy britannique, le champion du monde de Formule 1, Juan Manuel Fangio, fut suivi de près par Mike Hawthorn sur la compacte Jaguar type D (ci-dessus). Stirling Moss et John Fitch gagnèrent la course devant Fangio et Karl Kling, tous deux sur Mercedes 300 SLR.

Arrêt ravitaillement
1955

Le ravitaillement est toujours une affaire risquée pour tous les participants. En 1955, il était encore bricolé avec précaution à l'aide de ce « bidon de lait ». La photographie montre un arrêt au stand lors de la Targa Florio de 1955. Le directeur de course Alfred Neubauer consignait méticuleusement par écrit à l'aide du chronomètre chaque arrêt au stand, prévu ou non, car, aujourd'hui encore, toutes les courses d'endurance ont été gagnées (ou perdues) au stand. Ses mécaniciens toujours vêtus de blanc étaient considérés à l'époque comme l'équipe de stand la mieux « entraînée » d'Europe.

Mercedes-Benz 300 SLR Targa Florio *1955*

La chasse effrénée à travers les montagnes siciliennes réclama des futurs gagnants Stirling Moss et Peter Collins une certaine endurance. Après une erreur de freinage, le côté droit et l'avant du véhicule furent bien endommagés. Toutefois, ils remportèrent cette course devant Fangio et Kling, et assurèrent ainsi la Coupe des constructeurs à Mercedes devant Ferrari. Des spectateurs italiens prêts à apporter leur aide réunirent leurs forces pour remettre la Mercedes sur la route après qu'elle avait atterri dans un champ. Un cas évident d'aide extérieure illicite qui resta sans suite.

Mercedes-Benz 300 SLR Le Mans *1955*

Chez tout pilote automobile c'est une seconde nature : c'est au freinage que se gagne une course. Jaguar, vainqueur du Mans en 1955, équipait déjà son nouveau type D de quatre freins à disque Dunlop alors que Mercedes misait encore sur les freins à tambour. Pour ménager les freins et améliorer le freinage, un volet avait été installe lors des tests. Cette évolution intéressante ne fut cependant pas utilisée lors des courses.

Le Mans *1955*

Départ de la plus grande tragédie du sport automobile. Lors de ces 24 Heures du Mans, 82 personnes moururent et plus de 100 furent blessées, parfois grièvement. Le déclencheur fut un arrêt au stand mal calculé d'un coureur plus lent. Lors de la collision qui suivit, le Français Pierre Levegh sur sa Mercedes 300 SLM brisa les barrières de sécurité et atterrit en flamme dans la foule massive des spectateurs. A peine imaginable aujourd'hui : la course se poursuivit pendant 20 heures encore sans interruption. À cause de cet accident, Mercedes se retira de la course automobile à la fin de la saison 1955.

Mercedes-Benz 300 SLR « coupé Uhlenhaut » *1955*

Rudolf Uhlenhaut fut durant des décennies le chef du service des essais chez Daimler-Benz. Aucun autre constructeur maîtrisait aussi bien les voitures de course de Grands Prix que Rudolf Uhlenhaut, tant sur la planche à dessin que derrière le volant. Lors des essais, il faisait des temps presque identiques à ceux des champions du monde Juan Manuel Fangio ou Stirling Moss. Les pilotes de la 300 SLR décapotable se plaignaient de blessures lors des courses d'endurance telles que la Carrera Panamericana. Pour ces courses, Uhlenhaut conçut ce coupé de course fermé. Ces voitures de sport aux belles formes ne furent plus utilisées après la tragédie du Mans. Uhlenhaut put encore rouler avec durant quelques années comme voiture de service. D'une puissance de 302 ch roulant à 290 km, cette belle pièce finit dans un musée.

Chevrolet Corvette SR-1 *1957*

Officiellement, Chevrolet ne participa pas aux courses automobiles internationales. De façon non officielle, le constructeur en chef Zora Arkus-Duntov fit quelques tentatives prometteuses pour apprendre la course à la sélecte Corvette. La photographie montre une ancienne « voiture d'usine » à injection d'essence dotée d'un moteur V8 trafiqué d'une cylindrée de 4 637 cm³ et 300 ch. Au lieu de la mollassonne boîte automatique trois vitesses, cette voiture de compétition était équipée d'une boîte manuelle quatre vitesses aux rapports très rapprochés. Vitesse de pointe : 270 km/h.

Chevrolet Corvette SR-2 *1957*

Le chef designer de General Motors, Harley Earl, conçut cette Corvette SR-2 en 1956. SR signifie « Sebring Race ». Lors de cette course de 12 Heures toujours populaire à l'heure actuelle, Jerry Earl est arrivé à la quinzième place du classement général. La SR-2 participa à d'autres courses automobiles : les 24 Heures de Daytona et la Nassau Speed Week aux Bahamas. Harley Earl, son copilote Bill Mitchell et son mécanicien Smokey Yunick voulaient obtenir une victoire lors des 24 Heures du Mans. En 1957, General Motors arrêta le programme de course non officiel pour des raisons « politiques ». Sous le capot se trouvait un moteur V8 de 5 507 cm³ trafiqué à 330 ch avec injection d'essence.

Talbot-Lago America *1958*

Les voitures de course Talbot Lago remportèrent des victoires importantes lors des premières courses de Grand Prix de l'après-guerre. Également dans les courses de voiture de sport, avec leurs moteur Grand Prix six cylindres de 4,5 l, les Talbot étaient toujours prêtes pour une victoire lors des 12 Heures de Reims ou des 24 Heures du Mans. La photographie montre une Talbot Lago America produite à seulement six exemplaires qui était réservée aux pilotes privés. Ici, un moteur BMW V 8 de 130 ch environ est installé sous le capot. Le même moteur équipait également les célèbres voitures de sport BMW 507. Avec une vitesse de pointe dépassant largement les 200 km/h, ils conduisirent à des victoires de la catégorie allant jusqu'à 2 500 cm^3.

Ferrari 500 TRC *1957*

La Scuderia Ferrari vendit ce type de voiture de sport à ses nombreuses écuries de course privées en Europe et aux États-Unis. Sous le capot, un quatre cylindres de 190 ch et 1 985 cm^3 de cylindrée fonctionnant à une vitesse de pointe de 245 km/h. L'équipe Ferrari conduisait dans le même temps la 290 MM et la 315 S ayant 3 783 cm^3 sous le capot et 360 ch.

Borgward RS *1958*

Le propriétaire de l'entreprise Carl F. W. Borgward n'était pas un ami du sport automobile. Son service course conçut cependant des voitures détentrices de recors sur la base de la Borgward Isabella. Lors des courses de côtes ou d'endurance, les voitures de compétition Borgward RS obtinrent quelques victoires face à la Porsche Spyder. La photographie montre Hans Herrmann lors des 1 000 km du Nürburgring. Avec un poids d'à peine 600 kg, le quatre cylindres de 1 497 cm^3 développait 160 ch et pouvait atteindre une vitesse de pointe de 240 à 280 km/h selon la transmission. Avec le même moteur, Stirling Moss obtint quatre victoires sur sa Cooper Borgward de Formule 2.

Porsche 718 RSK *1958*

Paul Frère, journaliste belge de sport automobile, eut régulièrement le plaisir de pouvoir conduire des voitures d'usine Porsche. Comme ici lors des 1 000 km du Nürburgring en 1958. Avec le modèle 718 RSK, Porsche disposait d'une voiture de course de 155 ch pouvant atteindre 250 km/h qui jouissait de la meilleure tenue de route de sa catégorie. Le moteur 1,6 l quatre cylindres à plat également fut utilisé avec succès à partir de 1960 sur la Porsche 718 de Formule 2.

Ferrari 250 Testa Rossa *1958*

Pour les victoires au classement général, les Porsche 718 RSK n'entraient pas encore en considération. À l'époque, les Ferrari, les Maserati et les Jaguar dominaient encore la compétition lors des 24 Heures du Mans et des autres courses d'endurance. La nouvelle Ferrari 250 Testa Rossa était alimentée par un moteur V12 de 3 l développant 300 ch. En 1958 la cylindrée jusqu'ici illimitée fut restreinte à 3 l. Lors de la course du Mans, les anciennes règles étaient encore en vigueur.

Ferrari 250 Testa Rossa *1959*

Arrêt au stand sur le Nürburgring il y a 50 ans. Cliff Allison et Dan Gurney, légèrement caché, échangent leur place pendant qu'un mécanicien Ferrari remet de l'huile pour la lubrification par carter sec. Les nombreux fonctionnaires allemands sont reconnaissables à leur chemise blanche. Ferrari remporta d'emblée le Championnat du monde des constructeurs de voitures de sport.

Panhard-Levassor *1960*

Le fabriquant français Panhard Levassor se voua totalement à la légèreté absolue. Ses voitures de sport aérodynamiques remportèrent de nombreuses victoires dans les rallyes et les courses d'endurance de leur catégorie. Selon le classement indexé, elles étaient quasiment imbattables. La photographie est prise avant le départ des 24. Heures du Mans. En première ligne les quatre Panhard bleues.

Sécurisation du parcours *1958*

Lors de l'entraînement pour le Grand Prix de Rouen, trois voitures entrèrent en collision. Les pilotes souffrirent de graves brûlures. La photographie montre les pompiers vers la voiture de Flockhart. À l'époque, les réservoirs d'essence qui explosaient étaient la normalité. Celui qui survivait avait tout simplement eu de la chance.

Panhard-Levassor *1960*

Légèreté absolue : un petit moteur économique et une carrosserie aérodynamique. Avec cette recette à succès, on pouvait encore gagner des courses d'endurance dans le classement indexé. La Panhard bleue est équipée d'un moteur à quatre temps bicylindre de seulement 702 cm^3 développant 72 ch et qui, avec une alimentation de 5,6 l, roulait à 200 km/h. Ce flat-twin bleu apparut en 1960. En 1962, les Français Bertaut et Guilhaudin gagnèrent le classement indexé avec ce véhicule lors des 24 Heures du Mans.

Maserati Tipo 61 *1960*

Pour divers motifs, Maserati se retira du Championnat du monde des voitures de courses de 1957 à 1961. Pour les clients prêts à payer le prix, Maserati proposait cependant cette Tipo 61 qui, en raison de son cadre tubulaire compliqué, était également appelée « Birdcase » (cage à oiseaux). On voit ici le vainqueur Dan Gurney lors des 1 000 km du Nürburgring. La Tipo 61 était considérée comme une voiture de course rapide mais, néanmoins, sa fiabilité n'était pas à toute épreuve. Toutefois, en 1960, elle remporta le Grand Prix de Cuba ainsi que les 1 000 km du Nürburgring en 1960 et 1961. Les données techniques : quatre cylindres, 2 890 cm³, 250 ch. Vitesse de pointe : 275 km/h.

Porsche 356 Abarth Carrera 1,6 *1960*

Porsche ne manqua jamais d'idées permettant d'obtenir la victoire. Pour ce coupé de course argenté, il s'agit d'une amélioration optimale d'un véhicule de série, la Porsche 356 avec le châssis en acier. Avec l'aide de Abarth et Zagato, les constructeurs de Porsche créèrent une carrosserie en aluminium pesant 140 kg de moins. En outre, elle fut conçue pour être plus aérodynamique. Ce coupé de course fut produit à seulement 21 exemplaires. Il permit à Porsche de remporter les Championnats du monde des véhicules de grand tourisme jusqu'à 2 000 cm³ entre 1961 et 1963. Le moteur quatre cylindres à plat de 1 587 cm³ développant 135 ch et équipé de 2 x 2 arbres à cames en tête se chargeait de la puissance nécessaire. Vitesse de pointe : jusqu'a 235 km/h aux 24 Heures du Mans. La photographie montre Herbert Linge lors des 1 000 km du Nürburgring en 1960.

Ferrari 246 S Dino *1960*

Lors de certaines courses d'endurance telles que la Targa Florio, il est apparu que les Ferrari 3 l pesant 800 kg et équipées d'un moteur avant de 12 cylindres avaient des difficultés face aux Porsche Spyder 1,6 l deux fois moins puissantes. Le secret de Porsche tenait à la meilleure maniabilité grâce au moteur placé au centre et au poids plus léger. Ferrari en tira les conséquences. La Ferrari 246 S Dino fut l'avant-dernière Ferrari avec un moteur avant. La 246 SP dotée d'un moteur central arriva sur les circuits automobiles en 1961. Le pare-brise à la hauteur peu naturelle était la conséquence d'une idée loufoque typique de la commission internationale du sport. En 1962, elle fut de nouveau rayée du règlement.

BMW 700 Sport *1961*

Entre 1960 et 1964, les coupés sport BMW 700 prirent d'assaut les podiums. À la place des 32 ch des voitures de série, c'est 40 ch qui permettaient d'atteindre la vitesse de pointe de 135 km/h. À l'époque, cela était un véritable test de courage dans les virages pris rapidement. Le moteur arrière et l'essieu oscillant permettaient dans les années 1960 un angle de dérive spectaculaire, en particulier sur piste mouillée.

BMW 700 RS *1961*

BMW Martini emmena le coupé course BMW 700 doté de 60 ch sur le Nürburgring. Mais c'est Hans Stuck senior, qui gagna. On voit ici le champion âgé de 70 ans lors de la course de côte de Rossfeld où il remporta le dernier Championnat allemand de courses de côte en 1960 face à des adversaires bien plus jeunes. Sa voiture d'usine BMW partit à l'assaut des côtes avec 80 ch. Avant la Seconde Guerre mondiale, Hans Stuck était considéré comme l'un des meilleurs pilotes au monde sur des voitures de Grand Prix 16 cylindres d'Auto Union.

Porsche 718 W-RS Spyder *1962*

Le premier moteur de course huit cylindres Porsche donna du fil à retordre à la concurrence. Avec 210 ch, le huit cylindres de 1 981 cm^3 refroidi par air n'était en aucune façon ambitieux. La victoire de catégorie dans la Targa Florio et la double victoire d'Edgar Barth au Championnat du monde européen de course de côtes montrent les multiples façons dont cette voiture de course pouvait être utilisée. La vitesse de pointe était de 280 km/h. Dans les trois années qui suivirent, la puissance fut remontée à 240 ch. On ne sait pas pourquoi, mais ce superbe moteur était surnommé « grand-mère » par ses mécaniciens.

Wartburg Spezial *1961*

Au milieu des années 1950, les voitures de sport est-allemandes de l'usine automobile Eisenach étaient considérées comme des vainqueurs potentiels, y compris lors de courses automobiles ouest-allemandes telles que la Nürburgring, la Solitude ou sur le circuit à grande vitesse de Montlhéry en France. Ensuite, l'échange d'expériences entre les pilotes de l'Allemagne de l'Est et celle de l'Ouest s'arrêta. Dans les années 1960, d'enthousiastes concepteurs est-allemands conçurent des voitures de course toujours dotées de belles formes sur la base de la Wartburg. Le trois cylindres de 1 l développait 90 ch. La photographie fut prise en 1961 lors de courses sur l'aéroport de Budapest.

Porsche 718 RS 60/61 *1961*

La première victoire Porsche au classement général est due à Hans Herrmann et Olivier Gendebien en 1960 lors des 12 Heures de Sebring face aux Ferrari 3 l. La photographie montre Dan Gurney dans cette voiture en 1961 lors des 1 000 km du Nürburgring. On remarque le réservoir supplémentaire derrière le pilote. Dans la 718 RS 60/61 tournait encore le moteur quatre cylindres en ligne d'une cylindrée de 1 587 cm^3 et 160 ch. Vitesse de pointe : 225 km/h.

Ferrari 250 TR 1 *1961*

Avec son septième titre mondial, Ferrari dit adieu en 1961 à ses voitures de course dotées d'un moteur avant. On voit ici le Mexicain Ricardo Rodriguez âgé de 19 ans lors des 24 Heures du Mans en route vers la victoire. Le constructeur de Ferrari, Carlo Chiti affubla ce 12 cylindres roulant à 340 km/h d'une forme coupé décapotable. Le haut pare-brise était exigé à l'époque par la FIA. Ricardo Rodriguez se tua un an plus tard lors de l'entraînement pour le Grand Prix du Mexique. En 1972, son frère, de deux ans plus âgé, se tua à bord de sa Ferrari 512 M lors d'une course Interseries sur le Norisring.

Elva-BMW Mk 6 *1962*

L'Anglais Frank Nichols conçut ce spyder ultraplat avec lequel Sepp Greger fit face à son adversaire Hans Herrmann sur une Abarth 1452. La photographie a été prise en 1962 lors de courses sur l'aéroport d'Innsbruck. Les voitures de course Elva étaient très prisées des pilotes privés dans les années 1960. Ils remportèrent de nombreuses victoires dans la catégorie des 2 l. Le Suisse Herbert Müller fut deux fois champion d'Europe sur une Elva Porsche Bergspyder huit cylindres préparée par Porsche. Elva et Abarth étaient les seuls constructeurs pouvant utiliser des moteurs Porsche. La Elva BMW de Sepp Greger est équipée d'un moteur BMW quatre cylindres trafiqué à 160 ch pour une cylindrée de 2 000 cm³.

Abarth 1452 *1962*

Presqu'aucun autre pilote automobile ne conduisit des voitures de course et de sport aussi différentes que le fit Hans Herrmann. Ici, il gagna le Grand Prix d'Innsbruck sur sa Abarth 1452 Spyder. Carlo Abarth excellait pour offrir à sa clientèle des voitures de course toujours aptes à défier la concurrence. Ce spyder au moteur central était doté d'un moteur de course quatre cylindres Fiat Abarth de 1 860 cm³ pour 150 ch. Carlo Abarth installa également des moteurs de 1 300 cm³ et 1 600 cm³ sur ce spyder qui remporta de nombreuses victoires.

Courses GT Nürburgring *1962*

Lors des courses annexes au Grand Prix d'Allemagne de Formule 1, presque 50 voitures GT prirent le départ. On peut seulement rêver aujourd'hui d'un tel nombre de participants. La course automobile fut toujours une activité coûteuse mais, à l'époque, les voitures de grand tourisme proches de celles de série étaient encore abordables. La palette allait ici de l'Austin Healey Sprite Mk I à la Ferrari 250 GT.

Austin Healey 3000 Mk III *1963*

Les Austin Healey britanniques firent leurs preuves tant pour les courses d'endurance que pour les rallyes. Des records de vitesse furent même enregistrés avec ce modèle populaire au bord du Grand Lac salé de Bonneville. Le chef de l'entreprise, Donald Healey, parvint aux 309 km/h ambitionnés. La photographie ci-contre montre une ancienne voiture d'usine d'une cylindrée de 2 912 cm^3 pour une puissance située entre 165 et 180 ch, selon l'utilisation. Vitesse de pointe selon la transmission : entre 195 et 220 km/h.

Ferrari 250 GTO *1963*

En 1962 la commission internationale du sport décida une nouvelle modification de la réglementation, ce qui sonna le glas pour les plus petits constructeurs de voitures de compétition. Les coupés de série pouvaient désormais disputer les courses du Championnat du monde des constructeurs. Pour l'homologation, c'est à dire pour satisfaire les exigences, il fallait au moins fabriquer 100 voitures identiques. Ferrari remplissait déjà cette exigence dès 1962 avec la Ferrari 250 GTO (Gran Turismo Omologato). Elle est dotée d'un moteur V12 de 2 953 cm^3 pour une puissance de 300 ch. Ferrari gagna ainsi sans problème les Championnats du monde GT de 1962 et 1963. Ce fut la dernière Ferrari équipée d'un moteur avant installé à la sortie d'usine.

Ferrari 250 LM *1963*

Ferrari fut le premier à voir les faiblesses de la nouvelle réglementation GT et mit au point cette voiture de course pure race au moteur central qui n'était pas comparable avec une voiture de série GT. Il fallait donc répandre rapidement cent véhicules parmi le public. Aussitôt dit, aussitôt fait : une partie des voitures fut vendue aux riches clients avec un meilleur équipement intérieur, le reste alla dans les écuries de course internationales. Pour une cylindrée de 2 953 cm^3 le douze cylindres développa tout d'abord 300 ch. Les modèles ultérieurs furent équipés d'un moteur V12 dopé à 3 300 cm^3 développant 330 ch. Leur vitesse de pointe se situait aux alentours de 340 km/h.

Le Mans 1963 *1963*

Cette photographie montre une partie de la ligne de départ, exclusivement occupée par des voitures de grand tourisme proches de celles de série, et la piste extrêmement étroite par rapport à aujourd'hui. De plus, la piste n'était pas séparée des stands. Jusqu'à 300 000 spectateurs vécurent la course au plus près et cela sans presqu'aucune mesure de sécurité bien qu'en 1955, 82 spectateurs ainsi qu'un pilote aient été tués ici.

AC Cobra *1964*

En 1964 et 1965, les AC Cobra américano-britanniques remportèrent le classement GT du Championnat des constructeurs. L'Américain Carroll Shelby utilisa le châssis britannique AC et monta dessus un gros moteur Ford huit cylindres de 4 727 cm^3 et 370 ch à l'origine. C'était seulement le début ; suivirent des V8 de 7 l issus de la Ford Galaxy qui donnèrent des sueurs froides aux écuries européennes habituées aux podiums.

Abarth Simca 1300 GT *1964*

Carlo Abarth réussissait souvent l'impossible comme ce coupé de course dont la base est la Simca 1000 avec un moteur arrière. Abarth raccourcit le châssis et trafiqua le moteur de série d'à peine 50 ch pour atteindre 138 ch pour une cylindrée de 1 288 cm^3 au lieu de 997 cm^3. Il le revêtit d'une carrosserie légère en aluminium (635 kg). En présentant 50 exemplaires, il fit en sorte que l'homologation, c'est-à-dire l'autorisation de participer aux courses, se passe sans problème. Avec une vitesse de pointe de 235 km/h, cette petite GT gagna plus de 200 courses avec aux commandes Mauro Bianchi et d'autres pilotes devenus célèbres plus tard.

Cobra Daytona 427 *1964*

En 1964, Carroll Shelby surprit ses collègues de Maranello habitués aux victoires avec ce coupé course doté d'un moteur V8 de 7 l. Puissance de 410 ch, vitesse de pointe de 346 km/h sur la ligne droite de Mulsanne, sur le circuit du Mans. Le Texan Carroll Shelby était un rusé expert de la course automobile. Il avait gagné les 24 Heures du Mans en 1959 et savait précisément comment les choses se passaient lors des courses d'endurance. Dan Gurney, Bob Bondurant et Jerry Grant avaient remporté quelques victoires aux États-Unis avec cette Cobra Daytona 427. Lors des 24 Heures du Mans, Gurney et Grant arrivèrent en quatrième position au classement général. La dernière Cobra de compétition fut livrée en 1968.

Lancia Flavia Zagato *1964*

La nouvelle formule GT fit que des voitures de sport nécessitant un temps d'adaptation pouvaient désormais participer aux courses d'endurance. La Lancia Flavia de l'écurie de la Squadra Corse fut revêtue par Zagato d'une carrosserie en aluminium. Les fenêtres arrières latérales montaient jusqu'au toit. Sous le capot tournait un moteur quatre cylindres en ligne développant 90 à 130 ch pour une cylindrée de 1 800 cm^3. Leo Cella mena cette Lancia à la victoire de catégorie lors de la course des 1 000 km du Nürburgring (photographie). En 1965, René Trautmann remporta le rallye de la Coupe des Alpes avec cette voiture.

Pobeda Wolga *1964*

Les fans de sport automobile d'Europe de l'Ouest ne pouvaient pas imaginer dans les années 1960 que des courses automobiles se déroulaient dans la lointaine Russie. Cette photographie un peu floue a été prise en 1964 lors de la course de Minsk et montre les pilotes russes Andreev et Adamsky sur leur Pobeda profilée équipée d'un moteur Volga 2,5 l. Sur le parcours de 310 km ils roulèrent en moyenne à 137 km/h.

Porsche 904 Carrera GTS *1964*

Ferdinand A. Porsche conçut cette première Porsche avec une caisse en matière plastique. Cette voiture de course roulant à plus de 260 km/h fut une véritable révélation pour le pilote privé car il obtint le droit de rouler sur route. Eugen Böhringer conduisit cette Porsche 904 lors du Rallye de Monte Carlo enneigé de 1965 et obtint alors une sensationnelle deuxième place au classement général. En 1964, la Porsche 904 fut la première à passer la ligne d'arrivée de la difficile Targa Florio avec les pilotes privés Colin Davis et Antonio Pucci. Durant les 24 Heures du Mans, la 904 particulièrement fiable remporta une victoire de catégorie. Cette voiture était livrée au choix avec un moteur quatre ou huit cylindres. Le huit cylindres arrière développait 240 ch pour une cylindrée de 1 966 cm³. Vitesse de pointe de 263 km/h.

Bizzarrini GT Strada A3C *1964*

Entre 1963 et 1969, Giotto Bizzarrini conçut quelques voitures routières et de course qui se différenciaient totalement des Ferrari, Lamborghini ou Maserati et étaient également utilisées lors des courses d'endurance. Bizzarrini misa sur les moteurs V8 américains de la Chevrolet-Corvette au lieu des coûteux 12 cylindres de ses collègues italiens. On voit ici Chris Amon lors du Grand Prix d'Autriche en 1965. La même année une Bizzarrini fut neuvième aux 24 Heures du Mans. Puissance de 420 ch pour 5 354 cm³. Vitesse de pointe de 310 km/h.

Porsche 904 Bergspyder *1965*

Suite à l'arrêt des Mille Miglia à cause des risques qu'ils représentaient pour les spectateurs et les pilotes, la Targa Florio qui se déroulait en Sicile devint une des plus importantes courses de voitures de sport en Italie. Ci-dessous, les Porsche 904 très compactes montrèrent leurs vraies forces ainsi que le constata à l'époque un magazine spécialisé : « La légèreté souabe bat le monstre italien. » La photographie montre le double champion du monde Graham Hill sur une Porsche 904 Bergspyder, dotée d'un huit cylindres en ligne, devant une Porsche 904 Carrera GS. En 1965 Gerhard Mitter gagna la Solitude avec une Porsche 904 Bergspyder.

Targa Florio *1965*

C'est à plein régime que la 250 LM de Ferrari, voiture de course pouvant atteindre les 320 km/h, traverse un village sicilien. Devant se trouve une Fiat 600 ; à gauche et à droite de la rue des piétons se promènent. À nos yeux, une véritable aberration, mais à l'époque tout le monde applaudissait les pilotes. L'autocollant apposé sur la Ferrari devait prouver l'autorisation de rouler sur la route. Le parcours fait de 704 virages pouvait être testé pendant une semaine sans être fermé. La dernière Targa Florio fut courue en 1977.

Ferrari 275 P2 *1965*

Dans les années 1960, la Scuderia Ferrari allait de course en course avec ce camion, comme ici avant la Targa Florio en Sicile. Les mécaniciens dormaient près de l'atelier dans la partie centrale close. À droite, on voit une des voitures de service avec une série de pneus de compétition sur le toit. Nino Vaccarella et Lorenzo Bandini gagnèrent la Targa Florio en 1965 sur la Ferrari 275 P2 qui se trouve tout en haut sur la plateforme.

Chevrolet Corvette Sting Ray *1965*

À partir de 1965, Ford Dearborn participa avec la Ford GT 40 à différentes courses d'endurance comptant pour le Championnat du monde des constructeurs. Cela ne plut pas trop à son concurrent General Motors qui mit au point ce superbe modèle de voiture de course sur la base de la Corvette. Hélas, le flat-twin ne fut jamais utilisé. Il était équipé d'un moteur V8 de 7 l développant 440 ch. La vitesse de pointe aurait été de 345 km/h. Cette voiture est une évolution de la Sting Ray de 1959.

Chevrolet Sting Ray *1965*

Dans les années 1960, les grosses cylindrées américaines de grand tourisme devinrent les chouchous du public. Avec la Ford Thunderbird ou la Chevrolet Corvette Sting Ray fortement améliorée, les pilotes amateurs obtinrent des voitures de course sympathiques pour relativement peu d'argent. Leurs moteurs V8 allant de 5,6 à 7 l se laissaient trafiquer presque sans effort à plus de 450 ch. Sur cette Sting Ray il y avait quatre freins à disque et, au lieu du vieil essieu rigide, il y avait quatre roues suspendues indépendamment les unes des autres. La tenue de route n'était donc plus un problème.

Maserati Tipo 154 *1965*

Le Mans 1965. Le Suisse Jo Siffert et le futur pilote Ford et Mercedes Jochen Neerpasch se tinrent en permanence dans le trio de tête avec cette Maserati inscrite à titre privé, mais ils échouèrent à cause d'ennuis techniques. À cette époque où les courses étaient coûteuses, l'entreprise italienne avait hélas dû renoncer à une participation de l'usine. Un moteur V8 de 5 l faisait avancer cette voiture.

Ford GT40 Mk II *1965*

Henry Ford II misa tout sur le fait que les 24 Heures du Mans étaient décisifs pour son entreprise. Ci-dessous, Chris Amon et Phil Hill sont en tête. Au 89e tour ce fut l'abandon en raison de quelques problèmes techniques. La GT40 roulant à 350 km/h est équipée du moteur V8 7 l surnommé « Big Block ». En 1964 et 1965, les grands succès ne furent pas au rendez-vous. En 1966, la Ford GT40 devint le champion absolu.

Alpine Renault M64 *1965*

Jean Rédélé vendait les voitures de série de Renault dans sa concession de Dieppe. À l'aide de moteurs Renault bon marché, il conçut des voitures de course et de sport autonomes qui firent sensation. La photographie montre son aérodynamique Alpine Renault M64 longue queue lors des 24 Heures du Mans de 1965. Sur cette quatre cylindres de seulement 1 149 cm³ et 89 ch, Peter Revson et Jean Vidal mirent haut la main le cap sur le classement indexé ; mais après dix heures de course, ils durent abandonner en raison d'un problème d'embrayage. Avec cette fine caisse à l'arrière allongé, l'Alpine d'à peine 600 kg roulait de façon surprenante à 237 km/h dans la ligne droite de Mulsanne.

Alfa Romeo Giulia GTZ *1965*

Cette Alfa Roméo Giulia Tubolare Zagato n'avait pas été pensée pour une utilisation sur route. Zagato conçut un châssis léger et une caisse en aluminium pour cette voiture uniquement vouée à la compétition. L'homologation pour la course se déroula sans problème. Pour la motorisation, la clientèle pouvait choisir entre la version standard de 115 ch et la version compétition développant 190 ch. La photographie montre Lucien Bianchi lors de la Targa Florio de 1965. Cette Alfa Roméo était pour ainsi dire abonnée aux victoires dans sa catégorie (GT jusqu'à 200 cm^3).

Abarth 1000 SP *1966*

Dans les années 1960 et 1970, Carlo Abarth fut le préparateur ayant le plus de succès en Europe. Ses propres constructions connurent tout autant le succès, telle cette Abarth 1000 SP. La photographie montre le pilote suisse Herbert Müller, qui courait tant les grands prix que les courses d'endurance, lors des 500 km du Nürburgring en 1966. Tout d'abord équipée d'un moteur quatre cylindres de 982 cm^3 avec deux arbres à cames en tête et 105 ch, elle fut ensuite dotée de moteurs 2 l de 1 300 cm^3. La 1000 SP débuta dans la catégorie des prototypes jusqu'à 1 000 cm^3. Vitesse de pointe 220 km/h.

Ferrari 330 P3 *1966*

La Scuderia Ferrari ne montrait que très rarement « son jeu » comme ici dans la nuit précédant les 24 Heures du Mans de 1966. La course et le Championnat du monde furent gagnés par Ford en 1966, bien que la Ferrari P3 avec son châssis monocoque, ses suspensions de Formule 1 et son V12 de 420 ch pour une cylindrée de 4 l ait pu devancer la Ford GT40 Mk II aux 1 000 km de Spa.

Chaparral 2D *1966*

En 1966 et 1967, le pilote automobile texan Jim Hall fit prendre le départ à deux voitures intéressantes lors de courses d'endurance européennes : elles étaient équipées d'une boîte automatique six rapports qu'il avait mis au point lui-même. Sur cette Chaparral 2D, Phil Hill et Joakim Bonnier remportèrent les 1 000 km du Nürburgring. Roger Penske gagna les 12 Heures de Sebring et la Nassau Speed Week avant toutes les Ferrari, les Maserati et les Porsche. Un énorme moteur V8 Chevrolet d'une cylindrée de 5,3 l fournissait une puissance d'environ 420 ch et une vitesse de pointe de 310 km/h. La photographie ci-dessus montre Phil Hill devant les stands sur le Nürburgring.

Ferrari 275 GTB *1966*

Avec cette 275 GTB adaptée à la route, les clients de Ferrari passionnés de course automobile obtinrent des succès parfois surprenants lors de courses d'endurance. En 1965, sur leur 275 GTB, les Belges Willy Mairesse et Beurlys (pseudonyme) arrivèrent à la troisième place du classement général des 24 Heures du Mans, et remportèrent la victoire dans la catégorie grand tourisme pourtant âprement disputée.

Alfa Romeo GTA *1966*

C'est à plein régime qu'Andrea de Adamich prend le virage lors des six Heures du Nürburgring. Presque toutes les futures stars de la Formule 1 participèrent dans les années 1960 et 1970 à des courses de voitures de sport ou de tourisme qui, à l'époque, attiraient jusqu'à 100 000 spectateurs.

Chaparral 2F *1967*

Avec cette voiture révolutionnaire, Phil Hill gagna les 500 miles de Brands Hatch. La photographie montre Phil Hill lors de la Targa Florio de 1967. Les détails techniques suivants étaient révolutionnaires : une boîte automatique six rapports avec un répartiteur de couple automatique, presque un antipatinage électronique pour le moteur V8 de 6 997 cm³ qui développait 525 ch sur les roues. L'énorme aileron réglable durant la conduite assurait un meilleur contact au sol dans les virages et, par conséquent, le dévers souhaité. Pour les lignes droites, le pilote mettait l'aileron presque en position horizontale. Ce mécanisme réglable était actionné par la pédale de gauche. Grâce à la boîte automatique mise au point par Jim Hall et Hap Sharp, il n'y avait pas de pédale d'embrayage. Les plus grands succès d'un spyder Chaparral furent les voitures de course biplace décapotables et les bolides CanAm.

Le Championnat du monde des constructeurs *1967*

Les voitures de course d'aujourd'hui sont les Formules 1 avec une carrosserie dont le châssis est « moulé » en fibre de carbone. On ne trouve plus trace d'une fabrication en série. Les possibilités de prendre le départ sont donc coûteuses et relativement restreintes. Durant l'époque glorieuse des courses d'endurance auxquelles participaient de nombreux passionnés de course automobile, on trouvait des modèles de voiture très différents comme par exemple ici lors des 1 000 km du Nürburgring. La photographie ne montre que les deux tiers de la ligne de départ et la palette des modèles de voitures va de la Lotus Elan à la voiture d'usine Ford GT40 Mk IV.

Ford GT40 Mk IV *1967*

Henry Ford voulait racheter Ferrari au début des années 1960. L'affaire ne se fit pas et Ford décida de mettre en place son propre programme pour une participation intensive aux courses automobiles. À l'aide du constructeur de la Lola, Eric Broadley, les premières Ford GT40 virent le jour mais revinrent sans victoire lors des 24 Heures du Mans de 1964 et 1965. En 1966, Ford gagna la course la plus importante de la saison. Ford revint en 1967 avec cette GT40 Mk IV améliorée et battit Ferrari et Porsche entre autres grâce une préparation minutieuse et à un budget énorme.

Ford GT40 Mk IV *1967*

L'écurie Ford réunit dans son équipe les meilleurs constructeurs américains de voitures de course et les pilotes les plus rapides afin de battre Ferrari, l'ennemi juré, lors des 24 Heures du Mans. Cela fut fait à la plus grande joie de Henry Ford II car les Ferrari durent gérer des problèmes techniques. La photographie montre les gagnants de 1967 : Dan Gurney et A.J. Foyt, plusieurs fois vainqueur des 500 miles d'Indianapolis, sur leur GT40 Mk IV équipée d'un moteur V8 7 l développant 510 ch. Vitesse de pointe 340 km/h. Pour cette course, Ford envoya 12 Ford GT40 Mk II et Mk IV de différentes puissances. La vitesse moyenne de Gurney et Foyt s'éleva à 218 km/h.

Ferrari 330 P4 *1967*

Ferrari arriva aux 24 Heures du Mans avec une petite armada de huit voitures de course et prototypes. Ci-contre, le Belge Willy Mairesse dans sa voiture abîmée lutte avec la Porsche 908 Longue queue de Gerhard Mitter. Willy Mairesse prit la troisième place. Le moteur V12 de 4 l développait 410 ch dans sa version du Mans. Dans la longue ligne droite de Mulsanne, la plus rapide Ferrari 330 P4 fit du 330 km/h, soit 20 km/h de moins que la plus rapide des Ford GT40 Mk IV.

Ferrari 330 P4 *1967*

Ludovico Scarfiotti se laisse conduire aux stands par son collègue Mike Parkes. Ils prirent la deuxième place lors des 24 Heures du Mans de 1967. Certaines Ferrari P4 furent transformées en spyders décapotables à la fin de la saison et furent utilisées dans les courses américano-canadiennes CanAm.

Alfa Romeo 33/2 « Périscope » *1967*

Avec cette voiture de course de la Scuderia del Portello, Alfa Roméo voulait, pour le Championnat du monde des voitures de sport, de nouveau faire prendre le départ à un spyder. Mais sans succès. Ce n'est qu'en 1968 avec le modèle suivant, la Tipo 33/2 bien plus puissante et de forme différente, qu'il décrocha les premières victoires. La Typo 33/2 « Périscope » est dotée d'un moteur V8 de 1 995 cm^3 développant 270 ch. Lors de sa présentation au Mans elle atteignit 310 km/h.

Alfa Romeo Tipo 33/2 *1967/68*

Plus compacte, plus puissante, plus rapide et plus légère : telle devait être la nouvelle voiture de course d'Alfa Roméo afin de pouvoir battre Porsche. Le résultat fut cette Tipo 33/2 de 580 kg conçue par Autodelta que conduit ici le pilote belge Teddy Pilette lors de la Targa Florio. Aux 24 Heures de Daytona et lors de la Targa Florio elle fut victorieuse dans la catégorie des prototypes de 2 l. Alfa Roméo fit également courir ce modèle avec un moteur V8 de 2 500 cm^3 qui avec 315 ch luttait pour une victoire au classement général.

Alpine Renault 1,5 l *1967*

Mauro Bianchi pousse ici les limites avec sa nouvelle Alpine Renault. Ne pesant que 550 kg, la voiture est maintenue sur la piste par une suspension air/alcool. La motorisation adéquate est un moteur Renault-Gordini trafiqué à 145 ch pour une cylindrée de 1 497 cm^3. Des victoires de catégorie n'étaient pas suffisantes pour le chef d'Alpine Jean Rédélé. Quelques mois après les 500 km du Nürburgring, Alpine présenta un prototype plus puissant d'une cylindrée de 3 l. Il devait ainsi courir pour une victoire au classement général du Championnat du monde des constructeurs.

BMW 2000 Spyder *1967*

Dans les années 1960, le Championnat européen de courses de côte était un événement important. Abarth, Alfa Roméo, BMW, Ferrari, Lotus et Porsche s'affrontaient dans la catégorie des prototypes. Un véhicule aussi léger et puissant que possible était demandé. La photographie montre l'Autrichien Dieter Quester en 1967 lors de la course du Baisberg. La BMW 2000 quatre cylindres équipée d'un moteur Apfelbeck pesait 420 kg et développait 275 ch pour une cylindrée de 1 997 cm^3.

Abarth 2000 Spyder *1967*

Carlo Abarth était l'un des préparateurs les plus créatifs et bricolait pour trouver des améliorations. Il aimait beaucoup les spyders décapotables de courses de côte car, lors de ces courses courtes, il pouvait tester à faible coût des améliorations importantes. La photographie montre le multiple champion d'Europe de courses de côte Peter Shetty sur sa voiture d'usine Abarth 2000. Le moteur Twin Cam quatre cylindres de 270 ch était un adversaire de même force que BMW and Co.

Ferrari 250 GT Berlinetta (SWB) *1967*

Parmi les plus belles voitures de course Ferrari Gran Turismo ayant remporté le plus de victoires, on trouve cette 250 SWB (*« Short Wheel Base »*, empattement court) qui fut fabriquée jusqu'en 1967 et fut l'une des dernières Ferrari de course dotée d'un moteur avant 12 cylindres. Elle fut livrée dans des motorisations de différentes puissances. Les premiers exemplaires atteignaient 240 ch pour une cylindrée de 2 953 cm^3. Stirling Moss eut une 250 GT SWB de 280 ch et d'autres pilotes se firent adapter un moteur alésé à 3,3 l d'une puissance de 320 ch. La vitesse de pointe était de 275 km/h minimum.

Ford GT40 Mirage *1967*

En 1967, sous la direction du directeur de course d'Aston Marin, John Wyer, et sur la base de la Ford GT40, sortit une des voitures de course ayant remporté le plus de victoires. Par rapport à l'original, la Mirage était nettement plus légère, elle disposait d'une meilleure maniabilité et brillait par son exceptionnelle fiabilité. La Mirage de 5 l développant jusqu'à 440 ch remporta deux fois les 24 Heures du Mans. La dernière fois en 1969. La photographie montre Jacky Ickx lors des 1 000 km de Paris sur le circuit ultra rapide de Montlhéry devant une Alpine Renault 3 l. Ickx et Hawkins gagnèrent également cette course. En 1968 la Ford GT40 Mirage remporta le Championnat du monde des constructeurs.

MG « Marathon de la Route » *1968*

Le fabricant britannique de voitures de sport MG participa pendant quelques années de façon intense aux rallyes et aux courses d'endurance. Les pilotes les plus célèbres furent Paddy Hopkirk et Tony Fall (ci-dessous). Lors de la course d'étapes du « Marathon de la Route », MG fit concourir cette voiture d'usine. Dans la version de série, le six cylindres de 3 l développait 145 ch, contre 180 ch dans la version course. Quelques mois plus tard, MG installa un V8 léger provenant de Rover. Avec cet équipement, la MGB GT V8 était un candidat sérieux pour des victoires de catégorie dans les courses d'endurance.

Porsche 908 LH Le Mans *1968*

Les 24 Heures du Mans étaient l'événement sportif le plus important de l'année pour la très petite entreprise Porsche. On était déjà habitué aux victoires de catégorie mais on devait enfin obtenir une victoire au classement général avec la nouvelle huit cylindres 908 Longue queue. Malgré une préparation minutieuse, cela n'arriva pas. En 1968 la victoire revint encore une fois à la puissante Ford GT40 Mk IV. Les Porsche 908 LH Coupé roulaient avec un moteur huit cylindres à plat de 2 997 cm³ développant 350 ch. La vitesse de pointe s'élevait à 320 km/h.

Alpine Renault A220 *1968*

Les courses sur les aéroports connurent une grande popularité jusque dans les années 1980. La photographie a été prise lors du Grand Prix d'Autriche à Innsbruck. Au premier rang, Mauro Bianchi et son Alpine Renault A220 toute neuve ont la meilleure place pour le départ. À côté se tiennent trois Porsche 908 et derrière, une Lola T70 et une Ford GT 40. La nouvelle Alpine est équipée d'un moteur V8 de 300 ch. Bianchi gagna cette course devant les Porsche.

Porsche 908 LH Le Mans *1968*

Gerhard Mitter et Vic Elford attendent ici le départ des 24 Heures du Mans. Par rapport à une caisse courte, la longue queue améliore la vitesse maximum de 15 à 20 km/h sur les 4 km de la ligne droite de Mulsanne. En revanche, les pilotes perdent quelques mètres lors du freinage dans les virages moyennement rapides et le maniement des véhicules allongés nécessitait que les pilotes s'y habituent. En 1969, sur ce modèle, Hans Herrmann manqua de 120 m seulement la victoire au classement général des 24 Heures du Mans derrière Jacky Ickx sur une Ford GT40 Mirage.

Howmet TX voitures à turbine *1968*

Très peu de voitures à turbine remportèrent des courses. L'une d'entre elles est la Howmet TX qui fit sensation en 1968 lors des compétitions automobiles européennes. L'Howmet était propulsée par une turbine à gaz Continental TS325-1 prévue pour les hélicoptères de combat. La FIA classa la turbine à environ 380 ch pour 2 960 cm³. La turbine fonctionnait sans boîte de vitesse. Dick Thompson pilota seulement en rapport direct. La marche arrière obligatoire était générée par le biais d'un petit moteur électrique complémentaire. Lors des 12 Heures de Sebring, Dick Thompson termina à la troisième place et lors des 24 Heures de Daytona, la voiture à turbine resta longtemps à la troisième place. Dans la plupart des courses, la Howmet TX échoua à cause de problèmes de turbine dus à la poussière dans le système d'aspiration. Aux États-Unis cette intéressante voiture de sport remporta deux courses de sprint mais les succès plus importants dans le cadre du Championnat du monde des constructeurs ne furent pas au rendez-vous.

Panhard-Levassor CD-SP 66/68 *1968*

Cette Panhard à l'aérodynamisme de conception parfaite ne pesait que 750 kg. Elle remporta plusieurs fois le classement indexé des 24 Heures du Mans et engrangea les victoires de catégorie. Après de légères modifications, ce coupé en aluminium fut utilisé entre 1966 et 1968 pour des courses d'endurance. Sur cette photographie, Claude Laurent tient en respect une Ferrari 275 GTB/4. Panhard utilisait des moteurs quatre temps Peugeot 203 allant de 72 à 103 ch. Avec 72 ch, le coupé roulait déjà à 200 km/h ; avec 103 ch il atteignait 235 km/h sur la ligne droite de Mulsanne au Mans. Les Panhard consommaient 7 à 10 l au 100 km

Howmet TX voitures à turbine *1968*

Chrysler, Fiat, Renault, Rover, BRM, Lotus et Howmet mirent au point dans les années 1960 des voitures de course à turbines à gaz. La photographie montre l'arrière de la voiture de course Howmet TX groupe 6 qui avait été habilitée à prendre le départ en 1968 en tant que prototype de la classe 3 l. Deux des trois échappements étaient prévus pour l'évacuation des gaz ; le troisième évitait une réaction retardée de la turbine au moment du cycle de changement des gaz. La turbine pèse 77 kg ; elle est donc plus légère que les moteurs conventionnels. Le combustible est du kérosène de jet A.

Ferrari 206 S Dino *1968*

Ludovico Scarfiotti participa au Championnat d'Europe de course de côte sur cette Ferrari Spyder. La photographie montre le pilote italien de Formule 1 lors de la course de côte de Schauinsland où il termina deuxième derrière Gerhard Mitter sur une Porsche 908 Bergspyder. De 1966 à 1969, Ferrari engagea des Ferrari 206 S de différentes puissances. Le nom de Dino est une dédicace au fils adoré d'Enzo Ferrari mort beaucoup trop jeune d'une maladie incurable. La 206 S est un modèle six cylindres développant à l'origine 218 ch à 9 000 tr/min. Dans les années qui suivirent, la puissance moteur passa à 260 ch. En 1969 un moteur 12 cylindres à plat fut engagé dans les courses de côte et sur circuit sous l'appellation 212 E.

Ferrari 246 GT Dino *1969*

Ferrari conçut ces voitures de sport pouvant rouler sur route et sur circuit pour des pilotes privés. Le moteur V6 de 2 418 cm^3 développait déjà 195 ch à 7 600 tr/min dans la version route. Cette voiture de sport roulant à 230 km/h n'a jamais été utilisée par l'usine mais quelques pilotes privés conduisirent cette « petite » Ferrari, y compris dans des rallyes. La production se poursuivit jusqu'en 1973 puis Ferrari se concentra de nouveau principalement sur ses modèles 12 cylindres. Installé dans les Lancia Strato, le moteur V6 Ferrari vécut un brillant comeback en remportant trois titres de champion du monde des rallyes entre 1974 et 1976.

Nissan R380-II R6 *1967*

Au milieu des années 1960, la fièvre de la compétition s'empara aussi du Japon. Nissan fusionna en 1966 avec la Prince Motor Company. De cette collaboration sortit alors cette voiture de course au moteur central six cylindres développant 220 ch. De par la forme, elle ressemble à la célèbre Porsche 904. Lors de son premier engagement dans le Grand Prix du Japon, la Nissan R380 II remporta une double victoire devant la favorite, la nouvelle Porsche 906. En 1967, c'est une Porsche 906 qui gagna ; les quatre Nissan R380 II engagées dans la course durent se contenter des deuxième, troisième, quatrième et sixième places. En 1969 et 1970, la R380 II prit à nouveau la deuxième place lors des 1 000 km de Fuji et remporta d'autres courses. Cette voiture permit à Nissan d'accéder aux courses automobiles.

Nissan R381 V8 *1968*

Nissan participa au Grand Prix du Japon de 1968 avec une toute nouvelle voiture de course. La voiture biplace CanAm du groupe 7 était équipée d'un moteur V8 Chevrolet de 5,5 l développant 450 ch car le V12 de Nissan n'était pas encore prêt pour la course. Tout comme pour l'américaine Chaparral 2F, l'inclinaison de l'aileron arrière pouvait être orientée hydrauliquement durant la conduite. Dans les virages à gauche, la partie gauche de l'aileron divisé en deux au centre était plus ouverte, dans les virages à droite c'était la partie droite. Ce réglage individuel n'était pas possible sur la Chaparral. Nissan remporta le Grand Prix du Japon devant quelques Porsche 910 et Toyota 7.

Nissan R382 V12 *1968*

La victoire convaincante lors du Grand Prix du Japon stimula le service compétition de Nissan à entreprendre de nouvelles actions. Une toute nouvelle voiture de course CanAm devait être allumée par un moteur V12 maison de 5 948 cm^3 de cylindrée. Avec 600 ch, cela n'était pas une tâche facile car l'aileron orientable avait été interdit par la FIA. Lors du Grand Prix du Japon de 1969, aux côtés de Jo Siffert et David Piper sur la nouvelle Porsche 917 K se tenaient diverses Toyota 7 remaniées et des voitures de course Isuzu dotées de moteurs Chevrolet V8 auxquels s'ajoutait une meute de pilotes privés sur des Ferrari et des Porsche 908 ainsi que des Porsche 910. À l'arrivée, deux des nouvelles Nissan R382 12 cylindres étaient en tête.

Lola T70 *1968*

À la fin des années 1960, une multitude de voitures de sport très différentes les unes des autres participa à des courses aussi populaires que les 200 miles de Norisring. À droite portant le numéro 2 se trouve Joakim Bonnier sur une Lola T70 5 l, au milieu David Piper sur une Ferrari P4 (portant le numéro 6). Avec le numéro 21, Gerhard Mitter sur une Porsche 908 est en tête. Derrière Bonnier, on distingue encore Dieter Quester sur une BMW 20000 Bergspyder. Gerhard Mitter gagna cette course qui fut particulièrement serrée jusqu'à la fin.

Fiat Abarth 1000 TC *1968*

Carlo Abarth gâtait ses nombreux clients avec de belles voitures de course et des voitures de tourisme abordables comme cette 1000 TC. Dans leur catégorie, elle furent presque imbattables entre 1962 et 1972 bien que la base ne soit qu'une Fiat 600 D de 1960. La photographie ci-contre montre Toni Hezemans devant Erich Bitter lors de la course sur l'aéroport d'Innsbruck en 1968. Il y eut plusieurs niveaux de puissance du tuning : de 75 ch à 112 ch à 8 200 tr/min pour la 1000 TCR Radiale, la plus rapide des Abarth 1000 qui roulait à 215 km/h.

Mazda Cosmo 110 S *1968*

La première participation d'une écurie d'usine japonaise fut un spectacle insolite pour les habitués des courses automobile. Les mécaniciens de Mazda portaient des gants de coton blanc, c'était quelque chose de tout à fait nouveau à Nürburgring. Ici, on avait l'habitude des travailleurs héroïques barbouillés d'huile et non des mécaniciens méticuleux d'Extrême-Orient qui entouraient chaque vis avec un tissu d'un blanc immaculé et lui attribuaient un numéro. Ce ne fut pas la victoire en 1968 lors du Marathon de la Route mais néanmoins une très bonne quatrième place au classement général. La Mazda, équipée d'un moteur Wankel double rotor développant 150 ch pour 982 cm^3, faisait le tour du circuit à 210 km/h dans un bruit infernal.

Mazda R100 Coupé *1969*

Dès la fin des années 1960 Mazda fabriquait plus d'un demi-million de voitures de tourisme avec un moteur Wankel. En 1969, avec le coupé R100, le troisième constructeur automobile japonais se lança encore une fois sur le Nürburgring pour le Marathon de la Route. Dans des conditions météo épouvantables, on voit ici Hughes de Fierlant. Le coupé R100 resta en tête de son groupe pendant plusieurs tours mais n'obtint pas la victoire. Le moteur Wankel double rotor développait 170 ch. Le coupé de course fut flashé à 210 km/h dans le secteur le plus rapide du circuit.

IKA-Torino 300/380 *1969*

Lors des courses argentines de stock-cars, les Ika-Torino remportèrent de nombreuses coupes. Lors des 84 Heures du Marathon de la Route sur le Nürburgring, les Sud-Américains se tinrent en tête du peloton. Jorge Cupeiro éperonnait les 208 ch de sa six cylindres. Avec une cylindrée de 2 962 cm³, cette voiture roulait à 200 km/h. Un moteur V8 de 310 ch fut utilisé dans la Torino 380. Les pilotes argentins prirent la quatrième place avec ce modèle et gagnèrent la plupart des courses de stock cars en Argentine. En 1970, IKA (« Industrias Kaiser Argentinia ») fut vendu à Renault. Les IKA-Torino participèrent également aux 24 Heures du Mans. Le multiple champion du monde de F1 Juan Manuel Fangio dirigea la participation au légendaire Marathon de la Route de 1969.

Porsche 917 Courte *1969*

Dans un tour de force unique à ce jour, Porsche créa entre 1968 et 1969 le légendaire modèle 917. Afin d'obtenir l'homologation, c'est-à-dire remplir les exigences pour participer à des courses, Porsche dut fabriquer 25 voitures identiques. Le risque financier était tellement important que de nombreux experts redoutèrent la fin de l'entreprise de Stuttgart et à plus forte raison lorsqu'il se révéla qu'un temps d'adaptation était nécessaire. La photographie montre la participation de la première Porsche 917 lors des 1 000 km du Nürburgring. David Piper maintint le cap du bolide de 12 cylindres développant 560 ch. Lors de cet engagement, c'était encore un moteur de 4,5 l. La Porsche 908 Spyder était plus apte à la victoire car, bien que moins puissante, elle était beaucoup plus facile à conduire.

Ford GT40 Gulf-Mirage *1969*

L'écurie britannique John Wyer Automotiv put toujours compter sur le soutien important du groupe pétrolier américain Gulf après que Jacky Ickx contribua à mener à la victoire la Ford GT40, plus très compétitive, lors des 24 Heures du Mans. Le Belge dépassa de 120 m Hans Herrmann sur sa Porsche 908 LH. La photographie ci-dessous montre Jacky Ickx devant Udo Schütz sur une Porsche 908 Longue queue. John Wyer lorgnait déjà à l'époque du côté de la nouvelle Porsche 917 qui faisait de l'ombre à toutes les voitures de course construites jusqu'ici.

Ferrari 312 P *1969*

En 1969 Porsche remporta pour la première fois le Championnat du monde des constructeurs de voitures de sport et de prototypes âprement disputé. Ses principaux adversaires étaient la Ford GT40 Gulf Mirage et les nouvelles Ferrari 312 P. La photographie montre Pedro Rodriguez lors des 1 000 km du Nürburgring. Rodriguez ne put empêcher la victoire de Jo Siffert sur sa Porsche 908-2 car il était précédé d'un conçurent plus lent. Sa forme avait été légèrement modifiée mais le V12 central Ferrari provenait des Formules 1. Sa puissance : 420 ch pour 2 989 cm³, vitesse de pointe de 280 km/h.

Ferrari 275 P2 *1969*

Lors des 12 Heures de Sebring, Ferrari engagea cette Ferrari 275 P2 qui se différenciait fortement de la nouvelle Ferrari 312 P. Le Mexicain Pedro Rodriguez était au volant. La 275 P2 fut pilotée par quelques écuries privées. Rodriguez conduisait ici sous contrat avec l'équipe américaine NART. Un moteur de voiture de sport V12 de 3 285 cm³ était monté sur les 275 P2. Il développait 350 ch à 8 500 t/min. Jacky Ickx et Jackie Oliver remportèrent la course sur la Ford GT40 Gulf Mirage de John Wyer.

Chevrolet Camaro *1969*

Den 1967 General Motor présenta la Camaro comme la réponse à la non moins imposante Ford Thunderbird. Pour les préparateurs américains ceux sont deux *« muscle cars »* parfaites pour une augmentation importante de la puissance. La photographie montre Helmut Marko, populaire pilote de Grand Prix lors de la course sur l'aéroport d'Aspern (Autriche). Des angles de dérive de cette qualité ne peuvent être obtenus qu'avec la puissance nécessaire : 420 ch pour une cylindrée de 4 998 cm³, moteur V8, vitesse de pointe 225 km/h.

Lotus 62 *1969*

Le chef de Lotus, Colin Chapman, fit développer en 1969 cette voiture de course du groupe 6 sur la base de la Lotus 47, voiture de sport de série couronnée de succès. La photographie montre John Miles lors des 1 000 km de Brands Hatch en 1969. La meilleure place revint à John Miles lors du Tourist Trophy de Oulton Park où il monta sur la troisième marche du podium. Le projet Lotus 62 fut abandonné fin 1969 car le moteur 2 l LV240 DOHC de Lotus basé sur un moteur Vauxhall quatre cylindres se révéla moins performant pour la compétition.

Brands Hatch *1970*

Lors du Grand Prix d'Angleterre 100 000 spectateurs et tous les directeurs d'équipe de F1 regardèrent les courses annexes. C'est ici que la future génération de pilotes pouvait le mieux se faire valoir. La photographie montre la ligne de départ très diversifiée. De la Chevrolet Camaro et la Ford Thunderbird développant 420 ch à la mini Cooper de seulement 100 ch, tout était représenté, garantissant une belle compétition. L'Australien Frank Gardner, à l'extérieur droit, remporta la course sur sa Chevrolet Camaro.

Discussions des pilotes *1970*

Les courses d'endurance n'étaient et ne sont toujours pas moins dangereuses que celles de Formule 1. Lors des 24 Heures du Mans de 1970, lorsque cette photographie a été prise, il y avait une différence de vitesse largement supérieure à 100 km/h entre les voitures grand tourisme et les voitures de course, telles que la nouvelle Porsche 917, qui roulaient à plus de 370 km/h. La nuit et sous la pluie, ce posait un énorme problème de sécurité qui est discuté ici par l'équipe Porsche. De gauche à droite : Willibald Kauhsen, Helmut Marko, Reinhold Jöst, Gijs van Lennep et Gérard Larrousse.

Porsche 917 LH *1970*

En 1970, Porsche gagna pour la première fois les 24 Heures du Mans. Pour la course la plus importante de la saison, le constructeur de voitures de sport de Stuttgart mobilisa toutes les possibilités techniques. Willibald Kauhsen et Gérard Larrousse pilotèrent ces nouvelles Porsche 971 Longue queue. Dans la ligne droite de Mulsanne, malgré les mauvaises conditions météo, elle roulait à plus de 365 km/h. Hans Herrmann et Dick Attwood remportèrent la course devant la Porsche 971 KH qui, avec une puissance de 580 ch, fut prise à 340 km/h.

Porsche 908/3 Spyder *1970*

Contrairement aux autres écuries de course automobile, Porsche construisait une nouvelle voiture de course pour chaque saison du Championnat du monde, et ce pas seulement après des gaffes telle que celle de Pedro Rodriguez lors des 1 000 km du Nürburgring que Jo Siffert et Brian Redman remportèrent sur ce modèle 908/3 Spyder. La caisse est en aggloméré stratifié avec un noyau en mousse et pèse seulement 12 kg ; le spyder de 350 ch roulant à 275 km/h ne pèse au total que 545 kg. En 1970, Porsche gagna la Targa Florio avec cette voiture et, en plus des succès de la Porsche 917, s'assura à nouveau la victoire au Championnat du monde des constructeurs devant Ferrari, Alfa Roméo, Ford et Matra.

Porsche 917 PA Spyder CanAm
1970

Pour Porsche, le marché américain était et est toujours la clé du succès commercial de la marque. Dans les années 1970, les voitures de course CanAm biplaces ne subissaient pas la contrainte des catégories et subjuguaient les passionnés de course automobile. Des prix très généreusement dotés attiraient les équipes européennes en Amérique, comme Porsche ici avec ce 917 Spyder de 1969/70 équipé d'un moteur 16 cylindres en ligne et qu'on peut aujourd'hui admirer au nouveau musée Porsche de Stuttgart-Zuffenhausen.

Porsche 917 PA Spyder CanAm
1970

L'expert de Porsche en matière de course, Herbert Linge, fit un nombre incalculable de tours sur le circuit de la marque à Weissach avec ce moteur à aspiration 16 cylindres. La cylindrée allait de 5 992 à 7 166 cm³ et la puissance de 770 à 880 ch. Finalement, Porsche opta pour le moteur 12 cylindres biturbo provenant de la série 917. Dans sa dernière phase évolutive, celui-ci développait 1 200 ch. Le 16 cylindres ne fut jamais utilisé en compétition mais resta une intéressante expérience technique.

Ferrari 512 S *1970*

Durant la saison 1970, Porsche donna une impression de domination absolue. Il faut que ça cesse, pensa la Scuderia Ferrari, et elle mit au point cette Ferrari 512 S. Comme pour la Porsche 917, il faillait fabriquer 25 modèles identiques, ainsi que l'exige le règlement. Ferrari remplit cette tâche difficile et présenta la 512 rouge sur le circuit de Brands Hatch, avec Jackie Oliver, devant, et Herbert Müller à sa suite. Les données techniques : moteur V 12 de 4 993 cm³ de cylindrée, tout d'abord 550 ch puis fin 1970, 585 ch à 8 500 tr/min ; vitesse de pointe 340 km/h.

Matra-Simca 650 *1970*

Matra voulait absolument gagner les 24 Heures du Mans. La voiture de course utilisée jusqu'ici en Formule 1 équipée d'un moteur V12 de 2 999 cm³ de cylindrée développant une puissance de 430 ch semblait convenir. La Matra 650 Spyder exista dans une version très courte comme ici sur le Nürburgring. Il n'y eut hélas pas de succès marquants de la 650 et des 660/666 qui furent mises au point ultérieurement. Ce n'est qu'en 1973 que la grande victoire aux 24 Heures du Mans arriva enfin avec la Matra 670.

Matra-Simca 660/666 *1970*

Sur la photographie ci-dessus, le pilote de Formule 1 Jean-Pierre Beltoise prend un virage moyennement rapide aux 24 Heures du Mans. Sa Matra 666, moteur V12 de 3 l, peut gagner quelques mètres sur la Porsche 917 LH entièrement dédiée à la vitesse. La Matra 666 développait désormais 450 ch, et lors de cette course elle atteignit une vitesse de pointe de 325 km/h environ.

Alfa Romeo Tipo 33/3 *1970*

Nanni Galli essaye ici de réparer sa nouvelle Alfa Roméo lors des 24 Heures du Mans. Une scène qui ne serait plus possible aujourd'hui. En quelques secondes les agents de la sécurité emmèneraient le pilote en sécurité. La Tipo 33/3 était la première voiture de course Alfa Roméo dotée d'un châssis monocoque mis au point par Autodelta. Par rapport à ses prédécesseurs, la Tipo 33/3 fut équipée d'un puissant moteur V8 de 2 998 cm³ et désormais 400 ch. La Tipo 33/3 fut toujours bonne pour les victoires de catégorie mais en 1970 cela n'était pas encore suffisant pour la victoire au classement général, car les Porsche 917 et les Ferrari 512 S pourvues de moteurs 5 l étaient trop fortes.

Alfa Romeo Tipo 33/3 *1970*

Pour les Italiens passionnés de course automobile, la Targa Florio était une fête populaire de première classe. Ici dominèrent le plus souvent des pilotes italiens sur des voitures italiennes. Que souhaiter de plus ? Andrea de Adamich dirige ici son Alfa Roméo Tipo 33/3 à travers un village sicilien. En 1970, cela ne fut pas encore suffisant pour une victoire mais en 1971 Alfa Roméo put fêter ici une double victoire avec cette voiture.

Tour de France *1971*

Lors du très populaire Tour de France automobile, durant une semaine les pilotes se rendaient sur presque tous les circuits, grands ou petits, et des courses étaient organisées. La photographie ci-dessous montre la ligne de départ très diversifiée sur le circuit Paul Ricard au Castellet. Les deux Matra 650 de Bernhard Fiorentino et Gérard Larrousse sont en pole position. Au milieu un modèle rare attend le départ : une Ford GT70 pilotée par François Mazet. Un départ encore plus impressionnant était réservé aux voitures sportives.

Ford Capri RS *1971*

Ford Europe participait au Tour de France automobile avec cette Ford Capri RS dotée d'un moteur à injection V6 2,9 l. Dieter Glemser disposait d'au moins 280 ch. En 1971, l'Allemand de Stuttgart remporta aussi le Championnat d'Europe des voitures de tourisme jusqu'à 2 000 cm³ avec cette voiture de tourisme ayant connu de nombreux succès. Les Ford Capri étaient construites en Angleterre avec des moteurs V8 Ford. La motorisation de 375 ch provenait de la Mustang Shelby GT. Le pilote de Ford Capri le plus célèbre fut Jackie Stewart, double champion du monde.

Domination Porsche *1971*

Bien que Ferrari, Alfa Roméo, Matra et Ligier aient fait de nombreux efforts, le vainqueur de 1971 et 1972 fut évident dès le départ : la Porsche 917 était presque imbattable. En réaction à cela, la FIA réfléchit dès 1971 à une modification du règlement : elle limita la cylindrée des voitures de course à 3 l alors que jusqu'ici elle autorisait 5 l. La Porsche 917 et la Ferrari 512 M, voitures de course 5 l, furent donc envoyées à la retraite par la FIA en 1973. La photographie montre le départ des 24Heures du Mans. Gijs van Lennep et Helmut Marko remportèrent la course sur la Porsche 917 KH avec une moyenne fantastique de 222,3 km/h. Ils parcoururent 5 335,16 km en 24 heures.

Porsche 917 KH *1971*

La FIA considérait l'avenir du Championnat du monde des constructeurs menacé par la suprématie de la Porsche 917. Comme meilleure solution, les stratèges parisiens de la course automobile créèrent la nouvelle formule 3 l. La photographie ci-dessous montre Pedro Rodriguez dans la Porsche John Wyer lors des 1 000 km de Brands Hatch. Jacky Ickx et son camarade d'écurie Clay Regazzoni prirent la deuxième place derrière la Porsche 917 KH courte.

Porsche 917 LH *1971*

La vitesse la plus élevée officiellement enregistrée à ce jour sur un circuit européen est détenue par cette Porsche 917 longue queue lors des 24 Heures du Mans. Les chronométreurs enregistrèrent 387 km/h pour ce 12 cylindres de 600 ch. Cependant, cela ne fut pas suffisant pour la victoire. Pour la troisième fois c'est une Porsche 917 courte qui remporta la course.

Ferrari 512 M *1971*

Avec l'entrée de Fiat chez Ferrari, certaines choses importantes changèrent. Jusqu'ici seule la Scuderia Ferrari disposait des dernières voitures de course et des prototypes. Les clients se voyaient proposé des voiture de sport un peu moins puissantes mais très fiables. Désormais, avec Fiat dans les coulisses, des écuries de course privées pouvaient profiter du « matériel » le plus récent.

McLaren M20 CanAm *1972*

L'inoubliable Bruce McLaren ne s'engagea pas seulement dans la Formule 1 avec ses propres voitures de course. Il accordait tout autant d'importance aux courses CanAm car cela permettait de faire gagner de l'argent à son entreprise en plein essor. La Formule 1 était à l'époque une entreprise subventionnée. Bruce McLaren mourut d'un accident en juin 1971 lors d'un essai avec sa voiture CanAm à Goodwood. La photographie montre le pilote de son écurie, le champion du monde de Formule 1 Dennis Hulme sur sa McLaren M20. Cette voiture du groupe 7 était équipée d'un moteur V8 Chevrolet de 680 ch. Hulme remporta deux fois le CanAm et Bruce McLaren une fois.

Courses CanAm *1972*

Les organisateurs du Championnat américano-canadien ne limitèrent jamais la cylindrée. En effet, depuis 1965 on peut y courir avec des voitures de course décapotables ou fermées disposant de deux sièges et d'une cylindrée aussi puissante qu'on le désire. Une formule idéale du point de vue des préparateurs. Étaient demandés des bolides V8 aussi puissants que possible, disposant d'une accélération brutale et d'une vitesse en virage aussi élevée que faire se peut. Pour cette tâche, McLaren, Chaparral, March, Lola, UOP-Shadow, Royale mais aussi Ferrari, Alfa Roméo et Porsche développèrent de véritables monstres de puissance. La photographie montre le tour de chauffe de la Riverside CanAm de 1972. Devant deux Porsche blanches 917-10 Spyder, à droite une McLaren M20.

UOP Shadow CanAm *1972*

Le châssis monocoque était en plaques d'aluminium rivetées. Le moteur V8 Chevrolet était positionné au centre ; les freins à disque de l'arrière disposés à l'intérieur. Cette voiture CanAm passait de 0 à 100 km/h en moins de trois secondes ; sa vitesse de pointe était de 360 km/h. Prête pour la course, cette UOP Shadow ne pesait que 700 kg.

Ferrari 512 M CanAm *1972*

Officiellement, la Scuderia Ferrari participa à très peu de courses CanAm avec un spyder décapotable de type 350 CanAm et 612 CanAm. Le meilleur résultat fut la quatrième place de Mario Andretti en 1971 à Watkins Glen. La photographie montre l'ingénieur des tests Ferrari et spécialiste de l'endurance Mike Parkes lors de la CanAm de Riverside en 1972. Le moteur V12 de 5 l issu du Championnat du monde des voitures de sport, est ici remplacé par un gros V12 de 6 222 cm³ développant 660 ch. Une entreprise vouée à l'échec malgré tous les efforts.

Porsche 917/10 CanAm *1972*

En 1972, Porsche appuya réellement sur l'accélérateur dans la CanAm. Le studieux département des courses parvint enfin à faire fonctionner la suralimentation par turbo exigeante en chevaux. La célèbre dépression du turbo fut presque éliminée avec ce 12 cylindres développant 900 ch. Soudain les McLaren M20, jusqu'ici dominantes, se virent sérieusement menacées par l'outsider souabe. Le chef des courses Roger Penske fit prendre le départ de la CanAm de Riverside à cette 917/10 encore améliorée. George Follmer, ici sur la photographie, gagna la course. La première McLaren de Peter Revson arriva seulement à la troisième place.

Porsche 917/10 CanAm *1972*

Dès 1969 le Suisse Jo Siffert engagea une Porsche 917 Spyder privée dans les très lucratives courses CanAm. Ses meilleurs classements furent une troisième, deux quatrième et une cinquième places. Willibald Kauhsen osa lui aussi franchir le ruisseau en 1972. Sa Porsche jaune 917/10 fut également engagée avec succès dans l'Interserie, la version européenne de la CanAm. Willibald Kauhsen fit une course très honorable parmi les 34 voitures sur la ligne de départ de la CanAm de Riverside, mais par rapport à la Porsche 917/10 d'usine pilotée par l'équipe LM Racing de Roger Penske, il n'avait pas de véritable chance de victoire.

Porsche 917/30 CanAm *1973*

Cette Porsche 917/30 développant 1 200 ch était considérée comme la voiture de course la plus puissante ayant jusqu'ici remporté des victoires sur un circuit. Mark Donohue fut le vainqueur éclatant de la CanAm en 1972 et 1973 avec cette Porsche soutenue par l'usine. La cylindrée s'élevait à 5 374 cm³ mais les deux turbocompresseurs KKK boostaient le 12 cylindres. Avec ce projectile, Donohue battit le record du tour de circuit. a vitesse de pointe était de 385 km/h. Pour Porsche, la saison 1973 signifia la fin de ses activités CanAm couronnées de succès. Les organisateurs modifièrent le règlement en faveur des moteurs V8 américains non suralimentés. Ainsi, les Porsche 917 et leurs moteurs 12 cylindres ne pouvaient plus prendre le départ.

Ferrari 312 PB 1972

Dans le Championnat du monde des constructeurs, une certaine perplexité régna en 1972 : la nouvelle réglementation serait-elle payante pour les organisateurs, les spectateurs et les écuries ? À la place des voitures de sport de 5 l comme la Porsche 917, la Ferrari 512 ou la Ford GT40, seules les voitures de course de 3 l maximum pouvaient prendre le départ. La photographie montre le pilote d'usine de Ferrari, Jacky Ickx lors des 1 000 km de Barnds Hatch (Angleterre). Un moteur à plat 12 cylindres développant 450 ch issu de la Formule 1 se chargeait de la propulsion. En 1972, Ferrari gagna ses dix courses et s'assura ainsi le titre de champion du monde des constructeurs devant Alfa Roméo.

Matra MS670 Le Mans 1973

Enfin ! Après trois vaines tentatives, Matra remporta les 24 Heures du Mans en 1972 et 1973. Les spectateurs enthousiastes fêtèrent Gérard Larrousse et Henri Pescarolo. Leur Matra Spyder bleue tint les 24 Heures bien que le moteur 12 cylindres Matra de 2 997 cm³ tire ses origines de la Formule 1. Dans la ligne droite de Mulsanne cette voiture de course de 3 l roulait à 345 km/h. Une véritable performance pour cette Française de 650 kg.

Alfa Romeo Tipo 33TT12 *1973*

En 1973, Matra remporta le Championnat du monde des constructeurs devant Alfa Roméo. Le vainqueur de l'année précédente, Ferrari, fut victime d'accidents et de problèmes techniques et Porsche ne soutenait plus que ses pilotes privés. Le pilote d'usine d'Alfa Roméo, Rolf Stommelen, ici sur la photographie, conduisit souvent la nouvelle Alfa Roméo Tipo 33TT12 (« *Telaio Tubolare* », le châssis était en tubes d'aluminium), en tête, mais ce n'est qu'en 1975 qu'il réussit le grand coup : champion du monde des constructeurs avec la Tipo 33TT12. Elle est équipée d'un 12 cylindres à plat de 2 995 cm³ développant 500 ch à 11 000 tr/min. Son poids était d'environ 670 kg.

Gulf-Mirage M6 Ford *1973*

Peu d'écuries de course pouvaient se mesurer à l'équipe de John Wyer. Les trois victoires du Mans avec la Ford GT40 et la Porsche 917 étaient encore dans toutes les mémoires en 1973. John Wyer dut s'adapter à la nouvelle réglementation limitant la cylindrée à 3 l. Il chargea Len Bailey de construire un spyder particulièrement compact qui devait fonctionner avec un moteur V8 Ford-Cosworth-DFV développant 445 ch. Une entreprise risquée puisque jusqu'ici Cosworth ne fournissait que des écuries de Formule 1 avec ce moteur. Lors des 1 000 km de Spa, Derk Bell, ici sur la photographie, remporta la première et unique victoire importante de cette voiture.

Ligier JS2 Maserati *1973*

L'ancien pilote de Formule 1 Guy Ligier était un ami intime de Jo Schlesser qui avait trouvé la mort dans une Formule 1 Honda. C'est à sa mémoire que Guy Ligier donna à ses véhicules de course les initiales JS (Jo Schlesser). Avec Gérard Larrousse au volant, les Ligier JS2 remportèrent plusieurs victoires dans la catégorie des voitures de course 3 l, bien que le moteur V6 Maserati de 2 965 cm³ ne développât qu'environ 250 ch à 7 500 tr/min sur ce modèle. La vitesse de pointe était de 246 km/h. La photographie fut prise lors du Tour de France automobile de 1973.

Lola T282 Ford *1973*

L'entreprise britannique Lola Cars fabriquait déjà dans les années 1960 une multitude de modèles différents allant de la peu coûteuse Formule Ford à la voiture de course Lola T70. La photographie montre la nouvelle voiture de sport 3 l du Suédois Reine Wisell lors des 1 000 km de Dijon en 1973. Dans ce spyder compact au châssis monocoque est installé un moteur V8 Ford-Cosworth-DFV issu de la Formule 1. Puissance de 445 ch, vitesse de pointe de 235 km/h lors de cette course.

Lancia Stratos *1973*

La déjà légendaire Lancia Stratos remporta non seulement trois fois le Championnat du monde des rallyes mais participa également à d'importantes courses de voitures de sport. La photographie montre le multiple vainqueur du Rallye de Monte Carlo, Sandro Munari, lors du Tour de France automobile de 1973. À l'arrière tourne un moteur V6 Dino Ferrari de 2 418 cm³ développant 200 ch.

BMW 3,5 CSL *1973*

Hans Stuck junior ne s'est pas privé de participer aux 24 Heures du Mans en 1973, comme on peut le voir sur cette photographie. Avec la disparition des voitures 5 l, il y avait désormais de la place pour les rapides voitures de tourisme et de grand tourisme. Lors des 9 Heures de Kyalami (Afrique du Sud) Stuck arriva à la septième place du classement général avec cette BMW six cylindres de 400 ch. Sur la plus longue transmission du circuit du Mans Stuck roula à 270 km/h.

Nissan Fairlady 240Z *1973*

En Europe, cette belle Japonaise était utilisée dans les rallyes et les courses comme la Datsun 240Z. Les exemplaires les plus rapides roulaient en Amérique, au Japon et en Australie. Lors des 9 Heures de Kyalami (Afrique du Sud), Kunimitsu Takahashi prit la quatrième place dans la catégorie prototypes derrière la Porsche 980/03 de Reinhold Jöst et la Gulf Mirage de Derek Bell et la Chevron B23 Ford de John Hine. Avec 260 ch, le moteur six cylindres en ligne de 2 400 à 2 900 cm³ arrivait aux limites de sa puissance.

Ferrari 365 GTB/4 Daytona *1973*

La Scuderia Ferrari se retira du Championnat du monde des constructeurs en 1973 en tant qu'écurie d'usine. Au lieu des voitures de course 5 l roulant à 360 km/h de type 512 M ou Porsche 917, désormais seules les voitures GT pouvaient sauver l'honneur. Contre tout attente, cela réussit en partie. La Ferrari 365 GTB/4 remporta la catégorie GT presque pour son plaisir. La photographie montre le Français Claude Ballot-Léna lors des 24 heures du Mans. La vitesse de pointe fut alors de 275 km/h.

De Tomaso Pantera *1973*

Jean Vinatier mit en piste la De Tomaso appartenant au groupe 3. Pour ces voitures Gran Turismo proches de la série, un minimum de 1 000 exemplaires était exigé. Il n'y avait pas beaucoup d'amateurs, ni parmi les spectateurs, ni parmi les organisateurs. Les données techniques : moteur V8 Ford de 5 763 cm³ trafiqué à 300 ch par De Tomaso, lubrification par carter sec, vitesse de pointe 260 km/h. En 1973 la De Tomaso Pantera se vendait 25 500 euros.

Porsche 911 Carrera RSR *1973*

Une victoire surprise revint à Gijs van Lennep et Herbert Müller sur cette Porsche lors de la Targa Florio de 1973. Suite à l'abandon des Ferrari 312 PB et Alfa Roméo 33TT12 ou à leur échec en raison de problèmes techniques ou d'accidents, l'heure de gloire de l'équipe Martini avait sonné. Mais après cette victoire, la Targa Florio ne compta plus pour le Championnat du monde. De trop nombreux accidents avaient ruiné la réputation de cette course. Avec 330 ch, cette 911 dotée d'un moteur six cylindres à plat et 2 992 cm³ roula à 280 km/h sur la ligne droite de Mulsanne sur le circuit du Mans. C'était la première Porsche 911 équipée d'un turbo.

Alpine Renault A441 *1974*

En 1972, Renault avait mis au point avec Peugeot et Volvo un moteur V6 pour les modèles de série qui, une fois préparé, apporta aussi des victoires en course. Dans l'Alpine Spyder, le moteur 2 l délivrait 220 ch. La photographie montre Gérard Larrousse lors du Trophée d'Auvergne long de 300 km se déroulant sur l'ancien circuit de Grand Prix de Clermont-Ferrand. Alpine Renault enregistra une double victoire devant la première Chevron B26 équipée d'un moteur Ford Cosworth BDA. La course comptait pour les championnats du monde des constructeurs pour les voitures de sport de 2 l.

Matra MS670 B *1974*

Une image rare d'un atelier de course secret. L'entreprise française Matra participa longtemps aux courses de Grands Prix et de voitures de sport. En 1972 et 1973, la Matra 12 cylindres remporta les 24 Heures du Mans avec le modèle précédent : la Matra 670. La photographie montre une partie de l'atelier de course. Deux MS670 B étaient préparées pour le Tour de France automobile. À l'arrière fonctionnait un moteur V12 Matra ayant 3 l de cylindrée. Sans carburant, ce spyder compact pesait seulement 670 kg.

Toy SS02-BMW *1974*

Une voiture de sport 2 l très prometteuse fut mise au point par le designer allemand Achim Storz pour le sous-directeur de la brasserie Warsteiner Brauerei. L'écurie Toy Obermoser misa entre autres sur le pilote Lotus de Formule 1 Dave Walker et sur Harald Ertl. Cependant, le moteur Schnitzer quatre cylindres de BMW n'atteignait pas tout à fait la puissance des moteurs de course Renault V6, Ford Cosworth FVC ou Ford BDA/Hart L4 quatre cylindres.

Lancia Stratos Turbo *1976*

Dans le Championnat du monde des voitures de course du groupe 5 (Silhouette-Car-Formel), Lancia engagea deux prototypes de la Lancia Stratos Turbo construits par Bertone qui firent sensation. Sur la photographie, la voiture de Vittorio Brambilla brûle durant les essais pour les 6 Heures d'Autriche. Brambilla ne fut pas blessé par cet incident caractéristique des turbo-compresseurs de l'époque et dû à une surchauffe du compresseur KKK dans l'étroit compartiment moteur. Avec 560 ch, le moteur V6 Ferrari Dino était puissant et désormais suffisamment fiable pour remporter le Giro automobile en 1977.

Porsche 936/76 *1976*

Porsche se concentra en 1974 et 1975 sur l'évolution de la 911 pour ses clients passionnés de course automobile. En 1976, Porsche revint dans toutes les courses d'endurance avec son nouveau spyder et remporta le Championnat du monde ainsi que les 24 Heures du Mans face à une concurrence importante de six Renault, Matra et autres équipes. Ci-contre, on voit le vainqueur du Mans Jacky Ickx sur une Porsche 936/76 Martini couleur blanche ; derrière lui une Renault V6 est à l'affût. Les données techniques de la Porsche 936/76 turbo : 2 142 cm³, six cylindres à plat, 540 ch. Vitesse de pointe 360 km/h. Ce modèle remporta à nouveau les 24 Heures du Mans en 1977.

De Cadenet Lola T380 LM *1976*

Chris Craft conduisit cette voiture de course 3 l lors des 24 Heures du Mans. Le châssis monocoque est fournit par Lola, le moteur par Ford Cosworth. La De Cadenet fut dotée d'un moteur de Formule 1 « dégraissé » à 398 ch qui donnait sa pleine puissance à 9 500 tr/min. Le poids à vide était de seulement 715 kg. La Vitesse de pointe était de 335 km/h sur la ligne droite de Mulsanne. La voiture manquait encore de stabilité mais cela fut vite modifié.

Inaltera GT *1976*

En 1975, c'est une Gulf Mirage 3 l qui remporta les 24 Heures du Mans. Le même moteur V8 Ford Cosworth équipait ce coupé français Inaltera GT. Jean Rondeau conçut cette rapide voiture de course du groupe 6. Jean-Pierre Beltoise et Henri Pescarolo s'assirent à tour de rôle derrière le volant. Elle remporta le classement GTP en 1976 et prit une quatrième place au classement général en 1977. Face à la Porsche 936 turbo aux nombreuses victoires, cette voiture n'avait toutefois pas de véritable chance de première place. Son poids s'élevait à 815 kg et sa puissance à 415 ch à 9 000 tr/min.

Mirage Renault M9 *1978*

En 1978, Renault ne s'engagea pas seulement aux 24 Heures du Mans avec ses propres voitures d'usine. À la place des moteurs V8 à aspiration Ford Cosworth utilisés jusqu'ici, l'équipe Mirage eut à sa disposition les derniers moteurs turbo V6 issus de la Formule 1 : moteur V6 2 l développant 510 ch. Vitesse de pointe de 340 km/h. La photographie montre Jacques Lafitte sur la plus rapide Mirage Renault M9. Après 24 heures c'est la Renault d'usine de Jean-Pierre Jaussaud et Didier Pironi sur une Renault A442 B qui gagna devant une Porsche 936/78.

Mirage Ford *1976*

Dans le groupe 6 des voitures de course biplaces les plus importantes écuries suivantes prirent le départ : Porsche 936 Turbo Spyder, Alpine Renault A442 V6, Alfa Roméo 33SC12 et une multitude d'équipes françaises et anglaises qui équipèrent leurs spyders, le plus souvent décapotables, d'un moteur V8 Ford Cosworth issu de la Formule 1. Cette Mirage avec Derek Bell au volant fut la plus rapide. Derek Bell et Jacky Ickx remportèrent le classement général en 1975 avec ce modèle. Toutefois, ils couraient sous les couleurs de l'équipe Gulf Mirage de John Wyer.

Ferrari 512 BB *1978*

Bien qu'à la fin des années 1970 Ferrari soit engagé uniquement dans la Formule 1, des écuries privées de renom avaient le soutien du savoir-faire technique. La photographie montre Jean-Claude Andruet en 1978 durant les 24 Heures du Mans. La nouvelle Ferrari 512 BB disposait d'un moteur central 12 cylindres dopé à 390 ch pour une cylindrée de 4 942 cm^3. Le vainqueur du rallye de Monte Carlo Jean-Claude Andruet et son camarade d'écurie Spartaco Dini remportèrent le classement GT du Championnat du monde des constructeurs.

Porsche 935/78 *1978*

Porsche, Renault et d'autres écuries maîtrisèrent tellement bien la compression par turbo que même un engagement dans une course de 24 Heures était réalisable. Dans ce groupe 5, Porsche installa un moteur turbo six cylindres de 2 294 cm³ développant jusqu'à 675 ch. Cette puissance surprenante était atteinte à 8 000 tr/min. La vitesse de pointe s'éleva à 350 km/h lors des 24 Heures du Mans de 1978. La photographie fut prise lors des 6 Heures de Silverstone en 1978. Jochen Mass et Jacky Ickx pilotaient cette 935/78. En 1979, c'est Klaus Ludwig et les frères Wittington qui remportèrent les 24 Heures du Mans sur cette Porsche 935.

Rondeau 379 *1979*

La Rondeau fut mise au point sur la base de l'Inaltera GT des années précédentes. Jean Rondeau et Jean-Pierre Jaussaud prirent la première place au classement général des 24 Heures du Mans. Un grand succès après les nombreuses déceptions des années antérieures où des problèmes techniques souvent minimes empêchèrent la victoire. Ce fut la preuve qu'une motorisation de Formule 1 pouvait gagner une course de 24 heures. La Rondeau était alimentée par un moteur Ford Cosworth DFV de 2 998 cm³ de cylindrée. Vitesse de pointe environ 360 km/h.

Dome Zero RL *1979*

L'entreprise japonaise Dome Co Ltd. engagea deux coupés de course lors des 24 Heures du Mans de 1979 et 1980. Le chef de l'entreprise, Minoru Hayashi mit au volant deux spécialistes anglais des courses d'endurance : Chris Craft et Gordon Spice. Un moteur Ford Cosworth DFV de 415 ch ne résista pas à la fatigue et contribua à une casse de la tête de cylindre. La deuxième voiture échoua à cause d'une pompe d'alimentation défectueuse.

Lancia Beta Montecarlo *1979*

Le champion du monde de rallye Walter Röhrl et le pilote de Formule 1 Riccardo Patrese pilotèrent cette Lancia « Silhouette » lors des 6 Heures de Brands Hatch en 1979. Seule la forme de la caisse rappelle un peu les voitures de série qui purent remporter le Championnat du monde des rallyes. Cette version allongée était équipée d'un moteur turbo quatre cylindres de 1 425 cm³ atteignant 490 ch à 8 500 tr/min. En 1980 et 1981, ce super prototype du groupe 5 fut champion du monde dans la catégorie des moins de 2 000 cm³.

Lola T294-BMW *1979*

Helmut Bross remporta en 1977 le Championnat Interseries âprement disputé sur sa Lola T292 et la Lola T294-BWM encore améliorée. Contrairement aux concurrents de sa catégorie, Bross misa sur un moteur BMW quatre cylindres parfaitement préparé, au lieu des quatre cylindres très prisés de Ford Cosworth BDA ou de Brian Hart. Pour une cylindrée de 2 l, le moteur BMW développait 280 ch et avait une vitesse de pointe de 320 km/h sur la transmission longue. Ce coupé aux belles formes fut utilisé dans les courses internationales jusqu'en 1979.

BMW M1 Procar *1980*

Le modèle de course parmi les plus coûteux pour BMW fut la série Procar. Ici des pilotes de Formule 1 de réputation internationale tels que Niki Lauda, Nelson Piquet ou Ronnie Peterson affrontèrent des stars des voitures de tourisme tels que Dieter Quester ou Hans Stuck Jr. Sur cette photographie, avec au moins 500 ch sous le capot, Hans Stuck Jr. tient provisoirement Niki Lauda en respect. Une version turbo du moteur six cylindres de 3,5 l entra même dans le groupe 5 (« Catégorie Silhouette ») avec une puissance de 800 ch.

Volkswagen Ford Cosworth V8

1980

Une des catégories de course la plus intéressante était le groupe 5 ou formule Silhouette crée en 1976. Ici, les carrosseries de série d'origine devaient encore être reconnaissables mais sous la forme en plastic des centaines de chevaux se déchaînaient, comme dans cet exemplaire britannique. Un moteur de Formule 1 bien alimenté fait rouler cette Coccinelle à 270 km/h. Les voitures de la catégorie Silhouette sont encore de nos jours sur la ligne de départ au Japon et en Amérique du Sud. Elles sont considérées là-bas comme la catégorie la plus populaire, surtout en raison du nombre de participants. Toutes les entreprises automobiles connues participent, directement ou indirectement par le biais d'équipes soutenues par l'usine, à ces courses.

Volkswagen Ford Cosworth V8 *1980*

La vue sous le capot de cette Coccinelle montre bien une technique de Formule 1 des plus pointues. Les 430 ch sont énormes et les pneus lisses de Formule 1 ont une largeur appropriée. Aux États-Unis, en Australie et en Afrique du Sud les spectateurs des courses Silhouette ont vraiment droit à un beau spectacle. Cette Coccinelle VW de 830 kg passe de 0 à 100 km/h en seulement 3,7 secondes.

Mazda Silhouette *1980*

Le groupe 5 offre des conditions idéales pour les préparations importantes. Ici, un moteur Wankel double rotor de 350 ch doté d'un turbocompresseur est installé sous le capot. Avec une vitesse de pointe de 250 km/h cette Japonaise compacte s'est révélée être la terreur des courses britanniques.

Ford Escort Silhouette *1980*

Large, puissante et rapide. C'est sous cette devise que les pilotes de la Ford Escort Silhouette donnent le ton en Angleterre et en Europe continentale dans la catégorie jusqu'à 2 000 cm^3. Dans cet exemplaire britannique, le moteur turbo de 1,4 l développait 380 ch. Le même moteur de course Ford était utilisé en Allemagne pour les voitures d'usine de type Capri du groupe 5. La vitesse de pointe pour les plus longs rapports était de 270 km/h.

Holden Commodore V8 *1981*

Holden, filiale australienne de GM, s'est fortement engagée dans les courses du groupe 5 en Australie. Les compétitions entre les véhicules Silhouette européens, australiens et américains n'avaient hélas pas lieu car les réglementations se différenciaient beaucoup les unes par rapport aux autres et il n'existait pas d'égalité des chances. Avec 480 ch, cette Holden Commodore était puissamment motorisée avec un moteur V8 Buick et 5 600 cm^3 de cylindrée.

Nissan Skyline Turbo *1983*

Dans la partie orientale de notre globe terrestre de nombreuses voitures de course valant la peine d'être vues furent construites dans les années 1980. La photographie ci-dessus montre le coupé course Nissan Skyline du groupe 5, Silhouette, qui remporta de nombreuses victoires. Il était équipé d'un six cylindres turbo de 1 998 cm³, de quatre soupapes et développait plus de 300 ch.

Grid Girls *1985*

Parade des belles Grid Girls lors des 24 Heures du Mans. En 1985, plus d'une « coureuse de stands » s'est fait pincer avec une carte de presse. Aujourd'hui, les organisateurs se montrent protecteurs de la morale et ne se laissent plus aussi facilement berner par ces beautés. Dommage car les jeunes filles réjouissaient de nombreux photographes avec leurs hauts très ajustés et leurs longues jambes.

Porsche 956C *1985*

Une Porsche 956C domina encore une fois les 24 Heures du Mans. Cette fois Klaus Ludwig, Paolo Barilla et John Winter se partagèrent le cockpit de leur coupé version course roulant à 350 km/h. De 1982 à 1985, une Porsche 956C fut toujours la première à franchir la ligne d'arrivée bien que la concurrence ne fut pas des moindres. Le moteur biturbo six cylindres à plat de 2 869 cm³ développant jusqu'à 680 ch était prédestiné pour une augmentation de sa puissance.

Jaguar XJR-5 *1985*

C'est à l'Américain Bob Tullius qu'on doit le retour de Jaguar sur les circuits après 22 ans d'absence. Bob Tullius se fit construire cette voiture de course en 1983 pour la catégorie américaine IMSA GTP. Avec seulement quelques légères modifications, la Jaguar XJR-5 participa aux 24 Heures du Mans, comme le montre cette photographie de 1985. Cette Jaguar blanche remporta le Championnat des États-Unis ; aux 24 Heures du Mans Tullius abandonna à la quatorzième heure. Les données techniques : châssis monocoque en aluminium, moteur Jaguar douze cylindres de 5 955 cm³ et 650 ch à 7 500 tr/min. Poids 922 kg. Vitesse de pointe 350 km/h.

Jaguar XJR-6 *1985*

Tony Southgate mit au point en 1985 cette élégante Jaguar de course pour l'équipe soutenue par l'usine TWR de Tom Walkinshaw. En 1986, Jaguar remporta le Championnat du monde des constructeurs grâce à un total de huit victoires sur dix courses. La victoire aux 24 Heures du Mans revint néanmoins encore une fois à une Porsche 962C. Dans cette Jaguar XJR-6, le moteur 12 cylindres était passé à 6 219 cm³. La puissance était désormais de 660 ch et le poids avait été abaissé à 900 kg grâce à l'utilisation d'un châssis en fibre de carbone.

Porsche 962C *1985*

Les Porsche étaient presque imbattables quant à la fiabilité et la rapidité. Les Porsche 956/962 améliorées remportèrent encore une fois les 24 Heures du Mans de 1986 et 1987. La 962C vint au Mans avec un empattement légèrement plus long par rapport au modèle qui la précéda, la 956. La photographie montre la voiture victorieuse en 1986 et 1987. Derek Bell, Hans Stuck, Al Holbert et Jacky Ickx se placèrent en alternance derrière le volant. Puissance 680 ch, vitesse de pointe 350 km/h, six cylindres à plat de 2 869 cm^3 avec biturbocompresseur.

Lancia LC2/3 *1985*

Cette Lancia LC2 aux belles formes qui courut jusqu'en 1991, eut également un passé mouvementé. Tout d'abord le moteur turbo quatre cylindres 1,4 l fut prit sur la LC1. Un moteur puissant enclin à la défaillance du turbocompresseur en raison de problèmes de surchauffe dans l'étroit compartiment moteur. Puis le service des courses de Lancia se décida pour un moteur Ferrari (turbo V8 3 l) pouvant développer jusqu'à 800 ch et qui était donc bien plus puissant que les Porsche 962C avec environ 680 ch. En 1984, cette Lancia LC2/3 prit la huitième place aux 24 Heures du Mans. En 1985, la sixième et la septième places furent ses meilleures performance dans la course d'endurance la plus difficile d'Europe. Bob Wollek et Alessandro Nannini pilotèrent les LC2/3 les plus rapides.

Lancia LC1 *1985*

À partir de 1982 cette Lancia LC1 très stylée participa aux courses d'endurance dans le nouveau groupe 6. En 1980 et 1981, Lancia fut champion du monde des constructeurs avec la Beta Montecarlo. En raison d'une modification du règlement, les Lancia Beta ne purent plus prendre le départ. Lancia fit donc construire par Dallara ce Spyder disposant de la motorisation de la Lancia Beta Montecarlo : 1,4 l de cylindrée, moteur turbo quatre cylindres de 450 ch. De 1982 à 1985, la Lancia LC1 remporta des courses importantes mais la victoire ambitionnée au Mans ne vint pas.

Lancia ECV Prototype *1987*

Des modifications à court terme du règlement font partie intégrante des sports motorisés. Parfois, elles visent la sécurité, d'autres fois l'égalité des chances. Mais il y a toujours des gagnants et des perdants face aux nouvelles normes. C'est dans cet objectif que Lancia développa ce prototype qui était en premier lieu prévu comme une « arme » puissante pour le Championnat du monde des rallyes. En deuxième lieu, cette voiture de course au moteur central développant 300 ch devait aussi apporter des victoires dans les courses d'endurance. Mais rien n'en ressortit car la nouvelle réglementation du groupe S fut rayée sans substitut et la Lancia ECV disparut dans un musée. Ses données : 1 759 cm^3, moteur quatre cylindres biturbo de 600 ch, carrosserie en fibre de carbone, poids prête à courir : 930 kg.

Nissan GTP ZX Turbo *1988*

Entre 1985 et 1990 cette voiture de course créa des inquiétudes dans le camp Porsche car pour la première fois un concurrent japonais battait la 962C. La Nissan fut engagée dans la série IMSA GT américano-canadienne, une combinaison de courses de sprint et d'endurance de qualité. Une Lola T810 monocoque servit de base ; la motorisation fut fournie par un moteur V6 turbo trafiqué à 750 ch issu de la Nissan 300-ZX de série. Le pilote le plus victorieux fut Geoff Brabham qui en 1988 et 1989 remporta le titre de champion du monde et grâce à qui Nissan gagna le Championnat du monde des constructeurs devant Porsche en 1989.

Jaguar XJR-9LM *1988*

Le duel entre deux pilotes de tête ne laisse personne insensible. Sur sa Porsche 962C Hans Stuck pourchasse son collègue britannique Johnny Dumbries, à gauche sur la photographie, sur sa Jaguar un peu plus rapide. Cela se poursuivit tour après tour sur plus de 4 000 km. À la fin, le partenaire de Dumfries, Jan Lammers, sauva la victoire pour Jaguar alors qu'il ne pouvait rouler qu'en quatrième durant les derniers tours. Lors de cette course palpitante Jaguar engagea son moteur V12 de 7 l de cylindrée et 720 ch. En 1988, Jaguar remporta également le Championnat du monde des constructeurs avec huit victoires en dix courses.

24 Heures du Mans *1988*

Après le lent tour de chauffe, les voitures de course se présentent sur la ligne de départ. Les meilleurs temps aux qualifications furent réalisés par trois Porsche 962 d'usine jaune et rouge devant deux Jaguar XJR-9. À l'arrivée les Jaguar britanniques furent devant.

Jaguar XJR-9LM *1988*

Avec pas moins de cinq voitures d'usine, Jaguar fit une forte impression lors des 24 Heures du Mans de 1988. La photographie montre le châssis à l'aspect trapu en kevlar et fibres de carbone. Le moteur V12 de 720 ch est placé à l'arrière. Les disques des freins sont en carbone, la boîte cinq vitesses Marck/TWR est en magnésium et en titane, la suspension arrière en tubes de magnésium et les amortisseurs en titane. Prête pour la course, la voiture pèse 900 kg. Vitesse de pointe 360 km/h.

Sauber Mercedes C9 *1988*

Mercedes-Benz soutint l'écurie suisse de Peter Sauber à partir de 1987 avec son savoir-faire technique et ses V8 de course mis au point sur la base du moteur de série M117. La photographie montre la Sauber Mercedes noire luttant avec une des Jaguar d'usine et une Cougar. En 1988 cela ne fut pas encore suffisant pour la victoire mais permit d'accéder à de très bonnes places dans d'autres courses d'endurance. Un moteur V8 de 4 973 cm³ développant 720 ch à 7 000 tr/min est installé sous le capot. Le châssis est encore un monocoque en plaque d'aluminium. En 1989, le groupe de Stuttgart entra officiellement dans le Championnat du monde des constructeurs.

Nissan R88C *1988*

Avec Nissan, Mazda et Toyota, tous les grands constructeurs automobiles japonais, excepté Honda, participaient aux courses automobiles aux États-Unis ou en Europe. La photographie montre la Nissan R88C de Win Percy lors des 24 Heures du Mans. Cette voiture abandonna durant cette course. En revanche, aux États-Unis, les Nissan R88C remportèrent des courses IMSA GT très disputées. Porsche devança Nissan d'un point dans le Championnat des constructeurs IMSA.

Aston Martin AMR1 *1989*

L'ancienne star de la Porsche 917, Brian Redman pilote ici la nouvelle Aston Martin AMR1 sur la piste du Mans. Aston martin était à la fin des années 1980 un constructeur de voitures de course ayant certes une riche histoire dans le monde des courses automobiles mais plutôt peu d'argent dans les caisses. Toutefois, la direction de l'entreprise osa revenir sur les 24 Heures du Mans. On ne pouvait pas être satisfait d'une onzième place, mais la quatrième place lors des 1 000 km de Brands Hatch montra le potentiel que recelait cette voiture : moteur Callaway V8 6,3 l d'Aston Martin développant 700 ch, poids 906 kg, vitesse de pointe 350 km/h ; Ford reprit l'entreprise fin 1989 et mit fin aux activités sportives d'Aston Martin qui avaient débutées de façon optimiste.

24 Heures du Mans *1989*

Lors du départ des 24 Heures du Mans, aucun spectateur ne peut rester assis. En première ligne deux des nouvelles Sauber Mercedes d'usine type C9. Jochen Mass, Manuel Reuter et Stanley Dickens remportèrent cette course, la plus importante de la saison, face aux voitures d'usine d'Aston Martin, Jaguar, Mazda, Nissan, Toyota et aux nombreuses Porsche 962C privées. Cet excellent engagement se termina par une double victoire pour l'équipe Sauber Mercedes.

Sauber Mercedes C9 *1989*

Les 24 Heures du Mans sont la course la plus importante de la saison mais des points pour le Championnat du monde des constructeurs sont également attribués lors de courses moins célèbres, comme ici les 480 km de Suzuka au Japon. La photographie montre l'Anglais Kenneth Acheson lors des essais. Il prit la deuxième place de cette course. En 1989 son camarade d'écurie Jean-Louis Schlesser remporta le Championnat des pilotes pour l'équipe Sauber Mercedes.

Sauber Mercedes C9 *1989*

Avec 720 ch, le moteur V8 biturbo Mercedes était bien alimenté. La technique des quatre soupapes était une des conditions pour un nombre de tours plus élevé et plus de puissance. En 1990 la puissance dépassa les 730 ch, les informations officielles communiquées par Mercedes-Benz restant modestes. Dans la pratique des courses, ce moteur était quasiment imbattable lors des brèves courses de sprint.

Mazda 767B *1989*

Qui ne risque rien n'a rien. Mazda est à ce jour le seul grand constructeur au monde de moteurs Wankel. Le constructeur japonais engagea pour la première fois deux voitures de course à moteur Wankel lors des 24 Heures du Mans de 1989. Elles arrivèrent toutes les deux et surprirent alors les spécialistes avec une septième place au classement général et une première place dans leur catégorie. Deux ans plus tard, Mazda amena son coupé Wankel à la première place du classement général. Un succès vraiment sensationnel.

Toyota 90 CV *1990*

Départ de la course d'endurance de Suzuka. La course comptait à l'époque pour le Championnat du monde des constructeurs. En première ligne se trouve Geoff Lees sur sa Toyota 90 CV bleu et blanche devant son camarade d'écurie Roland Ratzenberger. À gauche, les deux Jaguar XJR-12 et à droite, la première Nissan R90CK. Une Sauber Mercedes C11 argentée est à la septième place ici mais fut la première à l'arrivée.

24 Heures du Mans *1990*

Depuis 1923 aux 24 Heures du Mans règne un mélange de course de très haut niveau et d'ambiance de fête populaire. Jusqu'à 400 000 visiteurs suivent cette course chaque année. C'est la course préférée des aficionados français.

Toyota 90 CV *1990*

C'est encore avec beaucoup de retenue qu'au début des années 1990 Toyota s'engagea dans le sport automobile international. Le pilote autrichien de Grand Prix Roland Ratzenberger fut le pilote Toyota le plus rapide lors de la course d'endurance de Suzuka. Un moteur V8 turbo Toyota Supra tournait sous le capot. Cylindrée 3 600 cm³ et une puissance d'environ 600 ch.

Nissan R90CK *1990*

Avec pas moins de sept voitures au départ, Nissan pouvait espérer une victoire aux 24 Heures du Mans. Lors des courses américaines, la nouvelle Nissan R90CK était le véhicule le plus rapide sur la piste et lors des qualifications pour les 24 Heures du Mans, Mark Blundell arriva avec 6 secondes d'avance sur la Porsche qui prit la deuxième place de la pole position. À la troisième place, on trouvait à nouveau une Nissan R90CK. Mais ce n'est qu'à la fin qu'on fait les comptes et finalement c'est Jaguar qui gagna avec la XJR-12. La meilleure Nissan dut se contenter de la cinquième place.

Nissan R90CK *1990*

En collaboration avec Lola, le service compétition de Nissan mit au point la R90CK pour les courses du Championnat du monde des constructeurs et pour celles du IMSA GTP américain. Lors des entraînements aux courses d'endurance, le moteur V8 de 3 486 cm^3 développait 840 ch à 7 600 tr/min. Pour des tours de qualification rapides, la pression d'admission des deux turbocompresseurs refroidis à l'eau était augmentée. Cela permettait de disposer de 1 200 ch. Sur le circuit de test de Nissan dans l'Arizona, la Nissan R90CP presque identique atteignit les 396 km/h. Sur le circuit du Mans on mesura 366 km/h.

Sauber-Mercedes C11 *1990*

La voiture de sport ayant remporté le plus de victoires durant la saison 1990 fut la Sauber Mercedes C11. La C11 se différencie peu visuellement de son prédécesseur tout aussi victorieux, la C9. Sous la caisse argentée se cache un châssis Sauber renforcé par de la fibre de carbone et un moteur V8 de 4 973 cm^3 encore plus préparé développant 730 ch à 7 000 tr/min. La vitesse de pointe aurait approché les 400 km/h. La photographie montre Karl Wendlinger en 1990 lors des 1 000 km de Monza.

Peugeot 905 LM *1990*

C'est Peugeot qui fit prendre le départ à la voiture de course la plus extrême. Sous la carrosserie se cachait la technique la plus moderne et sans compromis de la Formule 1. Le moteur V10 issu de la Formule 1 avait une cylindrée de 3 499 cm^3 et développait 650 ch à 12 500 tr/min. L'ancien champion du monde Keke Rosberg et Jean-Pierre Jabouille conduisirent cette voiture en pole position. Toutefois ce n'est qu'en 1992 et 1993 que Peugeot put gagner les 24 Heures du Mans avec cette voiture. La photographie montre Keke Rosberg en 1990 lors de la course d'endurance de Mosport au Canada.

Jaguar XJR-12 *1990*

Martin Brundle, Price Cobb et John Nielsen remportèrent les 24 Heures du Mans sur leur Jaguar XJR-12. Les Sauber Mercedes C9 et C11, pourtant largement favorites, ne purent pas faire leurs preuves cette fois-ci. Ce fut la dernière grande victoire de la voiture de sport 12 cylindres de Jaguar.

Sauber Mercedes C291 *1991*

Les règles changent presque à chaque 24 Heures du Mans, ce qui irrite au plus haut point les écuries et les spectateurs. Car de nouvelles règles coûtent de l'argent et cela se voit finalement sur la ligne de départ de plus en plus réduite. En 1991, les voitures du groupe C dotées d'un turbo pouvaient encore participer mais elles étaient pénalisées par des lests. La photographie montre la Sauber Mercedes C291 du groupe C très préparée et équipée d'un moteur V8 biturbo de 4 973 cm³. Avec 730 ch, cette voiture de course roulait à presque 400 km/h.

Portrait

Michael Schumacher

Le chef du service course de Mercedes, Jochen Neerpasch engagea Michael Schumacher, alors âgé de vingt-deux ans, dans son équipe junior Mercedes-Benz. La photographie montre le futur septuple champion du monde de Formule 1 avant le départ des 24 Heures du Mans en 1991. Il brilla déjà à l'époque par des tours de circuit rapides mais d'autres pilotes tels que Karl Wendlinger ou Heinz-Harald Frentzen n'étaient pas plus lents à l'époque.

Sauber Mercedes C291 *1991*

Lorsque la nuit tomba au Mans, les trois Sauber Mercedes C291 étaient encore « l'imbattable trio » aux places un à trois. Trois heures avant la fin, plus qu'une seule d'entre elles était encore sur la piste. Les deux autres avaient abandonné des heures auparavant, l'une pour problème de transmission, l'autre pour panne de moteur. Après 24 heures, la Mazda Wankel était devant, derrière elle trois Jaguar puis la dernière Sauber Mercedes de Michael Schumacher, Karl Wendlinger et Fritz Kreutzpointner, qui avec une cinquième place impensable, avaient gagné en expérience.

Mazda 787B *1991*

David battit Goliath. Avec cette voiture, en 1991, la petite écurie de course Mazda battit toutes les Sauber Mercedes, Jaguar, Toyota, Nissan et nombreuses Porsche. Mazda fut la première japonaise à remporter les 24 Heures du Mans. Ce fut également la première et unique victoire d'un moteur Wankel. En 1992, la toute puissante FIA mit les moteurs Wankel à l'index et les interdit lors des courses comptant pour le Championnat du monde. Les données techniques : moteur Mazda quadruple rotor R26B, 2 616 cm³ de cylindrée, 700 ch à 9 000 tr/min. Lors des brèves courses de sprint le moteur Wankel développait jusqu'à 930 ch. Poids de course : 830 kg. Vitesse de pointe supérieure à 370 km/h.

24 Heures du Mans *1991*

Une joie indescriptible régnait chez les aficionados français lors de la victoire du coupé Mazda Wankel. Les spectateurs se ruèrent sur la ligne d'arrivée et fêtèrent le succès de l'outsider par excellence.

Peugeot 905B Evo *1992*

Les Peugeot 905B entièrement préparées remportèrent les 24 Heures du Mans en 1992 et 1993. Comparativement aux années précédentes, le nombre de participants diminua rapidement car une nouvelle modification du règlement avait réduit les quantités de carburant et des voitures de gros gabarit, de sorte que les Sauber Mercedes C291 ne pouvaient plus prendre le départ. Seulement 28 voitures se placèrent sur la ligne de départ en 1992. Les données techniques de la Peugeot 905B Evo de 1992 et 1993 : moteur V10, 3 499 cm^3, 600 à 700 ch selon le circuit, poids pour la course : 750 kg. Vitesse de pointe 370 km/h.

Peugeot 905B Evo *1993*

Au musée Peugeot qui mérite une visite, on peut admirer ce châssis monocoque noir en fibre de carbone. Son plus gros avantage est la rigidité de la structure et le faible poids par rapport aux monocoques nettement plus coûteux en plaques d'aluminium rivetées. Le siège du pilote est placé précisément au centre, bien que selon le règlement il s'agisse d'une voiture de course biplace.

Dauer Porsche 962 GT *1994*

Des experts rusés de la course automobile lisent plusieurs fois le règlement de fond en comble. Ce fut le cas pour la voiture ayant remporté les 24 Heures du Mans en 1994. Les organisateurs voulaient désormais faire venir des voiture de sport sortant de la production en série pour les courses si bien qu'il fallait à nouveau produire au moins 50 voitures pour prendre le départ. Porsche eut une idée géniale : déclarer une voiture de course de 12 ans d'âge et plusieurs fois victorieuse au Mans avec une plaquette de contrôle technique pour les voitures de série. Il ne fallait alors que 1 exemplaire. Deux Porsche 962 de course devinrent alors des voitures de série dûment enregistrées et l'une d'entre elles remporta la course avec une large avance sur son adversaire conçut pour la route.

McLaren F1 GTR BMW *1995*

Les organisateurs des 24 Heures du Mans avaient clairement misé sur le mauvais cheval avec les voitures GT proches de la série. Ces coupés de compétition étaient très bien adaptés aux courses annexes mais pas au sport automobile de haut niveau auquel on était habitué aux 24 Heures du Mans. En 1995 le coupé McLaren de 590 ch remporta la course. Un moteur BMW 12 cylindres d'une cylindrée de 5 990 cm^3 prouva sa stabilité avec Yannick Dalmas, JJ Lehto et Masanori Sekiya au volant.

Nissan P35 *1995*

De 1993 à 1995, le service des courses de Nissan conçut différentes voiture de sport dotées d'un moteur V12 qui ne purent jamais être engagées dans des courses car le Championnat du monde des voitures de course du groupe C avait été « enterré » en faveur du Championnat du monde FIA GT proche de la série.

Porsche 911 GT1 *1997*

Ces voitures grand tourisme participèrent aux 24 Heures du Mans et au Championnat du monde FIA GT jusqu'en 1999 dans l'objectif d'une victoire. Devant, une Porsche 911 GT1 de 595 ch et derrière, une 911 plus proche de la série. La GT1 était alimentée par un moteur six cylindres turbo de 3 163 cm³. Prête pour la course cette GT1 pesait 1 080 kg.

Lotus Elise GT1 *1997*

En raison du décès prématuré du fondateur de Lotus, Colin Chapman, son ancienne entreprise fut confrontée à des problèmes financiers toujours plus importants. La Lotus Elise GT1 ne put arrêter la chute de l'entreprise, autrefois très renommée. Un moteur V8 de 570 ch pour une cylindrée de 5 780 cm³ équipe ce coupé de compétition. Avec un poids de 910 kg sur la ligne de départ, la vitesse de pointe aurait été de 350 km/h.

Marcos Mantara *1997*

L'entreprise anglaise Marcos mit au point ces 30 dernières années quelques voitures de course intéressantes que les pilotes privés anglais aimèrent conduire. Quasiment aucune Marcos ne ressemble à une autre. Concernant les moteurs, l'entreprise moyenne se montrait un partenaire flexible pouvant satisfaire presque tous les désirs. Dans cette voiture FIA GT tourne un moteur V8 de 5 996 cm³ développant 560 ch. Vitesse de pointe 330 km/h pour un poids de 1 100 kg.

Porsche 911 GT1-98 *1998*

Nettement plus longue et beaucoup plus aérodynamique que son prédécesseur, cette GT1 date de 1998. Le châssis est désormais en fibre de carbone. Cette voiture de course n'a plus que le nom 911 en commun avec la version de série. Porsche remporta une double victoire aux 24 Heures du Mans avec cette voiture en 1998 pour le 50ᵉ anniversaire de l'entreprise. Cylindrée 3 200 cm³, moteur turbo six cylindres à plat, puissance 600 ch, vitesse de pointe 350 km/h.

Toyota GT-One *1998*

André de Cortanze conçut pour Toyota cette voiture de course au style audacieux qui, selon le règlement du Mans en un exemplaire, obtint son autorisation pour rouler sur route. L'écurie de Cologne Toyota TTE prépara la voiture sous la direction de Norbert Kreyer. Lors des 24 Heures du Mans, cette voiture de course fut longtemps en tête en 1998 et 1999, et au cours des qualifications elle se plaça également au premier rang. Hélas, en 1998, elle ne prit que la neuvième place et, lors de la course de 1999, en raison de certains problèmes techniques et de deux accidents, elle ne fit que deuxième.

Toyota GT-One *1998*

La nuit, les voiture montrent les immenses sollicitations que subit la mécanique pendant la course. Durant les 24 Heures du Mans, les pilotes roulent à fond 80 % du temps et cela pendant 4 900 km. La photographie montre les disques des freins en carbone que la chaleur rend incandescents, ainsi que les flammes caractéristiques du turbo qui sortent du pot d'échappement. Martin Brundle conduit cette Toyota GT équipée d'un moteur V8 de 3 579 cm³. Selon le circuit la puissance varie entre 600 et 680 ch à 6 000 tr/min. Poids 900 kg. Vitesse de pointe plus de 350 km/h.

BMW LMR V12 *1999*

BMW et l'écurie de Formule 1 Frank Williams profitèrent durant des années de leur collaboration, y compris pour ce spyder blanc qui remporta les 24 Heures du Mans en 1999. Joachim Winkelhock, Yannick Dalmas et Pierluigi Martini s'imposèrent finalement face à la Toyota GT-One. Le châssis fut fabriqué par Williams. Le moteur S70 BMW est un V12 6,1 l développant 600 ch. Il avait été mis au point dès 1995 pour la McLaren BMW GT1.

Lola B98/10 Ford *1999*

Pour l'American Le Mans Serie et les 24 Heures du Mans, Lola proposa ce spyder à des équipes de course privées. Concernant le moteur, Lola satisfaisait presque tous les souhaits de sa clientèle passionnée de course automobile. Cette Lola B98/10 Ford est équipée d'un moteur V8 6 l Ford. D'autres Lola de ce type sont dotées d'un moteur V10 Judd, d'un six cylindres BMW ou d'un V8 Chevrolet. La photographie montre Jan Lammers lors des 24 Heures du Mans au cours desquelles il ne monta pas sur le podium.

Mercedes-Benz CLR *1999*

AMG conçut la première CLR GT Mercedes-Benz de course en seulement 128 jours. On reprit des pièces du programme moteur de Mercedes qui avaient fait leurs preuves. Excepté le désastre du Mans en 1999, cette voiture remporta plusieurs victoires au cours du Championnat du monde FIA GT. Le spécialiste des voitures de tourisme Bernd Schneider, ici sur la photographie, remporta le Championnat du monde des pilotes, et la Mercedes-Benz AMG celui des constructeurs. Les données techniques : moteur V12 de 5 986 cm^3 de cylindrée, 631 ch à 7 000 tr/min, vitesse de pointe supérieure à 320 km/h.

Mercedes-Benz CLR *1999*

L'engagement au Mans de la flèche d'argent conçue par AMG ne se trouvait pas sous une bonne étoile au départ de la catégorie GT. Déjà lors des qualifications, la CLR de Mark Webber décolla : la portance du train avant se cassa en passant sur un petit tertre. On répara la voiture et on ajouta du lest sur le train avant. Lors du tour de chauffe précédant la course, la CLR de Webber décolla à nouveau et atterrit sur le toit. Le pilote ne fut pas blessé. Mais son camarade d'écurie Peter Dumbreck n'eut pas autant de chance. Pendant la course, sa CLR perdit également le contact avec le sol et atterrit dans les arbres après un vol plané spectaculaire. Il s'en sortit avec une grosse frayeur. L'équipe pleine d'espoir qui avait démarré la course avec trois voitures retira le dernier véhicule du circuit et quitta la course.

Nissan R390 GT1 *1998*

Le fabricant japonais s'engagea à partir de 1997 et 1998 dans les courses d'endurance et de sprint américaines et européennes avec cette Nissan R390 GT1. La photographie montre le modèle de course lors des 24 Heures du Mans. La voiture fut réalisée avec l'aide du Tom Walkinshaw Racing (TWR) et du constructeur Tony Southgate. Lors des 24 Heures du Mans de 1998 la Nissan la plus rapide prit la troisième place. Les données techniques : moteur V8 de 3 496 cm^3 de cylindrée, 641 ch à 6 800 tr/min, vitesse de pointe dépassant les 330 km/h.

Nissan R390 GT1 *1998*

Pour cette voiture de sport aussi il n'y eut qu'un seul exemplaire homologué pour la route. C'est ce que voulait le règlement. On ne peut plus parler de véhicule de série pour cette technique cent pour cent adaptée à la course. Le moteur de course Nissan VRH35L-V8 disposait de deux turbocompresseurs refroidis à l'eau, d'un contrôle électronique de la traction et d'une boîte séquentielle de course six vitesses. Le pilote d'usine de Nissan, Michael Krumm, réalisa la majorité des tests.

Audi R8 *1999*

La première photographie de presse officielle ne montrait pas à quel point Audi voulait s'engager dans la course automobile. Aucun expert ne pouvait prévoir à l'époque que dans les années à venir Audi remporterait huit fois les 24 Heures du Mans. Une prestation unique à ce jour.

Nissan R391 *1999*

Entre Toyota et Nissan existe une rivalité sur les circuits aussi grande qu'entre Mercedes-Benz et BMW en Allemagne. Chacun essaie de faire au mieux et un seul peut gagner. Pour les 24 Heures du Mans, Nissan fit construire ce spyder décapotable par G-Force Technologies car le coupé R390 GT1 ne correspondait plus à la nouvelle réglementation. L'Allemand Michael Krumm, pilote d'usine de Nissan, remporta les 1 000 km de Fuji devant la plus rapide Toyota GT-One, mais lors des 24 Heures du Mans, la voiture dut abandonner à cause d'un problème électrique.

Audi R8R *1999*

Lors de la première participation usine de la nouvelle voiture de course Audi, Frank Biela, Didier Thyes et Emanuele Pirro, ici sur la photographie, finirent à la troisième place du classement général derrière la BMW V12, ayant déjà remporté plusieurs courses, et la Toyota GT-One. Le châssis en fibre de carbone fut réalisé par Dallara. L'engagement en compétition fut organisé par Audi avec Reinhold Joest, multiple vainqueur du Mans et spécialiste des courses d'endurance.

Audi R8C *1999*

Une deuxième Audi R8C prit la quatrième place. Les coupés course Audi R8C, ici sur la photographie, furent moins performants. L'ancien pilote de Formule 1 Stefan Johansson, Stéphane Ortelli et le préparateur Audi Christian Abt abandonnèrent. Le moteur était le même sur le spyder et le coupé : un V8 turbo de 3 600 cm^3 développant tout d'abord 550 ch. Les coupés sport Audi R8C participèrent aux 24 Heures du Mans uniquement en 1999. Le spyder offrait un plus grand potentiel évolutif pour les futures courses lors des American Le Mans Series en Amérique du Nord.

Panoz LMP-1 *1999*

Presqu'aucune autre écurie ne participa de façon aussi conséquente aux 24 Heures du Mans durant les 15 dernières années que l'écurie américaine Panoz. Cette équipe avait été plusieurs fois très proche de la victoire. David Brabham prit la septième place du classement général sur sa Panoz. Un moteur Ford V8 6 l développant 560 ch alimentait la voiture en 1999.

Chrysler Viper GTS-R *1999*

Une des voitures purement grand tourisme ayant eut le plus de succès est, à ce jour, la Chrysler Viper. En 1999 Karl Wendlinger, sur la photographie, Oliver Beretta et Dominique Dupuy prirent la dixième place du classement général. La victoire de la voiture GTS n'était qu'accessoire pour l'équipe habituée au succès. La meilleure pièce est le très résistant moteur V10 de 540 ch pour 8 l de cylindrée atteignant une vitesse de pointe de 310 km/h dans la ligne droite de Mulsanne.

Nissan Skyline GT-R *1999*

Autres pays, autres mœurs. Au Japon et aux États-Unis, ces Nissan Skyline GT-R couraient en tant que voitures grand tourisme ; en Europe elles étaient classées comme voitures de tourisme. Développant jusqu'à 507 ch, le moteur biturbo six cylindres de 2 771 cm³ fonctionnait bien. Les quatre roues motrices et la boîte manuelle six vitesses contribuèrent aux nombreuses victoires. En revanche, le poids relativement élevé de 1 599 kg était un handicap. Ces voitures GT participèrent à des courses internationales jusqu'en 2005.

Porsche 911 GT3 RS *2000*

Aucun autre constructeur ne peut présenter autant de victoires de course que l'entreprise Porsche pourtant assez petite. Elle développe toujours beaucoup et exploite le sport automobile favorable aux clients. Pour ses clients passionnés de course automobile, Porsche créa l'endurante 911 GT RS. Cette voiture grand tourisme était adaptée à la compétition. Elle était livrée avec les données techniques suivantes : moteur six cylindres à plat de 3 596 cm³ de cylindrée et 381 ch.

Ferrari 550 *2003*

Le moteur V12 de 5 498 cm³ de la Ferrari 550 ayant remporté le Championnat du monde FIA GT en 2003 offrait 485 ch. La caisse en alliage d'aluminium spécial conçue par Pininfarina favorisait l'aérodynamisme de ce coupé roulant à 320 km/h.

Audi R8R 2002

En 2000, l'Audi R8R Spyder remporta 63 victoires sur 79 départs. Un bilan impressionnant difficile à battre. Pourtant, ce sont les statistiques qui déterminent les pole positions si importantes. Sur 79 courses, Audi ne fit que 47 fois les temps de qualification les plus rapides. Une preuve évidente que pour la rapidité, la concurrence n'était en aucun cas désavantagée. Conclusion : l'équipe Audi faisait du meilleur travail sur le circuit et dans les stands, et les spyders étaient les voitures de course les plus fiables sur le terrain.

24 Heures du Mans 2002

Presque tous les pilotes de course veulent remporter les 24 Heures du Mans une fois dans leur vie. Triomphe et tragédie sont très proches l'un de l'autre. Les 82 spectateurs tués en 1955 sont toujours dans les esprits ; une véritable protection des pilotes n'existe pas sur ces voitures de course qui roulent à 350 km/h. Un petit défaut pneumatique suffit pour que meurt un pilote très expérimenté comme cela s'est produit en 2001 pour Michele Alboreto lors d'un essai avec l'Audi spyder sur le circuit de Lausitz.

Arrêt au stand Audi 2002

Quasiment aucune voiture de course ne tient toute la distance sans des réparations imprévues. La durée de la réparation revêt une importance énorme et est décisive pour le résultat final. Un problème typique est une boîte endommagée. Sur l'Audi Spyder, tout le système de transmission arrière put être changé en moins de dix minutes grâce à des fixations rapides, des axes débrochables et des conduits autoverrouillants. Sur d'autres voitures cela peut durer une heure, voire plus.

Bentley Speed 8 2003

De 2001 à 2003 Bentley, filiale d'Audi, participa aux 24 Heures du Mans. Avant la Seconde Guerre mondiale, avec cinq victoires, l'entreprise traditionnelle britannique fut l'écurie la plus couronnée sur ce circuit. En 2003, la Bentley Speed 8 permit d'obtenir une sixième victoire vivement fêtée. Bentley put avoir recours au moteur huit cylindres d'Audi avec une injection FSI. La caisse correspond également sur certains points importants à celle de l'Audi R8C de 1999. Tom Kristensen, Rinaldo Capello et Guy Smith conduisirent la Bentley Speed 8 à la victoire.

Équipe du stand Bentley *2003*

Dans les coulisses, les mécaniciens et les spécialistes en pneumatiques participent grandement à la victoire. Lors d'une course d'endurance le savoir-faire professionnel influence aujourd'hui encore le résultat à hauteur d'environ 60 % ; 30 % de la victoire dépendent de l'équipe du stand et environ 10 % de la chance.

Vainqueur Bentley Speed 8 *2003*

Telle est l'apparence de vainqueurs heureux : dans des combinaisons fraîchement lavées se présentent de gauche à droite :Tom Kristensen du Danemark, Rinaldo Capello d'Italie et Guy Smith d'Angleterre. L'Europe vous salue.

Portrait

Tom Kristensen

Le plus grand vainqueur des 24 Heures du Mans est à ce jour Tom Kristensen. Entre 1997 et 2008, ce Danois particulièrement sympathique a franchi huit fois la ligne d'arrivée à la première place. Son outil de travail en 1997 était une TWR Porsche 95 puis, à partir de 2000, toujours une Audi ou une Bentley de course. Ici, il suit les instructions pour son copilote par le biais du stand radio.

American Le Mans Serie *2004*

Afin que les participants aux 24 Heures du Mans puissent courir des courses réparties sur toute l'année, l'entreprise américaine Don Panoz créa l'American Le Mans Serie. Après des difficultés à ses débuts en 2000, cette prometteuse série de courses s'est continuellement améliorée et, aujourd'hui, on peut affirmer à juste titre qu'elle offre des courses de premier ordre. Le départ est donné à quatre catégories. L'Audi R8R et le modèle qui lui succéda, la R10 TDI remportèrent neuf fois la classe supérieure des prototypes LMP1. La photographie montre Frank Biela et Marco Werner lors d'un arrêt au stand. En raison de la crise économique mondiale, Audi mit fin en 2009 à son engagement dans cette série.

Audi R10 TDI *2006*

Une voiture diesel ne peut pas remporter de courses automobiles ? Ce qui ne devait pas arriver devint réalité. Avec cette voiture de course 12 cylindres TDI Audi remporta non seulement les 24 Heures du Mans en 2006, 2007 et 2008 mais prit aussi la première place dans les courses de vitesse américaines de l'American Le Mans Serie jusqu'à fin 2008. Données techniques : moteur V12 turbo de 5 500 cm^3 et 650 ch. Couple maximum 1 100 Newton-mètre, poids pour la course 925 kg, contrôle de traction semi-automatique. Fiabilité plus importante et consommation moindre par rapport à un moteur essence, par conséquent moins d'arrêts au stand : c'est la formule du succès de cette voiture de course inhabituelle.

Porsche RS Spyder *2008*

Cette Porsche Spyder roulait pour l'équipe Roger Penske Racing lors des courses américaines. Dans certaines courses comptant pour l'American Le Mans Serie, ce spyder appartenant à la catégorie LMP2 put battre les LMP1 (Le Mans Prototyp 1) dotées d'une plus grosse cylindrée. Les Audi R10 TDI appartenaient à cette dernière catégorie. De 2005 à 2008, Porsche remporta tous les titres du classement LMP2 moins importants. Les pilotes les plus victorieux furent Timo Bernhard et Romain Dumas. Ils gagnèrent aussi le Championnat du monde des pilotes en 2008. À compter de 2009, à cause de la crise économique, Porsche ne participa plus aux courses automobiles américaines avec des voitures d'usine. Données techniques : turbo V8 de 3 397 cm^3, 503 ch et 290 km/h en pointe.

Ford GT *2009*

Transformer des voitures quasiment de série en voitures de course, cela ravit autant le monde du sport automobile que les pilotes. Ainsi, comme en Allemagne, les ADAC-GT-Masters, des championnats GT sont également organisés en Italie, aux États-Unis et dans de nombreux autres pays. Avec un nombre limité à 1 500 exemplaires, Ford US a mis sur le marché la Ford GT, une copie moderne de la triple championne des 24 Heures du Mans, la Ford GT40. La Ford GT moderne possède un moteur V8 à compression de 5 409 cm^3 de cylindrée et 550 ch de série. Les exemplaires les plus rapides arrivent à 771 ch sur les circuits. La vitesse de pointe est de 340 km/h.

Chevrolet Corvette Z06.R *2009*

Le préparateur américain Callaway fait toujours monter la Corvette sur le podium. Avec 7 l de cylindrée et 540 ch, cette voiture GT classique développe un couple puissant. Lors de la compétition GT d'Oschersleben, la Corvette argentée remporta les deux courses devant les Lamborghini, les Ferrari et les Porsche. En 2008, une Corvette fut également championne d'Europe FIA GT3. Prête pour la course cette Corvette coûte presque 250 000 euros.

Ferrari 430 *2009*

Depuis de nombreuses années, la Scuderia Ferrari ne participe plus officiellement aux courses de voiture de sport. Officieusement, des écuries privées choisies sur le volet obtiennent le soutien technique pour les plus importantes courses d'endurance et les courses nationales GT. En 2008, une Ferrari F430 fut première de la catégorie GT2 lors des 24 Heures du Mans. Selon la version, la puissance du moteur V8 de 4 300 cm³ varie de 490 à 510 ch. La vitesse de pointe se situe entre 320 et 340 km/h, selon la transmission.

Lamborghini Gallardo GT3 *2009*

Dans la série de course de l'ADAC GT Master, les véhicules sont lestés avec du plomb selon leur rapport puissance/poids afin d'avoir tous un poids aussi homogène que possible. Cela doit garantir l'égalité des chances et également des courses passionnantes. La Lamborghini Gallardo est une quatre roues motrices. Son moteur V10 5 l développe 530 à 560 ch. Dans de bonnes conditions, une vitesse de pointe de 315 à 330 km/h n'est pas un problème pour cette Italienne très maniable.

Ascari KZR-1 *2009*

Comme toujours, d'intéressantes voitures de course et de grand tourisme apparaissent dans des petites séries en Angleterre. L'Ascari fut baptisée d'après le double champion du monde de Formule 1 Alberto Ascari qui se tua lors d'un essai sur le circuit de Monza. À l'arrière tourne un moteur V8 BMW 5 l développant 520 à 625 ch. Les courses antérieures montrèrent que l'Ascari KZR 1 GT, d'apparence trapue, avait l'étoffe d'un vainqueur.

Porsche 997 GT3 Cup S *2009*

Chez Porsche il n'y a pas de trêve dans l'évolution de sa série 911 particulièrement couronnée de succès. Selon le pays et la course, Porsche arme les voitures de ses clients avec des moteurs six cylindres à plat à refroidissement par eau d'une puissance allant de 440 à 46 ch. La cylindrée se situe entre 3 598 et 3 795 cm³. Dans les courses GT internationales, malgré sa petite cylindrée, la Porsche 997 peut néanmoins gagner face aux gros moteurs de Ferrari and Co. Entre 2006 et 2008, ce modèle remporta les Championnats du monde FIA GT.

Audi R8 LMS *2009*

Progresser grâce à la technique. Audi a jusqu'ici pu faire ses preuves avec ce slogan lors de courses d'endurance telles que les 24 Heures du Mans. Maintenant, Audi entreprend sa première tentative à devenir la meilleure dans la catégorie GT3 très âprement disputée. À cette fin, depuis avril 2009, pour 262 000 euros pièce hors taxes, l'entreprise vend à des écuries privées des Audi R8 LMS Coupés prêts pour la course. Un moteur de course V10 5 l développant au moins 510 ch dans sa version la plus faible équipe ces coupés. Dans le secteur des voitures GT, l'Audi R8 LMS réveille le monde des voitures grand tourisme et est promise à un bel avenir.

Nissan 350Z *2009*

Il y a de nouveau cette année un Championnat du monde FIA GT en 2010 pour lequel 12 courses dans 10 pays différents sur les quatre continents ont lieu. En plus des pays européens, l'Argentine, l'Australie mais également la Russie, la Roumanie, l'Afrique du Sud et les Émirats arabes unis participent. La première course a déjà eu lieu à Abu Dhabi. Sur la ligne de départ, on a pu voir, entre autre, la nouvelle Nissan GT-R de 600 ch.

Le cirque de la Formule 1

Le Formule 1 connaît une crise profonde. Pour certaines écuries c'est simplement une question de survie car l'argent donné par les sponsors s'est tari. La crise économique mondiale laisse derrière elle des traces visibles dans l'industrie automobile. La catégorie de la course automobile doit désormais être assainie par un programme d'économies drastiques, une bonne base de départ pour un développement échappant à tout contrôle.

Ne nous faisons pas de fausses idées, la plupart des courses de Formule 1 de ces dernières années ont plutôt été gagnées grâce à une meilleure stratégie dans les stands et à un budget compétition plus important que derrière le volant. Avec un budget annuel de 60 millions d'euros, dans des conditions de course normales, une petite écurie n'a aucune chance face aux concurrents courant sous les couleurs rouge ou argent et pesant 250 à 300 millions d'euros. Un Michael Schumacher conduisait seulement aussi vite qu'il devait et rarement aussi vite qu'il pouvait. Après cette mise au point intelligente, le héros allemand du sport automobile s'est retiré en tant que septuple champion du monde de Formule 1.

Grand Prix de Monaco en 1970. Pour cette écurie anglaise la participation à la course était plus importante que le confort.

La meilleure technique décide de la course

Déjà par le passé, certains titres de champion du monde furent remportés par la domination de la meilleure technique. En 1978, le chef de Lotus Colin Chapman découvrit l'effet de sol pour sa Lotus-Ford 79, et Mario Andretti remonta le peloton et en sortit en tête, bien qu'à l'époque il ne faisait pas partie des pilotes les plus rapides. En 1984, McLaren fit mettre au point aux États-Unis le premier châssis en fibre de carbone, ce qui révolutionna la construction des voitures

Des moteurs turbo deux fois plus petits battaient des moteurs à aspiration naturelle deux fois plus gros. Renault lança cette innovation technique la plus importante de ces 30 dernières années. Avec 1,5 l de cylindrée, les meilleurs exemplaires développèrent vite 1 200 ch.

David contre Goliath. Ross Brawn, ancien directeur technique de Ferrari, mit le monde de la Formule 1 sens dessus dessous avec sa Brawn GP intelligemment conçue.

de course. Les adversaires de Niki Lauda et d'Alain Prost ne virent plus que l'arrière des MP4/2 qui s'assurèrent une série de titres de champion du monde. En 1992 et 1993 seuls gagnèrent les pilotes de Formule 1 équipés d'une multitude d'équipements électroniques d'assistance à la conduite qui « transformèrent les pilotes en joueurs de *Gameboy* », comme le déclara un ancien pilote de réputation internationale. Sur leurs Williams-Renault, Nigel Mansell et Riccardo Patrese furent les premiers à se laisser « choyer » par une suspension réglant la position des amortisseurs en quelques fractions de seconde. Mansell remporta 9 courses sur 16 et Patrese fut deuxième au Championnat du monde de 1992. Un temps très précieux était perdu au démarrage lorsque les roues patinaient ou qu'il n'y avait pas assez de puissance sur les pneus slicks (pneus lisses). Avec le contrôle de traction électronique, les pilotes de haut niveau appuyaient simplement sur le bouton jaune, et le bolide accélérait de façon idéale dans la phase critique du départ qui, souvent, décide de la course. Même le système antiblocage (ABS) fut utilisé plusieurs fois, au moins sur la William FW15. L'allumage difficile était pris en charge par un allumage automatique informatisé situé sur le volant. Un ordinateur intervenant dans la régulation du moteur fut testé lors des essais qui durent plusieurs jours. Dans la pratique, cela aurait signifié un contrôle absolu à la place du pilote. Mais les petites équipes ne pouvaient pas s'offrir un tel luxe et restaient à la traîne. C'est pourquoi la plupart des assistants électroniques furent interdits en 1994 car les « petits » étaient au bord de la faillite.

Plus de suspense grâce à moins d'argent

À partir de la saison 2010, les économies sont annoncées. La plupart des écuries ont déjà licencié 10 à 20 % leur personnel durant la saison 2009 et réduit les frais courants au point que le budget annuel de 100 à 300 millions d'euros est passé à environ 50 millions. C'est du moins ce que souhaitent les autorités responsables du sport automobile à Paris, la FIA, sous la direction de Max Mosley, même si Ferrari s'oppose à cette réduction budgétaire. De nouvelles écuries venues d'Asie, des États-Unis et de Russie peuvent rentrer dans le cirque de la Formule 1 désormais « abordable financièrement » car la fascination pour la catégorie royale continue malgré toutes les turbulences qui font partie d'un bon spectacle.

Grand Prix *1946*

Les premières courses automobiles en Europe et en Amérique reprirent seulement un an après la fin de la Seconde Guerre mondiale. Les voitures de course d'avant-guerre qui avaient pu être sauvées jouaient encore un rôle déterminant dans les compétitions. La plus haute autorité internationale du sport automobile à Paris laissa par conséquent des voitures de course alimentées par compresseur ayant jusqu'à 1,5 l de cylindrée affronter de gros bolides de 4 500 cm³ équipés d'un moteur à carburateur. Une décision intelligente qui fit largement ses preuves. En Europe, sur la grille de départ, il y avait principalement une meute française de Talbot Lagos et de Simca Gordini. L'Italie apportait sa contribution avec des Alfa Romeo, des Cisitalia, des Maserati et bientôt des Ferrari. L'Angleterre était représentée par ERA et des petits constructeurs locaux. Dans les premières années de l'après-guerre, les fabricants allemands n'étaient pas en mesure de participer activement au plus haut niveau de la course automobile.

Porsche type 360 Cisitalia *1947*

Le bureau d'études de Porsche à Gmund (Autriche) obtint en 1946 l'autorisation de concevoir une voiture de Grand Prix révolutionnaire pour l'époque dans la catégorie 1,5 l. Le client était l'entrepreneur italien Piero Dusio, passionné de course automobile. Mais des difficultés financières empêchèrent une participation aux compétitions en 1948, bien que cette voiture soit une réussite technique et que sa conception soit bien supérieure aux voitures à moteur avant qui dominaient jusque-là : moteur avec compresseur 12 cylindres de 1 493 cm³ de cylindrée, puissance 385 ch, vitesse de pointe 300 km/h. La particularité de cette voiture de course au moteur central était les quatre roues motrices qui auraient permis des meilleurs temps lors des courses sous la pluie ou sur des circuits étroits. Le pilote envisagé était le célèbre Tazio Nuvolari.

Cisitalia D46 *1948*

Quelques mois après la fin de la Seconde Guerre mondiale, Piero Dusio, entrepreneur italien passionné de sport automobile, comblait déjà ses compatriotes avec cette belle monoplace abordable pour tous. Le moteur quatre cylindres de 1 089 cm³ et 65 ch fut emprunté au véhicule de tourisme Fiat 1100. Avec cette mécanique de série, les frais courants restaient faibles pour l'accaparante activité sportive. Dans la petite catégorie des voiturettes jusqu'à 1 100 cm³, les nombreuses Cisitalia D46 remportèrent des victoires jusqu'au milieu des années 1950. La vitesse de pointe était d'environ 170 km/h selon le rapport de transmission.

Maserati Grand Prix 4 CLT *1948*

Dans les premières années de l'après-guerre, cette belle voiture de Grand Prix passa toujours la ligne d'arrivée à la première place. Sa conception remontait à 1939 mais ce n'est qu'après la guerre que cette Maserati pu prouver son véritable potentiel en Europe. Auparavant, Wilbur Shaw remporta les 500 miles d'Indianapolis en 1939 et 1940 sur cette Maserati CLT baptisée « Boyle Special » d'après le nom de son sponsor. Giuseppe Farina et Luigi Villoresi furent les pilotes Maserati les plus importants des premières années de l'après-guerre. En Allemagne, Paul Pietsch conduisit cette voiture de course. Les données techniques : moteur avec compresseur quatre cylindres de 1 492 cm³ de cylindrée, 260 ch, vitesse de pointe 260 km/h.

Portrait

Amédée Gordini

L'ancien pilote de course Amédée Gordini était considéré après la Seconde Guerre mondiale comme un des spécialistes français le plus créatif en matière de moteurs de compétition et de construction légère. En 1957, il travailla exclusivement pour Renault. De nombreuses voitures de course et de rallye Renault ayant remporté des victoires dans les années 1960 et 1970 sont à imputer sur son compte.

Ferrari 125 Grand Prix *1948*

En 1948, Ferrari engagea sa première voiture de course de Grand Prix de façon sporadique. La première participation en 1948 fut récompensée par une deuxième place de Raymond Sommer au Grand Prix d'Italie. Un an après, Ferrari remporta sa première victoire avec cette voiture lors du Grand Prix de Garde. La photographie ci-dessous montre le moteur V12 1,5 l qui avait été installé dans un angle de 60°, avant le départ du Grand Prix de Monza en 1948.

Talbot GP 26 *1949*

Les voitures de course bleues Talbot Grand Prix jouissaient d'une excellente réputation dans les années d'après-guerre, comme étant des monoplaces fiables et économiques en carburant. Les voitures Talbot s'en sortaient avec peu d'arrêts aux stands. Contrairement à la concurrence italienne, les voitures de course et de sport de Talbot utilisaient des moteurs de course 4,5 l six cylindres sans suralimentation par compresseur. En 1947, Louis Chiron remporta le Grand Prix de France et celui de Comminges avec sa Talbot 26C. En 1949, pour la cinquième fois, Chiron franchit le premier la ligne d'arrivée du Grand Prix de France à Reims, et Louis Rosier remporta la même année le Grand Prix de Belgique. Puissance : 240 ch, vitesse de pointe 260 km/h.

Nouveau départ sur le Nürburgring *1949*

Nürburgring en 1949. Alliés et anciens ennemis se retrouvèrent avec plaisir lors de la première course d'après-guerre en Allemagne. La photographie montre devant, un bolide fait main de Simca et derrière, des voitures anglaises et allemandes dans un mélange varié. Des pilotes est-allemands participaient également dans les années 1950 aux courses automobiles ouest-allemandes, et ce avec succès.

Ferrari 375 Grand Prix *1950*

Duel italien en tête. Alberto Ascari est ici sur une Ferrari 375 lors du Grand Prix d'Italie devant Nino Farina sur « l'imbattable » Alfa Romeo Alfetta 158. Diplômé de sciences politiques, Nino Farina remporta cette course importante en 1950 en battant le record. Ascari porte ici un casque alors que Farina n'a qu'un bonnet de coton. 1950 est l'année de naissance de la Formule 1. Nino Farina en fut le premier champion du monde et Alberto Ascari le vice-champion du monde.

Ferrari 125 Grand Prix *1949*

En 1949 Nino Farina conduisait encore cette Ferrari 125 12 cylindres. La photographie le montre lors du Grand Prix de Monaco. Pour l'entreprise Ferrari fondée en 1945, cette voiture était l'entrée dans la course automobile. Le directeur technique, Gioacchino Colombo, misa à partir de 1948 sur un moteur V12 de 1 496 cm^3 de cylindrée qui arriva à 225 ch grâce à un compresseur à un étage. Avec un compresseur à deux étages, ce moteur 1,5 l développait 290 ch à 7 500 tr/min. Les voitures de type Alfetta 158 développant 350 ch étaient plus puissantes mais Ferrari les rattrapait de plus en plus.

Veritas Meteor 1952

Ernst Loof, ancien expert en compétition de BMW, était « un touche à tout ». Peu après la fin de la guerre, il eut l'idée géniale qu'une voiture de course compétitive pouvait également être composée d'anciennes pièces bien conservées. En 1948, Loof conçut sa première voiture de course Veritas qui était constituée du châssis et du système de transmission d'un BMW 328 datant d'avant-guerre, recouverts d'une nouvelle caisse en aluminium. D'autres mesures préparatoires firent monter les robustes six cylindres et le moteur en ligne BMW de 2 l à 135 ch jusqu'à 190 km/h. Au début des années 1950, des pilotes Veritas tels que Toni Ulmen, sur la photographie, remportèrent de remarquables succès. La Veritas participa aux courses de Formule 1 dans la catégorie des 2 l, comme ici sur le Nürburgring où Toni Ulmen dut se défendre face à une Wetzig-BMW est-allemande. Dans cette voiture, c'est également le moteur de la BMW 328 qui assure l'entraînement.

Gordini Grand Prix Type 16 1952

Au début des années 1950 il n'existait presque pas de course automobile sans Gordini sur la grille de départ. Amédée Gordini devint le principal fournisseur de voitures de course compétitives tout en étant financièrement abordables, comme cette type 16 de 1952. Derrière son succès commercial se trouvait une recette très simple : des moteurs de série améliorés avec savoir-faire et installés dans des châssis légers. Gordini misa tout d'abord sur des moteurs Simca qui, à l'origine, étaient des moteurs Fiat. Ce Type 16 est équipé d'un moteur avec compresseur six cylindres de 228 ch pour 2 472 cm^3 de cylindrée. Sans carburant, cette voiture Grand Prix pesait seulement 400 kg. Jean Behra et Louis Trintignant furent les pilotes Gordini de Grand Prix les plus victorieux. Trintignant remporta le Grand Prix de France en 1952 sur cette Gordini Type 16.

Mercedes-Benz W 154/163 1951

Sur invitation du président Perón, les flèches d'argent de Mercedes datant d'avant-guerre furent transportées une dernière fois en Argentine par bateau. Sur la photographie ci-dessus, elles sont en première ligne pour le départ d'une course formule libre. À l'extrême gauche, on peut voir Karl Kling, au centre, Hermann Lang et à droite, l'espoir argentin de la course automobile, Juan Manuel Fangio. Fangio s'était déjà fait un nom en tant que vaillant pilote de stock-car. Trois ans plus tard, Fangio irait de victoire en victoire avec la nouvelle Mercedes-Benz W 196.

BRM V16 *1951*

Quelques années après la Deuxième Guerre mondiale apparut sous la direction de Raymond Mays la première BRM, une voiture de course quasi nationale car généreusement soutenue par une centaine d'entreprises britanniques. La première course en 1950 se termina par un résultat peu encourageant : Raymond Sommer abandonna pour problèmes techniques. Le point crucial de cette voiture bien trop lourde était le moteur V16 de 1 496 cm^3 cylindrée au régime élevé et équipé d'un compresseur. Ce moteur 1,5 litre pouvait tourner jusqu'à 11 000 tr/min. Aucun autre moteur de Grand Prix était conçu d'une façon aussi compliquée. Notre photo montre Reg Parnell en 1951 lors du Grand Prix d'Angleterre. Il ne prit que la cinquième place avec cinq tours de retard sur le vainqueur lors de cette course, bien que le seize cylindres développât 430 ch sur le banc d'essai. Sur les circuits cette puissance nettement supérieure ne se transforma jamais en victoire importante. En 1953 ce fut la fin et la seule et unique Formule 1 V16 fut envoyée au musée.

Alfa Romeo Alfetta 159 *1951*

Aucune autre voiture de course des premières années de l'après-guerre ne remporta autant de victoires que l'Alfetta qui fut deux fois championne du monde. En 1950, les pilotes des Alfetta 158 remportèrent les 11 Grands Prix auxquels ils participèrent. L'Alfetta 159 améliorée gagna les Grands Prix de Suisse et d'Espagne avec Manuel Fangio au volant ; Giuseppe « Nino » Farina remporta le Grand Prix de Belgique, et Fagioli celui d'Europe à Reims. Les trois pilotes conduisaient l'Alfetta 159 dont le moteur huit cylindres avec compresseur de 1 482 cm^3 développait jusqu'à 425 ch. Les meilleurs exemplaires arrivaient à 310 km/h. Malgré ce succès, Alfa Romeo se retira provisoirement des courses de Grand Prix à la fin de la saison 1951 car l'écurie se considérait pénalisée par la nouvelle modification du règlement.

Elva Formule 3 *1952*

Au début des années 1950, l'écurie de course anglaise de Frank Nicol fut créée avec les conditions minimums requises pour débuter. La photographie montre une des premières petites voitures de course portant le nom Elva. Plus tard, Elva s'engagea avec succès dans la Formule Junior créée en 1960. Ses moteurs de prédilection étaient les deux temps DKW trois cylindres. Puis s'ajoutèrent les moteurs quatre temps Ford Anglia, car les deux temps DKW étaient certes très puissants mais peu fiables.

Ferrari F2 500/625 *1952*

Le rouge gagne toujours. En 1952, l'inoubliable Alberto Ascari remporta six des sept courses de Grand Prix sur cette Ferrari et devint champion du monde. La seule victoire qui lui échappa revint à son coéquipier Taruffi. Un an plus tard, Ascari répéta ce coup de maître avec cinq victoires sur sept possibles. La pièce maîtresse de ce succès était un moteur à carburateur de 1 984 cm^3 de cylindrée récemment mis au point. La suralimentation n'était plus autorisée. Ferrari déclara une puissance moteur de 185 ch à 7 500 tr/min. Des exemplaires plus tardifs arrivèrent avec 230 ch. La vitesse de pointe de 220 km/h indiquée sur le prospectus commercial était plus que modeste. Les bons modèles atteignirent facilement 250 km/h à Monza.

Bugatti type 251 Moteur Grand Prix *1955*

Les dernières voitures de Grand Prix de Bugatti étaient équipées de ce moteur huit cylindres en ligne. On voit clairement la conception du moteur qui est constitué de deux blocs de quatre cylindres chacun. Deux arbres à cames en tête tournent à 8 000 tr/min. Le vilebrequin tourne sur dix paliers lisses et un double allumage Marelli accentue encore cette conception très progressiste de ce moteur qui a plus de 50 ans.

Bugatti GP type 251 *1955*

Cette Bugatti bleue fut la dernière tentative de la marque pour reprendre pied dans le secteur du Grand Prix. Maurice Trintignant fit une seule course face à des adversaires italiens et anglais bien plus puissants. C'était pour le Grand Prix de France à Reims en 1956. Mais hélas sans succès. Trintignant dut abandonner à cause d'une défaillance technique. Au lieu d'être à l'avant, le moteur de cette Bugatti était installé transversalement derrière le siège du pilote. C'était un huit cylindres en ligne de 2 495 cm^3 de cylindrée développant 240 ch. Dans la longue ligne droite de Reims, Trintignant roula à 260 km/h. En raison de problèmes financiers, cette conception intéressante de Gioacchino Colombo, futur directeur technique de Ferrari, ne fut pas améliorée, et pour des motifs économiques, Bugatti mit fin à toutes ses activités en compétition.

Gordini Grand Prix type 32 *1955*

Avec l'engagement de la nouvelle flèche d'argent Mercedes de type W 196, les écuries françaises Gordini et Talbot, plus petites, se retrouvèrent au pied du mur. Cette dernière Gordini Grand Prix n'a jamais eu de véritable chance de gagner au cours de la saison 1955. Son huit cylindres en ligne de conception nouvelle était de 2 473 cm^3 et développait au mieux 250 ch. La vitesse de pointe approchait les 270 km/h. Cette voiture de course n'avait l'avantage qu'au freinage. Gordini fut l'un des pionniers des freins à disques sur les quatre roues. En outre, le modèle 32 ne pesait que 650 kg et était donc nettement plus léger que la concurrence. Ses meilleures places furent deux septième places en 1955 et 1956. Après ces résultats décevants, Gordini quitta la scène des Grands Prix pour de nombreuses années.

Lancia D50 Formule 1 *1954*

Avec ses pilotes d'usine Ascari, Villoresi et Castellotti, la Scuderia Lancia récemment fondée rassembla une équipe forte pour sa première saison de course. L'arme secrète de Lancia était cette D50 avec son réservoir latéral favorisant l'aérodynamisme. Ce fut la première voiture d'usine officielle de Lancia sur la scène des Grands Prix. Le puissant huit cylindres de 2 489 cm^3 développait 250 à 270 ch. En 1955, cette voiture de Formule 1 roulant à 270 km/h remporta quelques courses ne comptant pas pour le Championnat du monde, comme le Grand Prix de Turin, et Castellotti fut troisième au Championnat des pilotes de Formule 1.

Lancia-Ferrari 801 *1956*

En 1955, Alberto Ascari, âgé de seulement 36 ans, trouva la mort de façon tragique lors d'un essai avec une nouvelle Ferrari à Monza. Suite à cette tragédie, toute l'écurie Lancia de Formule 1 se retrouva confrontée à des difficultés financières. Cela obligea la direction à vendre ses Lancia D50 à Ferrari pour une somme modique. Vittorio Jano, directeur technique de Ferrari, améliora celles-ci, ce qui en augmenta grandement la fiabilité. Ces Lancia furent engagées avec succès pour la saison 1956-1957 sous le type Ferrari 801. Fangio fut champion du monde en 1956 avec cette Ferrari 801 devant Stirling Moss sur Maserati 250 F. La photographie a été prise avant le Grand Prix de Belgique en 1956.

Vanwall Formule 1 *1955*

Dans les premières années de sa carrière dans les Grands Prix, le britannique Vanwall débuta avec de modestes résultats. La photographie montre l'Américain Harry Shell lors du Grand Prix d'Italie. La future star de Ferrari Mike Hawthorn pilota également une Vanwall lors du Grand Prix de Monaco de 1955. Trois ans plus tard, Stirling Moss et Tony Brooks remportèrent le Championnat du monde des constructeurs pour Vanwall. Après ce brillant succès, Vanwall se retira de la compétition. Le modèle de 1955 était équipé d'un moteur quatre cylindres de 285 ch pour une cylindrée de 2 490 cm^3 conçu avec l'aide de Nortons.

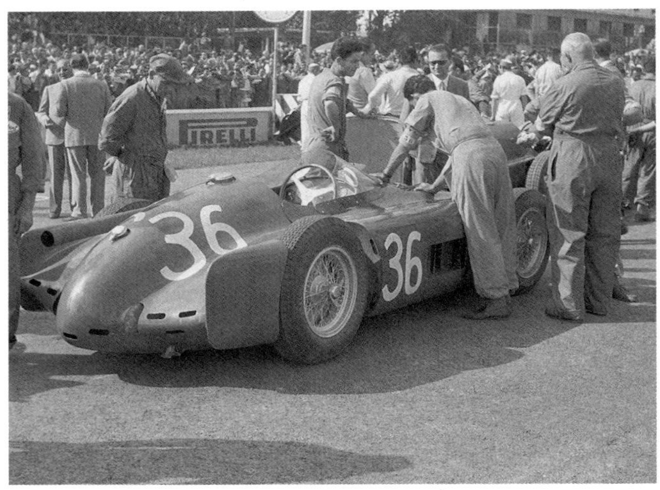

Maserati 250 F Formule 1 *1955*

Dans les années 1950, on pouvait gagner beaucoup d'argent grâce à la vente de Formules 1 compétitives à de riches pilotes privés. Maserati trouva preneur pour 26 voitures Formule 1 de type 250 F. Jean Behra gagna ses honoraires en tant que pilote d'usine de l'Officine Alfieri Maserati, l'écurie officielle. La photographie montre sa Maserati 250 F lors du départ du Grand Prix d'Italie. L'aérodynamisme avait été amélioré. Dans le même style que la Lancia D50, cette 250 F avait été transformée avec réservoirs latéraux et ailerons. Malgré ces modifications, Fangio remporta la course sur la Mercedes-Benz W 196 entièrement carénée et aérodynamique.

Maserati 250 F Formule 1 *1956*

Stirling Moss et Jean Behra étaient considérés en 1956 comme les pilotes les plus rapides de la Maserati 250 F. Stirling Moss remporta le Grand Prix de Monaco et celui d'Italie, la course la plus importante de la saison pour tous les Italiens. Toutefois, c'est Ferrari qui empocha le titre mondial avec Fangio au volant. La photographie montre le Français Jean Behra lors du Grand Prix de Belgique à Spa sur sa Maserati 250 F. En 1957, Fangio, qui avait déjà 46 ans, remporta son cinquième et dernier titre mondial sur sa Maserati 250 F encore améliorée.

Les débuts de la Mercedes-Benz W 196 R *1954*

Départ du Grand Prix de France à Reims en 1954. Juan Manuel Fangio, le plus rapide aux essais, est tout à gauche avec sa Mercedes W 196 R, au centre, Karl Kling sur Mercedes W 196 R (nº 20), tout à droite, Alberto Ascari sur Maserati 250 F (nº 10). Deuxième ligne, à gauche José F. González sur Ferrari 553 (nº 2) et Onofre Marimón sur Maserati 250 F (nº 12). Sur la troisième ligne avec le numéro 46, on trouve Prinz Bira sur Maserati 250 F, au centre Hans Herrmann sur Mercedes W 198 R, et portant le numéro 6, Mike Hawthorn sur Ferrari 553. Fangio et Kling franchirent la ligne d'arrivée avec un tour d'avance et un nouveau record. La vitesse moyenne fut de 186,638 km/h.

Mercedes-Benz 2,5 l voiture de course W 196 R *1955*

Après une abstinence de 15 ans, les flèches d'argent de Mercedes-Benz revinrent sur la scène de la Formule 1 avec cette voiture de course. Déjà lors du premier départ le 4 juillet 1954, Juan Manuel Fangio et Karl Kling remportèrent une double victoire et le jeune pilote Hans Herrmann fit le tour de circuit le plus rapide. Une entrée des plus convaincante qui ne coulait pas de source comme le montreront les courses suivantes. Ces voitures étaient équipées d'un moteur en ligne de 290 ch avec deux arbres à cames en tête, pour une cylindrée de 2 497 cm^3 et une vitesse de pointe de 305 km/h.

Grand Prix d'Angleterre *1954*

La grille de départ du Grand Prix d'Angleterre de 1954 à Silverstone. Les larges voitures aérodynamiques ne vont pas ramener grand chose de cette course. L'Argentin José Froilán González avec le numéro 9 remporta très largement la course sur sa Ferrari 625.

Grand Prix d'Angleterre *1954*

Dur sur les bords. Fangio manqua la trajectoire idéale de quelques centimètres et toucha le bord du circuit qui, à l'époque, était encore constitué de vieux bidons. Avec des roues découvertes cela ne lui serait pas arrivé.

Mercedes-Benz W 196 R *1954*

Une voiture de course aérodynamique ne paye que sur des circuits rapides. Après la défaite pas totalement inattendue sur le circuit de Silverstone, le monoplace fut achevé par le service compétition de Daimler. La puissance fut maintenue à 290 ch mais Fangio and Co. perdirent environ 30 km/h. Ils se retrouvèrent ainsi au niveau de Ferrari et Maserati.

Mercedes-Benz W 196 R Moteur de Formule 1

1954

Dès 1952, les meilleurs spécialistes moteur de Daimler-Benz se penchèrent sur la mise au point d'un nouveau moteur de course huit cylindres qui pourrait conduire à la victoire tant les Formules 1 que les voitures pour les courses d'endurance. Cela fut possible de façon remarquable, malgré les nombreuses innovations qui réservent souvent des problèmes inattendus lors de l'utilisation intensive en course. Parmi ces inventions par exemple, la nouvelle forme d'injection directe de l'essence mise au point avec Bosch et utilisée pour la première fois sur une Formule 1, ou encore la commande desmodromique des soupapes qui a lieu sans ressort de soupape et permet un régime supérieur à 9 000 tr/min.

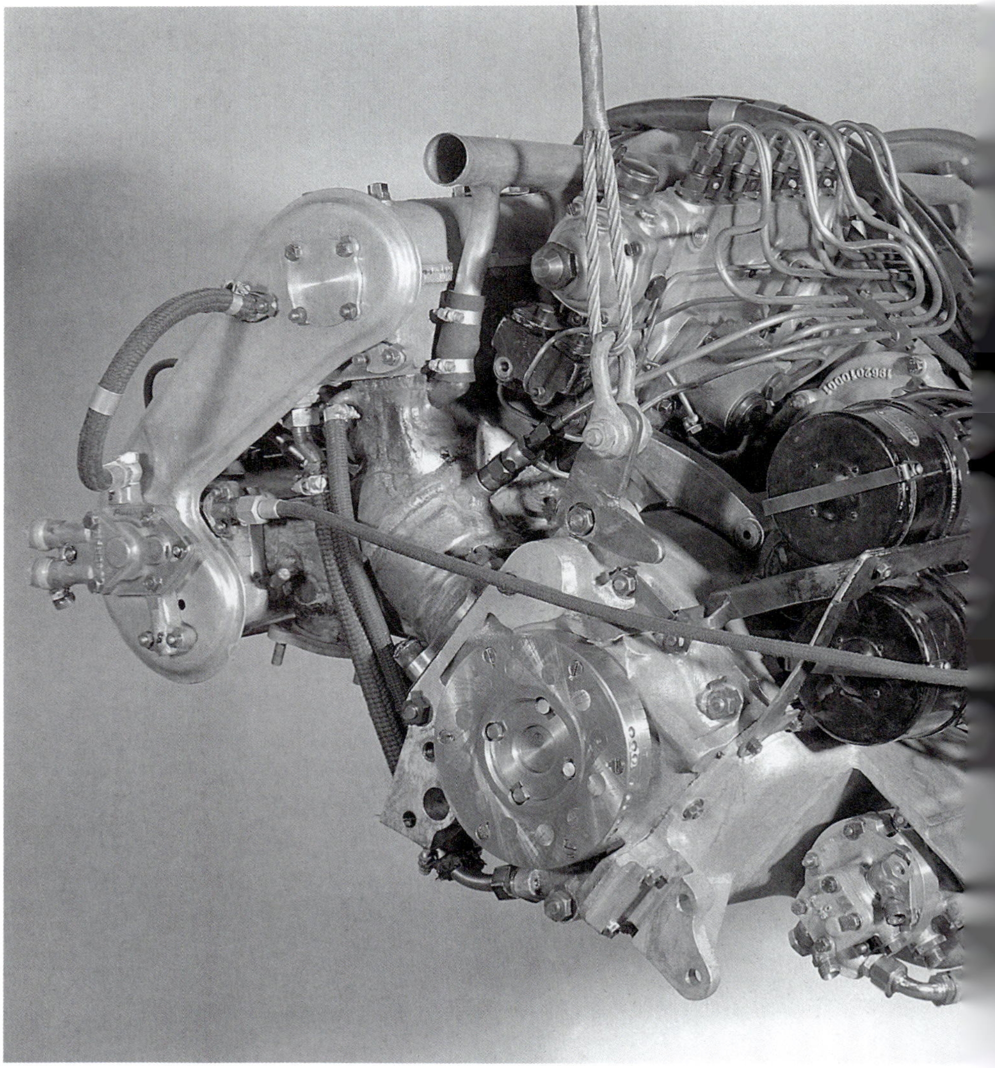

Mercedes-Benz W 196 R Train avant *1954*

Les courses automobiles se gagnent également au freinage. Ce conseil de pilote est toujours valable de nos jours. En 1954, les premiers freins à disque ne se révélèrent pas assez fiables pour leur utilisation intense en course. Les ingénieurs de Daimler misèrent donc sur des freins à tambour aérés placés à l'intérieur. Les masses non rivetées des suspensions à roue indépendante sont par conséquent moins importantes.

Mercedes-Benz W 196 R Train arrière *1954*

Fritz Nallinger et Rudolf Uhlenhaut, qui étaient les chefs de projet, misèrent aussi sur une solution autonome pour la construction du train arrière qui était très différent de celui de la concurrence. Les freins à tambour trouvaient également une place à l'intérieur sur l'essieu arrière. Sur cette voiture, la boîte cinq vitesses n'est pas placée devant, mais derrière l'essieu, tout comme le réservoir. Avec cet agencement, on espérait une répartition équilibrée du poids et donc un meilleur comportement sur route. Le châssis tubulaire très léger et résistant aux torsions ne pesait que 36 kg.

Duel en Suisse *1954*

Dans les années 1950 le Grand Prix de Suisse sur le circuit de Bremgarten était considéré comme un des événements le plus important dans le calendrier de Formule 1 comptant huit courses. Sur cette photographie, on voit l'Argentin Fangio sur une monoplace Mercedes W 196 luttant avec son compatriote González sur une Ferrari 625. Fangio finit juste devant. Avant leur engagement dans les Grands Prix, les deux Argentins concouraient uniquement pour des courses de stock-cars dans la Pampa, raconta José Froilán González à des journalistes stupéfaits.

Portrait

Juan Manuel Fangio

Juan Manuel Fangio devint le méritant champion du monde en 1954 avec deux victoires sur Maserati 250 F en début de saison, puis quatre victoires sur Mercedes-Benz W 196 R. Fangio avait déjà 43 ans à cette époque. Les deux as de Ferrari, González et Hawthorn, durent se contenter de la deuxième et de la troisième place, avec une victoire chacun.

Le « Miracle bleu » *1955*

Les succès du service compétition de Daimler dans les années 1950 étaient dus à la minutie. Quelques centaines de spécialistes travaillèrent à la mise au point de la Mercedes-Benz W 196 R. Par moments, jusqu'à 1 200 techniciens auraient été impliqués dans le projet Formule 1. La rapide camionnette de transport Mercedes-Benz de 1955 est caractéristique de cette rigueur souabe. Ce véhicule roulait à plus de 170 km/h. Des tests de vitesse avaient été réalisés sur le vieux circuit d'Hockenheim. Avec cette camionnette bleue foncé, le service de course pouvait dans la nuit apporter du nouveau matériel à destination de tous les circuits européens, d'où son surnom de « Miracle bleu ». Elle était équipée d'un moteur de voiture de sport, la 300 SL, développant plus de 200 ch.

Portrait

Stirling Moss

En 1954, à 25 ans, Stirling Moss décrocha un contrat avec le chef du service compétition Alfred Neubauer pour la saison 1955. Bien que sur 600 ourses, il n'en courut que 13 pour Mercedes-Benz, ce furent ses meilleures, dit-il aujourd'hui.

Grand Prix d'Espagne *1954*

Peu avant le départ du Grand Prix d'Espagne à Pedralbes. Chaque mécanicien doit faire démarrer et laisser chauffer la voiture dont il est responsable avant que les pilotes prennent place. Alfred Neubauer, chef du service compétition de Mercedes, vérifiait méticuleusement l'apparence impeccable de ses mécaniciens et de ses pilotes. Les tâches d'huile sur les combinaisons étaient très mal vues avant la course.

Portrait

Hans Herrmann

Un contrat avec Daimler ? Que pouvait-il arriver de mieux au jeune pâtissier Hans Herrmann alors âgé de 25 ans ? Au volant de sa Mercedes de course, ce garçon enjoué et amical devint combatif malgré ses pantalons impeccablement repassés comme ici avant le Grand Prix de France où il réalisa le tour de circuit le plus rapide.

Grand Prix d'Espagne *1954*

La sécurité des spectateurs, des commissaires de piste, des cameramen et des pilotes était plutôt accessoire dans les années 1950 comme le montre cette photographie du Grand Prix d'Espagne à Pedralbes. Une petite défaillance technique et la voiture fonçait dans la foule qui n'était protégée que par une barrière en bois. À cette époque, deux à trois pilotes mourraient chaque saison ainsi que de nombreux spectateurs.

Grand prix d'Italie *1955*

Seuls les États-Unis demandent encore des virages en pente, y compris pour les nouveaux circuits. D'imposantes barrières de protection empêchent que le pire se produise. En 1955, le nouveau circuit automobile de Monza était considéré comme le plus moderne d'Europe. Sur cette photographie, dans un bruit de tonnerre, Fangio et l'Italien Piero Taruffi roulent sur le mur en pente avec leur Mercedes-Benz W 196 R à l'excellent aérodynamisme. Quelques années plus tard, cette dangereuse partie du circuit fut transformée.

Grand Prix d'Europe *1955*

C'était une course spectaculaire. Une agence de presse titra : « Hécatombe au Grand Prix d'Europe ». Sur sa Lancia D50, Alberto Ascari tomba dans le port de Monte Carlo et fut sauvé juste à temps par des plongeurs. Il ne fut que légèrement blessé. Chez Mercedes, malgré les meilleurs temps aux essais, il y eut des problèmes techniques et les trois voitures durent abandonner. Le Français Louis Trintignant profita des nombreuses défaillances sur une Ferrari 625 portant le numéro 44, ici derrière Villoresi sur un Lancia D50. Villoresi termina quatrième. En 1955, Juan Manuel Fangio fut pour la deuxième fois champion du monde sur Mercedes-Benz W 196 R. Après cette saison, l'écurie de Stuttgart arrêta ses activités en compétition pour plusieurs années.

Chance dans l'accident *1954*

Dans les années 1950, la compréhension de la sécurité active et passive était encore sous-développée lors des courses automobiles. Organisateurs et pilotes refoulaient les risques, comme ici lors de la course Crystal Palace le 4 août 1954. Le pilote Keith Hall, tout juste âgé de 20 ans, heurta le talus avec sa Cooper Bristol et fut éjecté de sa voiture de course. Il n'y perdit pas la vie mais se cassa plusieurs vertèbres lombaires. Avec le système de ceinture de sécurité obligatoire de nos jours dans toute voiture de course, cet accident anodin serait resté sans conséquences pour le pilote.

Chevrolet CERV I *1959*

Le directeur technique en chef de Chevrolet, Zora Arkus-Duntov était considéré dans les années 1950 comme un expert passionné de course automobile, bien que pour des raisons financières, son groupe ne participât pas à la compétition. Toutefois, cette monoplace réalisée en un seul exemplaire était considérée comme la candidate ayant le plus de chance pour les futurs engagements dans les Grands Prix et à Indianapolis sous le fanion de Chevrolet. Lors du Grand Prix des États-Unis en 1960, Duntov fit quelques tours rapides de démonstration. Ensuite, cette belle pièce disparut dans les caves du service de développement. Un moteur de course V8 en métal léger équipait cette voiture et développait 350 ch.

Ferrari Dino 246/256 *1958*

Cette photographie montre Wolfgang Graf Berghe von Trips lors du Grand Prix de Monaco. Von Trips conduit la dernière Formule 1 de Ferrari équipée d'un moteur avant, un V6 de 290 ch pour une cylindrée de 2 417 cm³. Lors de ce Grand Prix, la supériorité des voitures de course légères à moteur arrière de Cooper fut très visible sur ce circuit aux multiples virages. Comme d'habitude, Maurice Trintignant remporta la course sur sa Cooper T45. Cette Anglaise était équipée d'un moteur Climax quatre cylindres développant à l'époque au maximum 220 ch. Lotus prit également le départ avec une voiture à moteur avant, la Lotus 16.

Grand Prix de Hollande *1960*

Ferrari dut faire amande honorable. En 1959 et 1960, les « garagistes » anglais (dixit Enzo Ferrari) remportèrent une victoire après l'autre avec leurs voitures légères à moteur arrière. Jack Brabham fut deux fois champion du monde sur la Cooper T51 Climax. La photographie montre la différence de comportement dans les virages entre la Ferrari Dino 246 devant et Stirling Moss sur la petite Lotus 18 Climax. Phil Hill dériva à la sortie du virage et perdit du temps alors que Moss maintint la trajectoire idéale à pleine vitesse, et ce sans rien de spectaculaire.

Lotus 18 Climax *1960*

Lors du Grand Prix de Hollande de 1961, Stirling Moss conduisait encore une Lotus 18 Climax de 1960 pour l'écurie privée Rob Walker Racing. Colin Chapman, chef de Lotus, misait sur une carrosserie vraiment légère. Sans huile ni carburant, la fragile Lotus 18 ne pesait que 372 kg, environ 130 kg de moins qu'une Ferrari Dion 246. Avec une vitesse de pointe de 270 km/h, la Lotus 18 était environ 8 km/h en dessous de la Ferrari. Les prises de temps se faisaient encore à l'aide de chronomètres. Dans les zones de freinage et les virages, la Lotus et la Cooper T53 Climax rattrapaient facilement les mètres perdus. En 1960, dernière année de la formule 2,5 l, avec ses voitures à moteur avant, Ferrari remporta seulement le Grand Prix d'Italie. Les huit autres Grands Prix furent remportés par Cooper ou Lotus.

Les pilotes privés *1960*

Même sans beaucoup d'argent, on pouvait être un pilote de Formule 1 dans les années 1960. La photographie montre un pilote privé autrichien en route vers le Grand Prix de Monaco. Sur la remorque, un Cooper T51 Climax. Une Opel Kapitän tire la remorque.

Lola Formule Junior *1960*

L'entreprise Lola existe toujours. Elle gagna ses premiers revenus avec l'épreuve de course Formule Junior crée en 1960. Les jeunes pilotes de toute l'Europe eurent désormais une voiture transmettant de véritables sensations pendant la course. Cooper, Lotus, Elva et Lola arrivaient à peine à fournir, tant les commandes étaient nombreuses. La photographie montre une des premières voitures de course Formule junior avec moteur avant conçue par la maison Lola. Cette voiture était considérée à l'époque comme puissante avec 998 cm^3 de cylindrée et environ 70 ch pour une vitesse de pointe de 165 km/h.

Lola Formule Junior *1960*

Caractéristique de cette époque turbulente : le châssis « maison » constitué de fin tubes d'acier rivetés sur des parties de la carrosserie. Après les premières voitures de course Lola à moteur avant, celles qui suivirent à partir de 1962 furent équipées d'un moteur arrière.

Cooper Climax T53 *1960*

Départ du Grand Prix de Hollande de 1960. Ici, l'Australien Jack Brabham sur sa Cooper Climax T53 est déjà devant Stirling Moss portant le numéro un sur sa nouvelle Lotus Climax 18. Les trois Ferrari sont déjà loin derrière. Brabham remporta la course et son deuxième titre de champion du monde pour Cooper, après celui de 1959. À l'origine, le moteur fiable Coventry Climax quatre cylindres fut fabriqué à partir d'un moteur de pompe à incendie. Dans la dernière phase de la mise au point, ce moteur développa jusqu'à 240 ch à 6 750 tr/min, sa puissance maximum.

Cooper Formule Junior *1960*

Charles Cooper et son fils John fournirent des monoplaces de valeur à des pilotes de course qui devinrent célèbres bien plus tard. Les premières voitures de course Cooper furent créées en 1950 sur un châssis tubulaire dans lequel étaient installés des moteurs de moto, le monocylindre JAP ou le bicylindre Norton. Avec 35 ch, ces Formules 3 légères de type Cooper Mark IV roulaient déjà à 140 km/h dans les virages. La photographie montre une des toutes premières formules Junior de Cooper. Plus de 300 voitures furent vendues à travers le monde. À la place du moteur Ford quatre cylindres développant 85 ch, certains pilotes installèrent sur ces châssis des moteurs de compétition quatre cylindres Climax développant jusqu'à 200 ch, et participèrent à des courses de Formule 1 ne comptant pas pour les Championnats du monde.

Ferrari Tipo 156/F2 « Course à la Solitude » *1960*

Sur la nouvelle Ferrari 156, première monoplace Ferrari à moteur arrière, Graf Berghe von Trips remporta cette course de Formule 2 très disputée devant environ 350 000 spectateurs après que Jack Brabham sur Cooper et Jim Clark sur Lotus avaient établis de nouveaux records du tour de circuit. Joakim Bonnier, Graham Hill et Hans Herrmann, tous sur Porsche 718, furent régulièrement en tête mais von Trips fut le premier à franchir la ligne d'arrivée. Moteur V6 de 1 486 cm^3, 190 ch à 9 500 tr/min en tant que Formule 2.

Porsche 718/F2 « Course à la Solitude » *1960*

À partir de 1961, les voitures de course de Formule 1 furent tirées des Formules 2 dotées d'une cylindrée maximale de 1 500 cm^3. À l'époque, Ferrari possédait un moteur V6 « Dino » de Formule 2 largement supérieur aux autres. Des journalistes malveillants virent dans cette modification du règlement un avantage pour Ferrari et un handicap important pour les équipes anglaises car le nouveau moteur 1,5 l de Coventry Climax n'était pas encore prêt. La course de Formule 2 à la Solitude près de Stuttgart fut alors considérée comme l'événement majeur de la future réglementation de la Formule 1. Pour cette course, 22 monoplaces étaient sur la grille de départ, dont l'écurie Ferrari avec la toute nouvelle Ferrari Tipo 156. Porsche envoya cinq de ses nouvelles Formules 2 718. On voit ici Graham Hill devant Joakim Bonnier tous les deux sur Porsche 718. Puissance 195 ch, moteur quatre cylindres à plat, vitesse de pointe 250 km/h.

Ferrari Tipo 156/F1 *1961*

L'Américain Phil Hill s'assura le titre de champion du monde 1961 après le décès de son camarade d'écurie Graf Berghe von Trips. Après avoir heurté la Lotus de Jim Clark au cours de l'avant dernier tour à Monza, von Trips blessa 21 spectateurs et en entraîna 15 avec lui dans la mort. Malgré une importante modification stylistique de la partie avant, cette Ferrari Tipo 156/F1 est en fait la Formule 2 de l'année précédente telle qu'elle fut engagée dans des courses comme celle de la Solitude. En 1961 le moteur V6 qui avait fait ses preuves développait 195 ch à 10 000 tr/min sur le train arrière. Avec sa boîte six vitesses récemment mise au point, cette Ferrari « Sharknose » (nez de requin) atteignait les 255 km/h. Sur les circuits rapides, cette Ferrari surpassait nettement les voitures de course anglaises.

Lotus 18/21 Climax *1961*

Après le retrait de Mercedes-Benz de la Formule 1 en 1956, Stirling Moss, qui ne manquait ni d'argent, ni de talent, participa à un grand nombre de courses sur les voitures les plus variées, mais pas toujours les meilleures. L'une d'entre elles fut cette Lotus 18/21 Interim enregistrée à titre privé pour la course de Formule 1 de la Solitude en 1961. Le directeur technique de Lotus, Colin Chapman, n'accorda jamais de contrat à Sterling Moss car avec Jimi Clark, Innes Ireland, Trevor Taylor ou Mike Spence il s'en sortait mieux financièrement, disaient les initiés à l'époque. Cooper et Lotus devaient encore se contenter du moteur quatre cylindres Climax mais un nouveau moteur V8 était en préparation. Le quatre cylindres Climax de 1 498 cm^3 développait 175 ch dans la Lotus 18/21 privée. La vitesse de pointe était de 250 km/h maximum. Pas assez pour les circuits rapides. Le pilote Lotus, Innes Ireland remporta la course de la Solitude en 1961 sur la Lotus d'usine.

Grand Prix de Monaco *1961*

L'Américain Ritchie Ginther sur une voiture d'usine Ferrari, une Tipo 156 portant le numéro 36, est toujours devant Stirling Moss sur une Rob Walker-Lotus 18 portant le numéro 20, plus ancienne que la Ferrari de Ginther. Jim Clark sur la dernière Lotus 21 d'usine portant le numéro 28 s'avance vers Moss dans la zone de freinage. Moss remporta le Grand Prix de façon convaincante. En 1961, les écuries anglaises s'épanouirent réellement. Lotus vendit 35 Formules 1 et Formules junior, et Cooper put encore se réjouir de plus de huit contrats de vente, bien que Lotus offrit la Formule 1 sans aucun doute la plus rapide.

Formule Junior Melkus *1961*

Des courses de voitures et de motos avaient aussi lieu en Allemagne de l'Est mais étaient le plus souvent volontairement ignorées par les médias ouest-allemands. Lors des compétitions ouest-allemandes de l'Eifel, de la Solitude ou du Grand Prix de Fribourg, les pilotes est-allemands étaient les bienvenus. Ces pilotes étaient également présents sur les grilles de départ à Leningrad ou comme ici lors de la course sur l'aéroport de Budapest en 1961. Les voitures de course est-allemandes les plus victorieuses sortaient des ateliers Melkus père et fils. La photographie montre quelques Formules Junior Melkus de 1960, mieux connues sous le nom de « Ketten-Wartburg ». Un moteur deux temps trois cylindres Wartburg 311 de 980 ou 1 050 cm³ de cylindrée et une puissance de 60 à 80 ch équipait ces voitures. Vitesse de pointe 220 km/h.

Estonia 21 Formule Easter *1977*

Depuis la réunification des deux Allemagne, il n'y a presque plus de courses en ex-RDA. De nombreuses voitures de la Formule Easter ont été mises à la casse, ont disparu dans des musées ou bien rouillent abandonnées dans des hangars. Lors des courses de vieilles voitures, des véhicules qui méritent d'être vus fêtent leur résurrection, comme par exemple lors de l'Historic Cup de l'ADAC. La photographie montre une Estonia 21 soviétique équipée d'un moteur Shiguli/Lada de 1 300 cm³ qui développait environ 100 ch.

MTX Formule Easter
1977

Les constructeurs britanniques de voitures de course pouvaient acheter sur le marché mondial toutes les pièces et matériaux qu'ils considéraient comme utiles. Dans les pays du bloc de l'Est, il n'existait qu'un seul fabricant de pneus tchèque qui vendait des pneus slicks à un prix exorbitant. Les châssis tubulaires étaient souvent conçus à partir de tubes carrés en acier car on ne pouvait se procurer des tubes ronds que par des voies détournés. Cependant, en RDA et dans d'autres pays du bloc de l'Est furent fabriquées des voitures de course aux formes agréables et ce en petites séries, comme cette MTX tchèque qui roulait avec un moteur Shiguli 1300.

MT 77 Formule Easter *1977*

Les plus belles voitures de courses de la RDA et celles ayant remporté le plus de victoires sont les MT77 de Ulli et Peter Melkus et Hartmut Thaßler. Environ 25 exemplaires furent fabriqués dans les ateliers de Melkus. Les meilleures atteignaient une vitesse de pointe de 260 km/h. Elles gagnèrent les coupes entre 1997 et 1990. Les MT 77 étaient équipées d'un moteur quatre cylindres Shiguli/Lada de 1 300 ou 1 600 cm^3, selon le pays. Les moteurs les plus puissants pouvaient développer jusqu'à 145 ch.

MT 77 Formule Easter *1977*

Les voiture de course aérodynamiques de la RDA furent conçues dans l'amour du détail. Sur chacune des quatre roues il y avait des freins à disques. La première MT 77 fut testée dans une soufflerie en 1977. Il y avait même une équipe nationale de quatre pilotes derrière la direction de la SRG (Société de courses socialiste). Le dernier champion de Formule Easter dans la catégorie des 1 300 cm^3 fut Rainer Schulze en 1990 sur une MT 77 améliorée.

Lotus Climax Type 24-F1 *1962*

Au début des années 1960, toute personne disposant de l'argent nécessaire pouvait s'offrir une Formule 1. À côté des Grands Prix comptant pour le Championnat du monde, il existait d'autres courses de Formule 1 ou de Formule libre n'ayant pas le statut de Championnat du monde, où de jeunes et talentueux pilotes pouvaient gagner de l'argent. Les meilleurs exemples étaient la course de Solitude près de Stuttgart ou la Race of Champions à Brands Hatch. Le Suisse Mäzen Filipinetti offrit cette Lotus 24 à son très talentueux compatriote Jo Siffert qui, à l'époque, n'avait pas d'argent. Siffert participa à quelques belles courses sur sa monoplace de l'écurie Filipinetti mais échoua souvent à cause de défaillances techniques.

Lotus 22 Ford *1962*

Dans les années 1960, une grande partie de l'élite de la Formule 1 participait également à des courses moins importantes car il y avait des primes pour ces courses de Formule junior ou autres événements du sport automobile. On voit ici Jo Siffert sur une voiture de Formule junior lors du Grand Prix de Vienne sur la piste de l'aéroport d'Aspern. Le Suisse gagna cette course en 1962. Sa Lotus 22 Ford était équipée d'un moteur trafiqué quatre cylindres Ford Anglia de 90 ch pour 1 050 cm^3 de cylindrée.

Stanguellini Formule Junior *1962*

Les premières courses de Formule junior furent organisées en Italie dès 1958. Cette catégorie fut rapidement un succès parmi les futurs pilotes de Formule 1 lorsque la commission internationale du sport inscrivit la Formule junior au niveau international. Des grilles de départ regroupant 45 voitures n'étaient pas rares à l'époque. Celui qui profita en premier de ce boom fut le pionnier de la Formule junior, l'Italien Stanguellini avec ses voitures de course à moteur avant conçues à partir de la Fiat 1100. En 1960, les voitures à moteur arrière de Cooper, Lotus et Elva se rattrapèrent en enchaînant les victoires les unes après les autres. En quelques mois, Stanguellini passa au peloton de queue. La photographie montre sa dernière tentative de faire courir une voiture de course compétitive à moteur arrière lors du Grand Prix de Vienne en 1962. Hélas, sans succès. Stanguellini fut ramené à la réalité et se retira de la Formule junior.

Portrait

Colin Chapman et Jim Clark

Avant le départ du Grand Prix de Monaco en 1963. Le directeur technique de Lotus, Colin Chapman, et l'inoubliable Jim Clark se complétaient de façon quasiment unique. En tant que premier constructeur de Formule 1, Chapman perfectionna la légèreté des modèles jusqu'à des dimensions plus supportables. Le poids minimal exigé à l'époque était de 450 kg. Colin Chapman et Eric Broadley de Lola Cars révolutionnèrent la construction des voitures de course dans son ensemble avec la fabrication du premier châssis monocoque en plaques d'aluminium rivetées, le châssis autoporteur. Jim Clark ne changea jamais d'écurie et resta fidèle à Lotus. En 1963, il remporta son premier titre de champion du monde sur sa monocoque Lotus 25. Un deuxième titre suivit en 1965.

Lotus 22 DKW *1962*

Un des pilotes le plus polyvalent et le plus talentueux des années 1960 fut Gerhard Mitter. Il était considéré comme un préparateur excellant dans les moteurs deux temps. Ses diverses Formules junior étaient souvent aux premiers rangs sur la grille de départ mais durant la course, elles échouaient à cause de problèmes thermiques. La photographie montre Gerhard Mitter lors du Grand Prix d'Innsbruck en 1962. Mitter fut ensuite pilote d'usine chez Porsche et BMW et remporta plusieurs courses d'endurance comme la Targa Florio en 1969.

De Tomaso 801 *1962*

Le constructeur italien de voitures de course De Tomaso entra dans le milieu de la Formule 1 avec cette belle monoplace. Sa meilleure position sur la grille de départ fut la vingtième. En 1962 et 1963, les deux pilotes ne réussirent pas à se qualifier pour la course. Les moteurs Osca et Alfa Romeo utilisés sur ces voitures ne se montraient plus assez performants qu'auparavant. En 1963, ce fut la fin de la course. En 1970, De Tomaso tenta un nouveau départ avec l'équipe Williams et eut des résultats légèrement meilleurs.

Lotus 25 Climax V8 *1963*

Pour le chef de Lotus, Colin Chapman, et Jim Clark, le soleil brilla enfin en 1963 avec le titre de champion du monde. En 1962, Jim Clark avait échoué dans des courses décisives en raison de défaillances techniques de la direction, si bien que Graham Hill avec sa BRM P57 V8 monta sur le podium. Dans la Lotus 25 tournait un moteur V8 Climax de 210 ch pour une cylindrée de 1 495 cm^3. Dans la longue ligne droite de Monza, la Lotus la plus rapide à cette époque avait été flashée à 260 km/h. Ferrari et BRM atteignaient les 270 km/h. Pour tous les initiés, le maniement de la légère Lotus 25 avec Jim Clark au volant était un véritable régal. À quel point cette première voiture monocoque était supérieure dans les mains de Clark fut démontré par le Grand Prix de Hollande de 1962. Clark domina largement tous ses adversaires sur le difficile circuit de Zandvoort.

Ferrari Tipo 158 *1964*

Grand Prix de Monaco 1964. Avec le septuple champion du monde moto John Surtees au volant, Ferrari réussit un retour longtemps espéré. Surtees est à ce jour le seul pilote qui fut champion du monde sur deux et quatre roues. Sa Ferrari Tipo 158 était un modèle nouveau à châssis monocoque et moteur V8 récemment mis au point développant à l'origine 210 ch à 11 000 tr/min. Jusqu'ici Ferrari misait sur le moteur V6 Dino. À la place d'un carburateur Weber, c'était désormais une injection essence Bosch qui alimentait en carburant le moteur tournant à haut régime. Pour un poids à vide d'environ 470 kg, cette Tipo 158 atteignait 285 km/h sur la longue ligne droite de Monza et était donc un peu plus rapide que les Lotus 25/33 de Jim Clark ou que la BRM P261 de Graham Hill.

Lotus 33 Climax V8 *1963*

Sous la direction de Colin Chapman particulièrement créatif, on ne s'arrêtait jamais chez Lotus. Ainsi ce modèle 33 succéda au type 25, certes victorieux mais néanmoins victime de défaillances. Le type 33 devait également être adapté aux clients. Jim Clark pilota déjà celui-ci en 1964 lors de quelques courses ne comptant pas pour les Championnats du monde, et remporta le titre en 1965 avec une Lotus 33 Climax V8 encore améliorée. La voiture se trouve aujourd'hui au musée Schlumpf à Mulhouse. Moteur Climax V8 MK4 avec quatre têtes de soupape et un allumage électronique sans contact développant 210 à 215 ch pour 1 495 cm^3.

BRM P261 V8 *1964*

Graham Hill sur son circuit préféré, à Monaco. Il remporta également cette course en 1964, date de la photographie. On remarque la position presque allongée dans le nouveau et premier monocoque BRM du directeur technique Tony Rudd. Contrairement à l'entreprise Lotus bien plus petite, BRM (British Racing Motors) misait sur ses propres moteurs de Formule 1 de 205 à 215 ch. Aux côtés de Hill, l'Américain Ritchie Ginther pilota la deuxième BRM durant la saison 1964. Graham Hill et Jim Clark sur Lotus, tous les deux touchés par des défaillances techniques lors de la dernière course de la saison 1964, ne purent obtenir le titre de champion du monde qui revint à John Surtees sur Ferrari Tipo 158.

BRM P261 V8 Moteur de Formule 1 *1964*

La compétition pour obtenir toujours plus de puissance mena à un coût de fabrication élevé pour la Formule 1,5 l. Ce moteur BRM V8 fut testé comme moteur quatre soupapes puis transformé en moteur deux soupapes. À 11 000 tr/min on disposait de 205 à 215 ch. Une boîte six vitesses mise au point par BRM est placée selon la conception du transaxle. Le moteur installé à un angle de 90° sert de support à la suspension. Dans les années 1960 la concurrence devait toujours compter avec les Formules 1 BRM.

Honda RA 272 F1 *1964*

Honda surprit le monde de la Formule 1 avec sa Formule 1 blanche. Le pilote de voiture de course américain Ronnie Bucknum se tint bravement au milieu du peloton. Cette monoplace à l'aspect légèrement massif montra son vrai potentiel sur les circuits rapides. Dans les lignes droites, Ronnie dépassait certains adversaires mieux classés. La pièce maîtresse du constructeur japonais était le moteur V12 placé derrière le siège du pilote développant jusqu'à 230 ch. Aucune voiture de course ne ressemblait à la Honda RA 272.

Honda RA 272 Moteur de Formule 1 *1965*

Ritchie Ginther lors du Grand Prix d'Italie regarde sceptique son moteur de course V12 Honda installé transversalement. Lors du dernier Grand Prix de la saison 1965 au Mexique, Honda remporta sa première victoire avec Ritchie Ginther aux commandes. Le titre de champion du monde revint à nouveau à la Lotus 33 Climax V8 entièrement rénovée avec Jim Clark au volant. Clark gagna six courses sur dix ; BRM avec sa nouvelle star Jackie Stewart et Graham Hill en remporta trois, et c'est à Honda que revint la victoire largement méritée du dernier Grand Prix de la Formule 1,5 l. Son camarade d'écurie Ronnie Bucknum prit la cinquième place. En 1966, le Championnat du monde de Formule 1 fut disputé selon un nouveau règlement. La limite de cylindrée fut désormais fixée à 3 l.

Grand Prix d'Allemagne *1965*

Quatre pilotes britanniques sur la première ligne. À l'extrême gauche, Jim Clark sur la Lotus 33 Climax V8, puis le futur champion du monde Jackie Stewart et Graham Hill sur des BRM P261 et, à moitié caché, l'ancien champion du monde John Surtees sur Ferrari. Au deuxième rang on voit le nez de la Brabham BT 11 Climax V8 de Dan Gurney. Jim Clark remporta cette course très disputée sur la boucle nord du Nürburgring.

Brabham BT19 Repco V8 *1966*

Avec à peine 40 ans au compteur, l'excentrique Australien Jack Brabham vécut son deuxième printemps sur sa Brabham BT 19 construite par ses soins. Ici, il fait parfaitement barrage à Jim Clark plus rapide sur sa Lotus 33 Climax V8 lors du Grand Prix de Hollande. 1966 est la première année de la nouvelle formule 3 l. Le préparateur australien Repco avait tellement gonflé le V8 léger de série d'Oldsmobile pour Brabham que les voitures de 1,5 l utilisées jusqu'ici paraissaient désuètes. Jack Brabham remporta quatre courses de Formule 1 en 1966 et fut ainsi le premier champion du monde roulant sur une Formule 1 construite par ses soins. Le moteur V8 Repco particulièrement fiable atteignait 315 ch à 7 250 tr/min.

McLaren M2B Ford V8 *1966*

Tout comme Jack Brabham, le Néo-zélandais Bruce McLaren vit lui aussi sa chance dans le fait d'avoir sa propre écurie. La première Formule 1 McLaren fut cette M2B équipée d'un moteur américain V8 Ford « Small Block » lors du Grand Prix de Monaco en 1966. Il n'existait pas de véritable chance de gagner avec cet ancien moteur de série. Au Grand Prix d'Angleterre, McLaren conduisit une M2B dotée d'un moteur V8 Serenissima. Le résultat fut un échec total. En 1967 McLaren misa sur les moteurs V8 et 12 cylindres BRM. Chez McLaren on n'était pas encore mûr pour des victoires en Formule 1.

BRM P83 H16 *1966*

Durant la première année de la nouvelle formule 3 l, une activité intense régna dans tous les grands ateliers de fabrication de moteur. C'est BRM qui décrocha le pompon avec son nouveau moteur 16 cylindres. On voit ici Jackie Stewart au Grand Prix d'Italie de 1966 à Monza. Lors de la plupart des autres courses, BRM utilisa un moteur V8 alésé datant de la saison précédente.

BRM P83 H16 Moteur de Formule 1 *1966*

Les moteurs de course 16 cylindres victorieux n'existaient jusqu'ici qu'en nombre très limité. Les flèches d'argent d'Auto Union datant d'avant la Seconde Guerre mondiale sont la grande exception à la règle. Avec son moteur de Formule 1 16 cylindres construit à grands frais, BRM prit un risque incalculable car le moteur était trop lourd, pas assez puissant avec 385 ch, trop peu fiable et trop cher pour l'écurie privée. BRM offrit le moteur H16 à Lotus. Chapman l'accepta et l'engagea dans le Grand Prix des États-Unis à Witkins Glen. Jim Clark remporta la course sur sa Lotus 43 BRM H16. Ce fut la seule victoire d'un moteur de Formule 1 16 cylindres de BRM.

Cooper T81 Maserati V12 *1966*

Durant cette première année de la nouvelle Formule 3 l, il n'y avait presque pas de moteurs 3 l compétitifs à vendre car seule Ferrari avait au programme un moteur adapté provenant des voitures de course. Cooper misa tout sur une seule carte et se fit livrer un 12 cylindres par Maserati dont la conception remontait aux années 1950. Contre toute attente, ce « vieillard » prouva ses qualités. La photographie montre Jochen Rindt lors du Grand Prix de Belgique. Ce jeune pilote chamboula totalement le milieu bien établi de la Formule 1. En 1966, Rindt fut troisième au classement du Championnat du monde derrière Jack Brabham et sa Brabham Repco V8 et John Surtees sur Ferrari 312.

Cooper T81 Maserati V12 Moteur de Formule 1 *1966*

Maserati n'avait pas conçu ce moteur V12 trop grand et trop lourd pour les courses de Formule 1. Il avait servi dans les années 1950 pour les voitures de course. Cependant, Cooper et de nombreuses autres petites équipes étaient satisfaits de cette machine relativement fiable. En plus de l'écurie Cooper avec Jochen Rindt et John Surtees, de nombreux pilotes privés tels que Joakim Bonnier, Jo Siffert et Guy Ligier, pilotèrent encore les Cooper Maserati en 1966 et 1967. Avec ce moteur, Surtees sur sa Cooper Maserati remporta le Grand Prix du Mexique en 1966.

Ferrari 312 V12 *1966*

L'ancien champion du monde John Surtees quitta Ferrari au milieu de la saison 1966 car il n'était pas d'accord avec le choix de son employeur concernant le moteur. Surtees fut embauché par Cooper. Lorenzo Bandini prit sa place au sein de l'équipe Ferrari de 1966 en pleine crise, et devint le collègue de Mike Parkes et Ludovico Scarfiotti. La photographie montre Bandini lors du Grand Prix d'Allemagne. Il fallait encore améliorer la sécurité des circuits comme on le voit à la Glas 1300 GT ensablée sur le côté de la piste. Malgré une bonne prestation, Bandini ne prit que la huitième place au Championnat du monde de 1966 et les deux autres pilotes d'usine Ferrari ne furent vu que très rarement dans le groupe de tête, à une exception près : Ludovico Scarfiotti remporta le Grand Prix d'Italie à Monza.

Brabham BT20 Repco V8 *1967*

Durant la saison 1967, l'équipe Brabham put encore une fois prouver qu'un moteur moins puissant mais plus fiable pouvait être en tête à la fin de la saison. Denny Hulme, ici sur la photographie, réussit ce tour de force avec sa Brabham BT20 bien au point, comme ici en tant que vainqueur du Grand Prix de Monaco. Le Néo-zélandais couronna sa première saison chez Brabham en remportant le Championnat du monde. Avec 335 ch maximum à 8 000 tr/min, ce V8 Repco australien était désormais arrivé à la fin de son développement. Jack Brabham se réjouit de son titre de vice-champion du monde sur sa propre voiture. Jim Clark sur Lotus arriva cette fois-ci à une décevante troisième place.

Honda RA 273 *1967*

Avec l'ancien champion du monde John Surtees au volant, Honda s'engagea pour la deuxième fois, après 1965, dans la Formule 1. Cette fois-ci, un nouveau moteur V12 développant jusqu'à 370 ch à 12 000 tr/min fournissait un sujet de discussion dans les stands. À la fin de la saison, le septuple champion du monde moto arriva à la quatrième place. Pour la saison 1968, Honda travaillait déjà un an à l'avance sur une nouvelle monoplace bien plus légère équipée d'un moteur huit cylindres.

Fin du service *1967*

L'épave calcinée de la Ferrari 312 V12 de Lorenzo Bandini. Lors de cet accident au Grand Prix de Monaco de 1967, l'Italien souffrit de graves brûlures. Ce n'est qu'en 1968 que la Fédération Internationale du Sport Automobile obligea l'embarquement d'un extincteur à bord du cockpit des Formules 1.

Lotus 49 Ford-Cosworth V8 *1967*

Avec l'aide de Ford les ateliers anglais de fabrication de moteurs Cosworth conçurent le moteur de course le plus victorieux de tous les temps. L'Anglais marque au compteur 155 victoires de Grands Prix. Déjà lors de sa première participation en 1967 pour le Grand Prix de Hollande, Jim Clark remporta la première victoire sur sa nouvelle Lotus 49. La photographie montre son collègue d'écurie Graham Hill lors du Grand Prix de France sur la même voiture. En 1967, la motorisation de ce moteur V8 n'était encore que de 400 ch. En 1968, il atteignait déjà 415 ch à 9 200 tr/min et ce n'était que le début.

Protos 16 Formule 2 *1967*

Les Formules 2 britanniques Protos 16 ne firent que très brièvement sensation. Derrière la vitre arrondie du pare-brise se cache le visage du pilote. Peut-être une solution intéressante sur le plan de l'aérodynamisme pour réduire nettement la résistance au vent à grande vitesse. En pratique en cas de course sous la pluie, les pare-brise se salissaient tellement que cette invention tomba rapidement aux oubliettes. La photographie montre le pilote privé allemand le plus habitué à la Formule 2, Kurt Ahrens, lors du Grand Prix d'Allemagne sur le Nürburgring. Sa Protos 16 était dotée d'un moteur Ford-Cosworth FVA quatre cylindres développant 220 ch. Le meilleur classement fut une deuxième place à Hockenheim en 1967.

BMW Formule 2 *1967*

BMW participa pour la première fois aux courses de Formule 2 en 1966. Le véhicule de base fut tout d'abord une Lola T100 avec un châssis monocoque. En 1967, les Formules 2 eurent le droit de participer également aux courses de Formule 1, comme ici sur le Nürburgring lors du Grand Prix d'Allemagne. Les Formules 2 BMW, nettement moins puissantes, disposaient d'un moteur quatre soupapes de 1,6 l équipé de deux arbres à cames en tête. À 10 300 tr/min, ce moteur développait 225 ch. La vitesse de pointe était de 260 km/h. On voit ici Hubert Hahne à plein régime sur la boucle Nord.

Eagle AAR 104 Weslake *1968*

Le Californien Dan Gurney avait sa propre conception d'un bolide de Formule 1 compétitif de la nouvelle catégorie 3 l. Gurney conçut une voiture de course aux lignes particulièrement belles qu'il voulait utiliser en Formule 1 et lors des courses d'Indianapolis. Il chargea l'Anglais Harry Weslake de concevoir un étroit moteur V12. Hélas, la construction de ce moteur prit un important retard et engloutit beaucoup d'argent. Lors du Grand Prix de Belgique, Dan Gurney franchit finalement le premier la ligne d'arrivée, son seul grand succès. En 1969, Dan Gruney tourna définitivement le dos à la Formule 1 et se concentra sur ses participations à Indianapolis avec beaucoup plus de succès.

Eagle AAR Weslake V12 Moteur de Formule 1 *1967*

Les Formules 1 de Dan Gurney étaient un véritable plaisir pour les yeux. Le raccord coucé du pot d'échappement parfaitement poli à la place d'un tube noir mat et une finition parfaite dans l'ensemble étaient importants pour cet amateur d'art propriétaire d'écuries de course. Le 12 cylindres d'Harry Weslake était équipé de quatre arbres à cames en tête, d'un allumage électronique et d'une injection Lucas. Avec 2 997 cm^3 et à 11 000 tr/min, le 12 cylindres développait jusqu'à 420 ch. La vitesse de pointe s'éleva à 298 km/h lors du Grand Prix d'Italie de 1967.

Cooper 86B BRM *1968*

Le Grand Prix d'Allemagne 1968 sur le Nürburgring. Insuffisamment testés, les ailerons étaient de plus en plus hauts et toujours plus dangereux car ils cassaient les uns après les autres. Lucien Bianchi équipa sa vieille Cooper d'un aileron particulièrement haut qui se tordit tellement, peu après le départ, que des tours de circuit rapides n'étaient plus possibles.

Grand Prix de Belgique *1968*

Ce fut une course mémorable. Pour la première fois les voitures du Grand Prix roulaient avec des ailerons. Devant, on voit Chris Amon sur Ferrari 312 qui fut le plus rapide aux essais ; derrière à gauche, Jacky Ickx avec la même Ferrari sans aileron ; encore derrière, une Brabham avec un petit aileron arrière. Dès la course suivante on ne vit presque plus que des Formules 1 et 2 avec des ailerons avant et arrière. Le début d'un essor particulièrement dangereux.

Grand Prix d'Allemagne *1968*

Il y a une grande part de culot lorsque comme commissaire de piste, on n'arrête pas la compétition par ce temps déplorable et des conditions détestables sur le circuit. En tête, Graham Hill sur la Lotus 49 à l'aileron particulièrement haut ; derrière lui Chris Amon sur Ferrari 312 et Dennis Hulme sur McLaren Ford M7. Jackie Stewart remporta la course avec sa Matra MS10 Ford V8 sans aileron, devant Graham Hill. À l'arrivée, son avance était presque de quatre minutes.

Matra MS10 Ford V8 *1968*

Avec l'entrée du groupe français Matra sur la scène de la Formule 1, le rapport de force se modifia de façon notable. L'Écossais Jackie Stewart prit la place du pilote Jim Clark décédé le 7 avril 1968 dans un accident survenu lors d'une course de Formule 2 sans importance, suite à une défaillance technique de ses suspensions ou à un dommage pneumatique insidieux sur sa Lotus F2. Jackie Stewart avait seulement participé à quelques courses de Formule 3 et surprit tous les spécialistes par son style presque impeccable sur sa nouvelle Matra Formule 1. Au cours de sa première saison en Formule 1, Stewart franchit trois fois la ligne d'arrivée en tête et rata le titre de champion du monde lors de la dernière course, uniquement à cause d'une défaillance technique de la pompe à essence. Graham Hill remporta cette course décisive au Mexique sur sa Lotus 49 Ford. La série de victoire du moteur V8 Ford-Cosworth choqua la concurrence.

Matra MS7 Ford F2 *1969*

Bien que le calendrier de Formule 1 en 1968 comprenait déjà 12 courses, à l'époque la plupart des pilotes de Grand Prix participaient également à des courses populaires de Formule 2 et de voitures de sport. Ici, on voit Jackie Stewart lors d'une course du Championnat d'Europe de Formule 2 à Thruxton, en Angleterre. Sa Formule 2 Matra était équipée d'un moteur Ford-Cosworth quatre cylindres de 1,6 l pour 220 ch. La vitesse de pointe était d'environ 250 à 260 km/h selon le rapport de transmission. Les deux ailerons permettaient une vitesse nettement plus importante dans les virages.

Brabham BT26 Ford V8 *1969*

Les commissaires sportifs s'éveillèrent enfin. Lors du Grand Prix d'Espagne, les ailerons particulièrement hauts se brisèrent les uns après les autres. Ce n'est qu'avec beaucoup de chance que Graham Hill et Jochen Rindt survécurent aux spectaculaires ailerons de leur Lotus 49. Les ailerons furent nettement ratiboisés au cours de cette course. La photographie montre Jack Brabham lors du Grand Prix d'Angleterre avec des ailerons nettement moins hauts.

Brabham BT26 Ford V8 *1969*

Lors du Grand Prix d'Angleterre à Silverstone, la deuxième voiture de Brabham fut pilotée par le jeune Belge Jacky Ickx. Pas d'aileron géant mais à la place un spoiler rétractable à l'avant et un petit aileron à l'arrière. Une modification de l'angle était interdite durant la course à la très grande contrariété du chef de Lotus Colin Chapman qui faisait ici une expérience.

Ferrari 312 V12 *1969*

Le Grand Prix d'Italie de 1969 à Monza. Durant cette saison, l'engagement de Ferrari en Formule 1 n'était pas sous une bonne étoile. Avec le Mexicain Pedro Rodriguez, Ferrari avait plus d'une corde à son arc. Rodriguez faisait même ralentir l'ancien champion du monde Graham Hill sur sa Lotus 49 portant le numéro 2 avant le virage extrêmement rapide de Parabolica. Mais cela ne suffit pas pour une victoire au cours de la saison 1969. Pedro Rodriguez ainsi que son compagnon d'écurie Chris Amon, le numéro un depuis l'accident de Bandini, pilotaient une Ferrari 312 équipée d'un 12 cylindres.

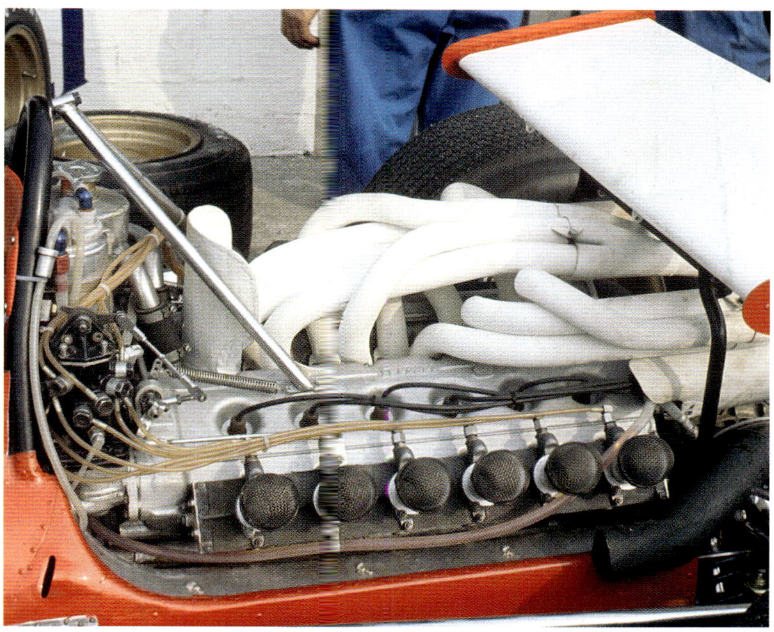

Ferrari 312 V12 Moteur de Formule 1 *1969*

Les spécialistes des moteurs chez Ferrari ne reculèrent jamais devant les tâches techniquement difficiles. Tel un bouquet de serpents blancs, les gaz d'échappement quittent ici la chambre de combustion du moteur 12 cylindres en V développant environ 410 ch. Fin 1969, ce moteur avait fait son temps pour une Formule 1 et un nouveau V12 à plat développant 445 ch permit de retrouver la victoire face à l'Armada des V8 Ford-Cosworth de Lotus, Tyrrell, March, Brabham ou McLaren.

BMW 270 Formule *1970*

En 1970, BMW participa sérieusement aux courses de Formule 2 particulièrement populaires. L'ancien châssis Lola avait depuis longtemps pris le chemin du musée et un nouveau châssis monocoque fut conçu dans les ateliers Dornier au bord du lac de Constance. On voit ici les préparatifs de la course de Formule 2 de Thruxton en Angleterre. Le pilote suisse de Formule 1, Jo Siffert, le pilote de voitures de sport le plus rapide d'Autriche, Dieter Quester, l'as des voitures de tourisme, Hubert Hahne, et l'ingénieur des courses, Dieter Basche, purent ainsi enregistrer quelques victoires et de bons classements.

Courses de Formule 2 *1970*

Pour les jeunes pilotes, les courses de Formule 2 âprement disputées étaient le tremplin idéal vers la Formule 1. Presque toutes les écuries connues de Formule 1 comme Brabham, Cooper et Lotus par exemple, concevaient et vendaient des Formules 2 compétitives à leur clientèle. La photographie montre le départ du premier tour de qualification pour la course de Formule 2 de Thruxton en 1970 ;22 pilotes y participaient. Une heure plus tard, le deuxième tour de qualification débuta pour 22 autres coureurs. Une telle sélection n'existait que pour les courses des Formules 3 et Formule Vee.

Matra MS80 Ford V8 *1969*

L'Écossais Jackie Stewart lutte ici sur sa Matra face à l'ancien champion du monde Graham Hill sur Lotus 49 Ford lors du Grand Prix de Hollande de 1969. Stewart remporta la course et le Championnat du monde. Jackie Stewart ne changeait pas continuellement d'écurie et resta au contraire fidèle à son protecteur Ken Tyrrell, et cela même dans les périodes difficiles. Entre 1968 et 1973, Jackie Stewart était le pilote à battre. À 34 ans Stewart se retira de la compétition de Formule 1. Données techniques de la Matra MS80 : moteur V8 Ford-Cosworth de 430 ch, vitesse de pointe 290 km/h.

March 701 Ford V8 *1970*

Départ du Grand Prix de Belgique de 1970. En première ligne avec le numéro 10, l'ancienne star de Ferrari, Chris Amon, sur la nouvelle March. Au centre, Jochen Rindt sur Lotus 49 Ford et dans la Tyrrell March 701 Ford bleue, Jackie Stewart. Derrière, Jacky Ickx sur la nouvelle Ferrari 312B. Avec l'autorisation accordée par la FIA d'utiliser des autocollants de sponsors, l'intérêt pour les courses de Formule 1 fit un bond. En même temps, des entreprises intelligentes y virent une chance solide de gagner de l'argent avec la vente de voitures de course. March saisit cette chance et vendit des Formules 1 par douzaines. Elles étaient toutes équipées d'un moteur V8 Ford-Cosworth développant jusqu'à 430 ch.

Grand Prix d'Espagne *1970*

Jacky Ickx accidenté sur sa Ferrari lors des premiers tours après une collision avec Jackie Oliver. Les deux voitures prirent feu. Malgré tout, la course continua. Mario Andretti et Graham Hill passent juste devant le lieu de l'accident. À l'époque, presqu'aucun organisateur de course de Formule 1 n'avait le courage d'interrompre celle-ci et après les mesures de sauvetage et les travaux de nettoyage, la course pouvait reprendre. Aux États-Unis, toutes les courses sur asphalte étaient déjà interrompues depuis des décennies lorsqu'il pleuvait. Par chance, les deux pilotes ne furent que superficiellement blessés.

Une femme au volant *1970*

Très peu de femmes ont réussi à ce jour à accéder à un cockpit de Formule 1. Sur sa Formule 2 Eifelland Ford et les voitures de course Ford Capri, Hannelore Werner montra la trempe nécessaire qui doit être présente en plus du talent. Ici, elle discute lors des 4 Heures de Monza avec son collègue français Mazet et Jochen Neerpasch, chef des courses chez Ford (à droite sur la photographie) du réglage du châssis adapté à cette course. Faute d'une voiture adéquate et de l'argent nécessaire, Hannelore Werner manqua finalement son passage à la Formule 1.

Sécurisation du circuit *1970*

Des scènes comme celle-ci lors du Grand Prix de Monaco étaient courantes dans les années 1970. Les photographes recherchaient un nouvel endroit pour prendre leurs photos au bord du circuit alors que le Suédois Ronnie Peterson prend le virage à toute allure sur sa March 701 Ford. C'est au champion du monde Jackie Stewart qu'on doit l'arrêt de ces folies. Stewart avait inondé les plus hautes instances du sport automobile à Paris avec des propositions pratiques qui pendant longtemps, ne furent pas prises au sérieux.

Bellasi F170 Ford F1 *1970*

Les courageux pilotes privés pimentèrent constamment le menu de la Formule 1. Le Suisse Silvio Moser voulait nager à contre-courant avec sa Formule 1 Bellasi mais finalement, en 1970 et 1971, il n'obtint que deux qualifications en Formule 1. La voiture était équipée d'un moteur V8 Ford-Cosworth développant 420 ch et qui avait fait ses preuves. Les équipes d'usine avaient été livrées avec des exemplaires beaucoup plus puissants.

Matra-Simca MS 120 *1970*

Avec Jean-Pierre Beltoise, ici au volant, et Henry Pescarolo, le groupe français Matra voulait remporter le Championnat du monde avec une voiture entièrement conçue par l'entreprise. Auparavant, Jackie Stewart avait gagné le titre sur un châssis Matra qui était cependant équipé du célèbre moteur V8 Ford-Cosworth. Matra misa sur son moteur fiable, un V12 de 2 998 cm³ de cylindrée développant une puissance allant jusqu'à 430 ch. À la fin de la saison, il n'en ressortit que trois troisièmes places.

De Tomaso 505/38 Ford *1970*

Grand Prix de Hollande. L'Anglais Piers Courage, particulièrement sympathique, menait un combat perdu d'avance avec cette Formule 1 De Tomaso non compétitive. Toutefois l'écurie de Frank Williams était un outsider invétéré du monde de la Formule 1. Dans des circonstances pas entièrement élucidées, Piers Courage perdit le contrôle de sa voiture et décéda peu après. Cela sonna également le glas de toutes les activités de De Tomaso en Formule 1.

Lotus 72 Ford V8 *1970*

Triomphe et tragédie sont souvent proches l'un de l'autre en Formule 1. En effet, Jochen Rindt remporta cinq des huit premières courses sur sa nouvelle Lotus 72, comme ici lors du Grand Prix d'Angleterre. Puis le destin frappa lors des essais pour le Grand Prix d'Italie à Monza. Une défaillance technique le catapulta sur la glissière de sécurité. Sa mort ne secoua pas seulement ses amis ; ses adversaires furent également profondément affectés. Avec les décès de Piers Courage et Bruce McLaren, trois des meilleurs pilotes de course de l'époque avaient perdu la vie au cours de cette année terrible. Désormais, tous reconnurent la nécessité d'améliorer de toute urgence la sécurité active et passive lors des courses automobiles, ainsi que le demandait Jackie Stewart depuis longtemps.

Ferrari 312B V12 *1970*

1969 fut une année très noire pour l'équipe de Maranello : pas de victoire, pas de progrès et la concurrence britannique gagna tout grâce au moteur V8 compact de Ford-Cosworth. En 1970, les choses changèrent. Avec Jacky Ickx (ci-dessus), Ferrari atteignit de nouveau les étoiles et lors des cinq dernières courses de la saison, Clay Regazzoni et Jacky Ickx sur Ferrari montèrent quatre fois sur la plus haute marche du podium. Lotus ne remporta qu'une seule victoire avec Emerson Fittipaldi lors du Grand Prix de Watkins Glen aux États-Unis.

Lotus 72 Ford V8 *1970*

Jochen Rindt avant sa victoire au Grand Prix de France sur le circuit de Clermont-Ferrand. Sa nouvelle Lotus 72 était la première Formule 1 aux formes aussi biseautées. Au lieu du radiateur massif placé à l'avant, Colin Chapman avait installé deux radiateurs latéraux. L'aileron arrière divisé en trois parties était aussi une nouveauté. Dans les mains de Jochen Rindt, cette Lotus 72 était presque imbattable. Jochen Rindt fut déclaré champion du monde à titre posthume à la fin des années 1970 car aucun autre pilote n'avait enregistré plus de victoires que lui au cours de cette saison. La photographie montre Jochen Rindt à 230 km/h. C'est à quoi ressemble la limite absolue d'un pilote de niveau international.

Grand Prix de France *1970*

Départ éclair pour Jacky Ickx sur sa Ferrari 312B lors du Grand Prix de France. Le circuit de Clermont-Ferrand était exigeant au niveau du pilotage et bien trop étroit pour une grille de départ aussi importante. Les dépassements se transformaient en loterie. Ici, Ickx est suivi de Beltoise sur Matra MS 120 avec le numéro 21 et par les deux pilotes March 301, Chris Amon, à droite, et Jackie Stewart portant le numéro 1. Jochen Rindt est ici seulement en cinquième position. Cependant, il remporta cette course sur sa Lotus 72. Plus aucune course de Formule 1 ne se déroule aujourd'hui sur ce circuit offrant pourtant de magnifiques paysages.

Moteur Ferrari 312B *1970*

On éprouve de la nostalgie devant cette photographie. Dans les années 1970, on assemblait encore devant les stands et durant les essais. Les spectateurs avertis pouvaient accéder gratuitement aux stands. La photographie montre un mécanicien légèrement couvert d'huile en train de travailler sur le nouveau moteur Ferrari 312B. C'est un moteur 12 cylindres à plat de 2 992 cm^3 de cylindrée. Ce moteur de course développait 445 ch dans sa première version. Durant presque dix ans, cette belle mécanique servit fidèlement dans les voitures de sport et les Formules 1.

Prise de temps *1970*

Un chronomètre et un stylo. C'est ainsi que les femmes de pilotes notaient les temps d'entraînement de leur époux dans les années 1970. La photographie montre Nina Rindt au travail devant le stand dénudé du Nürburgring. À l'époque, il n'y avait pas de place pour le glamour et le people, ni du côté des médias, ni de la part des pilotes.

Gold Leaf Team Lotus *1970*

Avec l'autorisation d'apposer des autocollants de sponsor sur les Formules 1, les écuries de course agissant souvent avec le minimum existentiel se sont vu offrir la base financière nécessaire à des courses professionnelles. Gold Leaf (photographie ci-dessous) est une marque de cigarettes britanniques. Deux Lotus 72 et une Lotus 49 sont préparées pour le Grand Prix d'Autriche.

Course de Formule 2 Enna *1970*

Les meilleurs pilotes de Formule 1 au monde ne pouvaient pas se plaindre de s'ennuyer dans les années 1970. Ici, on voit Jacky Ickx et Jo Siffert sur des Formule 2 BMW devant le Suisse Clay Regazzoni sur Tecno lors du Grand Prix de Perguse près d'Enna en Sicile. Ickx et Regazzoni étaient à l'époque les pilotes titulaires de Ferrari et le Suisse Jo Siffert celui de March.

Portrait

Enzo Ferrari

Il était rare qu'Enzo Ferrari suive sur place les rapports de force qui se modifient continuellement lors des courses de Formule 1. Il aimait les natures combatives sans condition et avait horreur des analystes qui voulaient devenir champion du monde en accumulant les points. Aucun autre propriétaire d'écurie de course n'a montré autant de ténacité, que ce soit dans les bonnes ou les mauvaises périodes, que le fit Enzo Ferrari. Tout le secteur lui témoignait un profond respect.

Tecno PA70 Cosworth *1970*

Les frères Pederzani mirent tout d'abord au point des karts qui remportèrent des victoires, puis des voitures de course Formule 3 et le couronnement fut cette Formule 2. Avec le pilote d'usine Ferrari, Clay Regazzoni, aux commandes, la Tecno compacte est devenue une adversaire à prendre de plus en plus au sérieux pour les équipes d'usine de Brabham, Lotus, March et BMW. Un moteur quatre cylindres 1,6 l Ford-Cosworth développant 230 ch à 10 500 tr/min est installé sur cette voiture. La vitesse de pointe était de 260 km/h.

March 711 Ford V8 *1971*

Dans les années 1970, seules quelques rares écuries pouvaient s'offrir leur propre tunnel aérodynamique dans lequel les Formules 1 entraient entièrement. Ferrari trouva chez Fiat un partenaire très compréhensif. Les écuries anglaises virent leurs chances auprès du fabricant d'avions British Aerospace. À l'époque, les tests étaient plus importants que l'étude. La photographie montre la March 711 aux formes inhabituelles avec aux commandes le Suédois Ronnie Peterson lors du Grand Prix de Monaco de 1971. Une deuxième place au Championnat du monde de 1971 était un excellent résultat pour ce nouveau pilote.

Lotus 56B à Turbine Pratt & Whitney
1971

Lors des 500 miles d'Indianapolis, une Lotus à turbine déclassa l'armada des moteurs à aspiration naturelle jusqu'ici couronnés de victoires. Un tel tour d'adresse fut répété par le chef de Lotus Colin Chapman en 1971 avec cette Lotus 56B lors du Grand Prix de Hollande. Une turbine à gaz légère canadienne à deux prises d'air développant jusqu'à 600 ch était installée sur cette voiture. Sur la planche à dessin, cet ancien moteur d'hélicoptère était une source motrice supérieure. Dans la pratique, le temps de réponse trop tardif, l'effet d'inertie de la turbine et la consommation d'essence nettement plus importante entraînèrent des problèmes sur les circuits des Grands Prix. La photographie montre Dave Walker lors de sa première course durant le Grand Prix de Hollande en 1971.

Dans le sillage d'une lutte à Monza *1971*

Tel un collier de perle, l'élite de la Formule 1 lutte ici pour une victoire lors du Grand Prix d'Italie à Monza. En tête, Ronnie Peterson (March 711) devant le futur champion du monde de la saison, Jackie Stewart, (Tyrrell 003), Peter Gethin (BRM) et Clay Regazzoni (Ferrari 312B). Peter Gethin remporta cette course de Formule 1 la plus rapide de l'histoire avec une moyenne de 242 km/h. Entre la première et la quatrième voiture, l'écart n'était que de 0,18 secondes. Après cette course particulièrement captivante, le circuit le plus rapide d'Europe fut modifié par la construction d'une chicane et devint alors nettement plus lent.

Lotus 56 à Turbine Pratt & Whitney
1971

Avec le Brésilien Emerson Fittipaldi au volant, la version améliorée de la Lotus 56 à turbine fut encore utilisée lors du Grand Prix d'Italie à Monza. Une huitième place n'était pas un résultat grisant, toutefois cette voiture à turbine était une construction intéressante. Le système avançait sans boîte de vitesses ni embrayage, c'était la transmission intégrale qui se chargeait de la faire avancer. Finalement, un an après le chef de Lotus, Colin Chapman prit ses distances avec ce projet car la FIA envisageait d'interdire les turbines à gaz.

BRM P160 V12 *1971*

Après un long passage à vide, BRM revint en 1971 dans le petit cercle des favoris. Jo Siffert fit presque toutes les courses en tête sur sa BRM d'usine sponsorisée par Yardley, et remporta à juste titre le Grand Prix d'Autriche. Puis son camarade d'écurie Peter Gethin remporta la palpitante finale de Monza. Un moteur 12 cylindres vieux de cinq ans mais toujours amélioré équipait la BRM P160 et développait environ 460 ch. Les informations précises concernant la puissance étaient déjà un secret dans les années 1970.

Eifelland 21 Ford V8 *1972*

L'équipe allemande Eifelland misa avec beaucoup d'entrain mais peu de chances sur une seule carte et engagea Luigi Colani, designer particulièrement créatif. Sa tâche était claire : un meilleur aérodynamisme que les March 711 et donc de meilleurs temps. L'as des voitures de sport Rolf Stommelen devait à plus ou moins long terme dépasser des stars bien établies. Mais rien n'en ressortit, car malgré plusieurs modifications la voiture de course Eifelland ne fut pas plus rapide que les Lotus ou Tyrrell, elle fut même plus lente. La base de cette Eifelland F1 était un châssis March 311 équipé d'un moteur V8 Ford-Cosworth développant environ 430 ch. Cette représentation s'acheva à la fin de la saison.

Tyrrell 006 Ford V8 *1973*

François Cevert, pilote français très sympathique, enthousiasma son chef d'écurie Ken Tyrrel par ses prestations toujours bonnes aux côtés de Jackie Stewart qui, en 1973, était en route pour son troisième titre de champion du monde. Ici, Cevert se défend face au Brésilien Carlos Page sur Surtees TS14A Ford lors du Grand Prix d'Espagne. C'est alors que le destin frappa. Lors des essais du Grand Prix des États-Unis, François Cevert trouva la mort dans un accident. Jackie Stewart mit fin à sa brillante carrière après ce coup du sort avant ses 35 ans et gagna sa vie en tant que très populaire commentateur télévisé des courses de Formule 1.

Ferrari 312 B3 *1973*

Seuls Tyrrell, Lotus et McLaren remportèrent des victoires de Formule 1 en 1973. Ferrari repartit encore une fois les mains vides avec sa Ferrari 312 B3 très modifiée. Jacky Ickx, ici sur la photographie lors du Grand Prix de Monaco, ne prit que la neuvième place du Championnat du monde avec 12 points et, frustré, quitta l'équipe de Maranello. Le champion du monde Jackie Stewart avait 72 points à son compteur. Dans la Ferrari 312 B3 tournait encore le moteur 12 cylindres à plat d'environ 460 ch un peu trop lourd et datant un peu.

Brabham BT42 Ford V8 *1973*

Avec le Brésilien Carlos Reutemann, Brabham obtint dans son cockpit un véritable pilote qui aimait les duels serrés. Durant sa période « Sturm und Drang », il y eut peu de paroles sympathiques de la part de ses collègues. Au niveau de l'aérodynamisme, avec son nez aux formes inhabituelles et ses radiateurs haut placés, cette Brabham BT42 se différenciait nettement de ses adversaires. Les victoires ne vinrent toujours pas mais il était dans la bonne direction. Avec 16 points, Reutemann arriva septième au Championnat du monde de 1973.

Tecno PA123 F1 *1973*

Chris Amon vécut une saison complètement folle sur sa Formule 1 Tecno nettement inférieure. Avec un seul point au Championnat du monde, l'ancienne star de Ferrari sortit presque lanterne rouge de cette saison noire. Avec le soutien financier de Martini, les frère Pederzani avaient conçu un moteur 12 cylindres à plat de 2 995 cm^3 développant environ 450 ch. Fin 1973, les Formule 1 de Tecno se turent pour toujours.

Shadow DN3A Ford V8 *1974*

Une des Formule 1 la plus élégante des années 1970 fut la Shadow taillée en biseau. Jackie Oliver, George Follmer et Tom Pryce pilotèrent ces Shadow. Le constructeur anglais Tony Southgate avait déjà créé des Formules 1, des CanAm et des voitures de sport pour le Championnat du monde d'endurance qui remportèrent des victoires pour Lotus et d'autres écuries britanniques. Grâce au sponsor américain UOP, le pilote de voitures de sport George Follmer prit place dans le cockpit. Avec une treizième et une quatorzième places au Championnat du monde, le véritable potentiel de cette voiture ne fut jamais sondé par un grand pilote.

Grand Prix d'Autriche *1973*

La photographie ci-contre montre un bon équilibre des forces : devant la Lotus 72 Ford V8 noire de Ronnie Peterson, à gauche, la McLaren blanche de Denny Hulme puis la Ferrari 312 B3 rouge d'Arturo Merzario. À l'extrême droite, la Brabham BT42 blanche de Carlos Reutemann et portant le numéro cinq, Jackie Stewart sur sa Tyrrell 006. Ronnie Peterson remporta la course et Jackie Stewart reçut le titre de champion du monde pour la troisième fois.

Hesketh 308 Ford V8 *1974*

Après le retrait surprise de Jackie Stewart, de nouveaux propriétaires d'écuries de course tentèrent leur chance en Formule 1. L'une d'entre elles appartenait à l'imposant Lord Hesketh. Son pilote de Formule 1, le fougueux James Hunt, devint la terreur des favoris. La photographie montre Hunt lors du Grand Prix d'Espagne. On remarque l'aileron arrière plat et le haut aspirateur d'air pour « l'imbattable » moteur V8 Ford-Cosworth. Dès la première saison, malgré quelques sorties, Hunt prit une respectable huitième place avec 15 points au Championnat du monde. Après avoir quitté Lotus en colère, Emerson Fittipaldi remporta le titre de champion du monde sur la McLaren M23 Ford V8 à la puissance encore accrue.

March 741 Ford V8 *1974*

Le constructeur anglais de voitures de course March se battit avec acharnement pour recoller au peloton de tête. En vain, car la concurrence locale avec Tyrrell, Lotus, McLaren, Hesketh, Surtees, Lola ou Shadow attirait l'argent des sponsors. March devint peu important. Avec le rustique Italien Vittorio Brambilla, March avait un pilote qui donna tout ce qu'il put, surtout sur piste mouillée, comme ici lors du Grand Prix de Belgique. Un seul petit point au classement du Championnat du monde en 1974 permit d'obtenir seulement une dix-huitième place.

Le retour de Ferrari *1974*

À l'inverse de nombreux autres grands pilotes de l'époque, Niki Lauda prenait les fatigants essais tout aussi au sérieux que la véritable course. Sur cette photographie, la troïka Ferrari récemment constituée par Mauro Forghieri, à gauche sur l'image, Luca di Montezemolo et Niki Lauda, parlent de la pluie et du beau temps à la façon typiquement italienne. Forghieri était responsable du développement et Montezemolo dirigeait l'écurie de course de Ferrari.

Ferrari 312 B3 *1974*

Il est venu, il a vu, il a vaincu. La prestation de Niki Lauda sur la BRM pourtant inférieure avait impressionné Enzo Ferrari de façon tellement durable qu'il fit une proposition à l'Autrichien alors âgé de 25 ans. Niki accepta et montra bientôt aux stars établies les roues arrières de sa Ferrari fraîchement rénovée : neuf fois les meilleurs temps aux qualifications et deux victoires au cours de la première saison dans le cockpit de la Ferrari 312 B3. Le résistant moteur 12 cylindres à plat développait désormais environ 500 ch à 12 500 tr/min et se montra pour la première fois nettement plus puissant que les moteurs Ford-Cosworth jusqu'ici presque imbattables fournissant au maximum 450 ch.

Moteur Ferrari 312 B3 *1974*

Mauro Forghieri remit au niveau le plus récent le moteur 12 cylindres de conception compliquée ayant presque dix ans. On voit bien ici la conception porteuse du moteur. Par rapport aux moteurs V8 Ford-Cosworth compacts et de construction relativement simple, le moteur Ferrari est un véritable challenge pour tout mécanicien de course.

March 741 Ford V8 *1974*

À 23 ans, Hans-Joachim Stuck est pensif dans sa Formule 1 March. Une période difficile pour lui et son groupe de fans toujours plus nombreux qui voyaient en lui un futur champion du monde. Comme tous les autres nouveaux pilotes allemands de cette époque, ce Bavarois particulièrement sympathique n'arrivait pas à se sortir des résultats moyens avec cette March 741 relativement peu compétitive.

Brabham BT44 Ford V8 *1974*

Presque sans puissants sponsors financiers, l'équipe Brabham, comme ici avec l'Argentin Carlos Reutemann au volant, menait un combat acharné pour ne pas couler. Derrière lui guette déjà un futur champion du monde : le Sud-africain Jody Scheckter sur sa Tyrrell 007 Ford rendue plus puissante. On discerne bien sur les deux voitures les pneus lisses particulièrement larges du train arrière. Avec 32 points, Reutemann prit la sixième place au classement du Championnat du monde de 1974, et Jody Scheckter conquit déjà 45 points et la troisième place derrière le Champion du monde Emerson Fittipaldi sur McLaren M23 Ford et Clay Regazzoni sur Ferrari 312 B3. C'était le premier titre de champion du monde pour McLaren.

Ferrari 312T *1975*

Même un futur champion du monde s'écrase une fois contre les glissières de sécurité, comme Niki Lauda lors du Grand Prix d'Espagne. L'Autrichien de 26 ans fit une saison fantastique sur la nouvelle Ferrari 312T. Après une pause de sept ans, c'était la première fois que Ferrari battait à nouveau leurs adversaires britanniques soutenus par Ford. La nouvelle Ferrari 312T possédait une boîte de vitesse en diagonale et un nouveau moteur 12 cylindres à plat nettement plus léger et plus puissant conçu par Mauro Forghieri. Ce moteur développait environ 500 ch à 12 500 tr/min, soit environ 40 ch de plus que les moteurs Ford-Cosworth DFV jusqu'ici imbattables.

McLaren M23 Ford V8 *1975*

Avec Jochen Mass âgé de 26 ans, un deuxième pilote allemand obtenait enfin à nouveau un cockpit dans une équipe de Formule 1 ayant une chance de gagner. Aux côtés du champion du monde Emerson Fittipaldi, Jochen Mass fit toujours de bonnes prestations. On le voit ici lors du Grand Prix de Monaco. Mass gagna le Grand Prix d'Espagne raccourci où, en raison des nombreux accidents, on n'accorda que la moitié des points. Toutefois, avec 20 points au compteur, Jochen Mass prit une belle septième place au classement général alors que ce n'était que sa première participation au Championnat du monde. Fittipaldi dut se contenter de la deuxième place derrière Niki Lauda. Ferrari était revenu au sommet grâce à une excellente prestation de l'écurie.

Stanley-BRM P201 *1975*

L'ascension et la chute sont souvent très proches dans le monde de la Formule 1. La photographie montre Bob Evans lors du Grand Prix de Monaco sur sa Stanley-BRM, n'ayant aucune chance de gagner, devant Ronnie Peterson sur une Lotus 72. Dans la BRM, bien trop lourde, se trouvait un moteur V12 vieux de huit ans et développant à peine 450 ch. Avec zéro point au compteur, l'écurie britannique ancienne championne du monde mit fin à ses activités en Formule 1. L'équipe Lotus non plus ne connut pas beaucoup le succès durant cette saison. Ronnie Peterson fut douzième et Jacky Ickx arriva seizième au classement général du Championnat du monde.

Parnelli VPJ4 Ford V8 *1975*

Avec quelques sponsors prêts à payer, les propriétaires américains d'écuries se lancèrent également dans l'aventure de la Formule 1. En 1975, l'équipe Vel's Parnelli franchit l'océan Atlantique avec le vainqueur d'Indianapolis, Mario Andretti. Roger Penske était également présent avec une nouvelle Formule 1. Mario Andretti prit la quatorzième place au classement général avec cinq points et Mark Donohue la quinzième avec la Penske Ford. Dans les deux voitures de course américaines construites en Angleterre était installé un moteur V8 Ford-Cosworth.

Hesketh 308 Ford V8 *1975*

Ce que presqu'aucun expert ne pensait possible se produisit lors du Grand Prix de Hollande : victoire pour James Hunt sur Hesketh 308 privée. Il gagna grâce à une excellente stratégie des stands et un important savoir-faire du pilote. Alors que le circuit était encore mouillé par la pluie, il changea de pneus pour des slicks lisses, un vrai pari qui se termina bien. Hunt battit la Ferrari 312 T du futur champion du monde Niki Lauda pourtant plus performante. Hunt termina quatrième au classement général du Championnat du monde de 1975.

Ligier JS 7 Matra V12 *1976*

La nouvelle écurie française, l'Équipe Ligier Gitanes, avait tout misé sur un seule carte et avait de grands espoirs. Le châssis monocoque mit au point par les techniciens de l'aéronautique et de l'aérospatiale associé au moteur 12 cylindres de Matra devaient d'emblée conduire à la victoire. On voit ici Jacques Lafitte dans le labyrinthe des virages de Monaco. Durant la saison 1976, cela ne suffit pas pour remporter une victoire mais ce fut assez pour obtenir de bonnes places. Le moteur V12 Matra de 2 993 cm³ développait 500 ch à 12 300 tr/min. La vitesse de pointe était de 320 km/h.

Tyrrell P34 Ford V8 *1976*

Pour la concurrence, ce bolide de Formule 1 à six roues de Derek Gardner, directeur technique de Ken Tyrrell, fut un choc. La résistance à l'air la plus petite possible était-elle déterminante pour les tours de circuit réalisés à si grande vitesse ? Ou, comme ici lors du Grand Prix de Monaco avec leurs six roues, Patrick Depailler et Jody Scheckter pouvaient-ils prendre les virages plus vite que les autres sur quatre routes ? Avec une troisième et une quatrième places au classement général du Championnat du monde de 1976, ces questions restèrent sans réponse jusqu'à la saison suivante. Chez March, Williams et Ferrari, on travailla sur des Formules 1 à trois essieux.

Penske PC4 Ford V8 *1976*

Roger Penske, homme d'affaires américain propriétaire d'écuries de course automobile, participa sur Cooper et Lotus à quelques courses de Formule 1 dans les années 1960, toutefois sans grand succès. En 1976, il fit prendre le départ à une Formule 1 récemment mise au point et portant son nom. L'Anglais John Watson remporta de façon surprenante le Grand Prix d'Autriche en 1976 avec cette voiture au style biseauté. Ce fut la première et, à ce jour, l'unique victoire d'une voiture de course américaine au Championnat du monde de Formule 1. Elle était équipée d'un moteur V8 Ford-Cosworth DFV développant au moins 460 ch.

Tyrrell P34 Ford V8 *1976*

On voit ici l'intérieur de la Tyrrell P34. Goodyear avait mis au point seulement pour Tyrrell des pneus slicks plus petits qui tiendraient la distance d'un Grand Prix dans sa totalité. Désormais, le mécontentement planait au sein des autres équipes Goodyear concernant ce traitement spécial et plus que jamais après que Jody Scheckter et Patrick Depailler avaient pu fêter une double victoire au Grand Prix de Suède à Anderstorp. Goodyear fit des concessions et en 1977 stoppa la production des pneus ne mesurant que dix pouces (25,4 cm). Cela signifiait la fin du projet très controversé des « six roues ». En 1978, la FIA (la plus haute autorité internationale du sport automobile) promulgua une interdiction pour les voitures de course ayant plus de quatre roues. Cette voiture était équipée d'un moteur V8 Ford-Cosworth développant environ 470 ch. La vitesse de pointe se situait entre 290 et 310 km/h, selon le rapport de transmission et le circuit.

Brabham BT45 Alfa Romeo V12

1976

Depuis 1968, les moteurs V8 compacts de Ford-Cosworth dominaient la scène de la Formule 1. En 1976, l'équipe Martini Racing de Bernie Ecclestone, à l'importante puissance financière, voulut arrêter cette série de victoires unique à ce jour. Sa Brabham BT45, entièrement nouvelle quant à la construction, fut alimentée par un moteur 12 cylindres Alfa Romeo développant 500 ch. Ce moteur de Formule 1 conçut selon le modèle des V12 à plat souffrait des « maladies infantiles » habituelles contre lesquelles Carlos Page, ici sur la photographie, et Carlos Reutemann durent se battre. Les quatorzième et seizième places au classement général du Championnat du monde 1976 laissèrent des rides de tristesse chez tous les participants.

Brabham BT45 Alfa Romeo V12

1976

Grand Prix d'Espagne 1976. Carlos Reutemann à la poursuite d'un nouveau record du tour de circuit. Sa Brabham BT45 se différenciait nettement des autres concurrentes par sa forme. Ses prises d'air haut placées sur le côté devaient simultanément assurer une meilleure stabilité sur les circuits rapides et réduire la résistance à l'air. Remplaçant le radiateur latéral, deux radiateurs frontaux avaient été installés pour le moteur Alfa Romeo 12 cylindres de 2 995 cm³.

Grand Prix d'Allemagne *1976*

Cette course fut marquée par le destin : Niki Lauda y fut gravement blessé ce qui modifia profondément le sport automobile. Sa Ferrari 312 T prit immédiatement feu. Avec l'aide de ses collègues Harald Ertl et Arturo Merzario, Niki Lauda put être extrait juste à temps de son épave en flamme. Ce fut la dernière course de Formule 1 sur la boucle nord du Nürburgring, le circuit le plus difficile au monde. Après cette course, quelques circuits de Formule 1 furent fermés ou totalement modernisés car ils posaient des problèmes importants en matière de sécurité. Sur cette photographie, Regazzoni sur Ferrari précède Jacques Lafitte sur Ligier et les deux McLaren de James Hunt et Jochen Mass.

Portrait

Niki Lauda

C'est un phénomène. Aucun autre pilote n'a souffert de brûlures aussi graves et n'est revenu sur les circuits après seulement cinq semaines d'absence. Avec une volonté de fer, Niki arriva à la quatrièmement place au Grand Prix d'Italie. Lors du dernier Grand Prix de la saison au Japon, il devançait encore James Hunt sur McLaren-Ford au classement général du Championnat du monde. Par une pluie battante et une visibilité minimale, Lauda prit la voie des stands au deuxième tour. Il abandonna cette course persuadé que c'était ce qu'il devait faire personnellement. Hunt devint ainsi champion du monde avec un point d'avance sur Lauda. En 1977, le charismatique Autrichien revint avec toutes ses forces et remporta, pour ainsi dire sans effort, son deuxième titre de champion du monde pour Ferrari : 72 points pour Lauda, et 55 pour le deuxième, Jody Scheckter sur la nouvelle Wolf WR3 Ford.

Wolf WR1/3 Ford V8 *1977*

Les victoires en Formule 1 ne tombent pas du ciel. Généralement, il faut plusieurs années de préparatifs, d'essais et beaucoup de défaites avant le premier succès. Pour la nouvelle équipe britannique Walter Wolf Racing Team, ces prescriptions se révélèrent erronées. Le Sud-africain Jody Scheckter remporta le Grand Prix d'Argentine à Buenos Aires et deux autres courses lors de sa première saison. À la fin de celle-ci, Niki Lauda sur Ferrari avait récupéré et prenait à nouveau la première place au Championnat du monde. Toutefois, Jody Scheckter prit la deuxième place devant Mario Andretti sur la révolutionnaire Lotus 78, la première Formule 1 à effet de sol.

Renault RS01 Turbo V6 *1977*

L’ère du turbo dans la Formule 1 débuta avec le Grand Prix d’Angleterre. La photographie montre le pilote de Renault, Jean-Pierre Jabouille, à Silverstone lors de sa première participation. Renault était à l’époque le premier et le seul constructeur utilisant un moteur V6 1,5 l à suralimentation par turbo. Ce moteur était deux fois moins gros que les habituels moteurs à aspiration naturelle allant jusqu’à 3 000 cm^3. L’expérience faillit échouer car dans presque chaque course cette première Formule 1 de Renault abandonnait pour des problèmes de moteur.

Renault RS01 Turbo V6 *1977*

Renault nageait totalement à contre-courant des écuries établies avec son expérimentation du turbo qui connut le succès par la suite. Presqu’aucun expert en comprenait le sens, car un moteur moitié moins gros aurait des variations de couple bien trop importantes. Ce n’est qu’au régime maximum qu’un éventuel supplément de puissance apparaîtrait. En outre, à chaque opération de couplage, on ressentirait un temps de réponse plus long : un « trou » s’ouvrirait. Avis unanime : le moteur turbo de Renault était un enfant malformé, certes intéressant mais toutefois inutilisable. Trois ans plus tard, le moteur V6 turbo de Renault remporta sa première course.

Shadow DN8A Ford V8 *1977*

Au milieu des années 1970, de plus en plus d’écuries tentaient leur chance dans la Formule 1, comme Shadow, Fittipaldi, Ensign, Surtees, Penske, Boro, Lec ou l’entreprise japonaise Kojima. Tous les bolides étaient équipés du moteur V8 Ford-Cosworth d’environ 470 ch, relativement abordable financièrement et fiable. En plus des inévitables sponsors financiers, le choix du pilote adéquat était décisif pour pouvoir continuer. Le futur champion du monde Alan Jones est ici en tête du groupe lors du Grand Prix de Hollande, devant Jean-Pierre Jabouille sur Renault Turbo et Riccardo Patrese sur une autre Shadow-Ford.

Lotus 78 Ford V8 *1978*

Le chef de Lotus Colin Chapman et son expert en aérodynamisme Peter Wright conçurent en 1977 la première Formule 1 à effet de sol au volant de laquelle Mario Andretti affronta ses adversaires. La photographie montre les prises d'air sur les pontons latéraux, les fameux tunnels venturi. De plus, des jupes bien basses « colmatent » le flux d'air sous le fond lisse de la voiture. À grande vitesse, la Lotus 78 est plaquée sur l'asphalte grâce au « vide » créé de la sorte. Andretti avait ainsi la possibilité de prendre les courbes rapides nettement plus vite que ses adversaires.

Brabham BT46B Alfa Romeo « Fan Car » *1978*

C'est la plus incroyable Formule 1 que Gordon Murray, directeur technique de Brabham, ait amenée sur le circuit lors du Grand Prix de Suède en 1978. Une turbine d'aspiration supplémentaire fournissait premièrement le refroidissement nécessaire au moteur 12 cylindres à plat de 500 ch et deuxièmement, assurait un puissant effet aspirant qui plaquait sur la piste tout le fond plat de la voiture. Plus le moteur tournait vite, plus l'effet d'aspiration était grand. Niki Lauda remporta très facilement ce Grand Prix de Suède car sa Brabham roulait « comme sur des rails ». Sous la pression des adversaires, la réaction de la FIA suivit très spontanément : à l'avenir, interdiction de prendre le départ du Championnat du monde de Formule 1 pour modifications illégales.

Lotus 79 Ford V8 *1978*

La Lotus 79 encore améliorée était l'incarnation de la voiture à effet de sol couronnée de succès. La garde au sol au niveau des jupes latérales ne dépassait pas la largeur d'un pouce à certains endroits. Le débattement sur cette voiture était égal à zéro. Mario Andretti remporta 6 des 16 courses comptant pour le Championnat du monde. Avec 64 points, Andretti fut le premier champion du monde de Formule 1 originaire d'Amérique, devant son camarade d'écurie Ronnie Peterson avec 51 points. Le sympathique Suédois fut impliqué dans un énorme carambolage lors du Grand Prix d'Italie et mourut les jours suivants de ses blessures.

Brabham BT46B Alfa Romeo « Fan Car » *1978*

Victoire de Niki Lauda au Grand Prix de Suède. La voiture de Grand Prix de Brabham n'était pas la première voiture de course à être plaquée contre la piste à l'aide de turbines d'aspiration supplémentaires. Dans les courses américaines de voiture de sport CanAm, une Chaparral 2J blanche avait démarré dès 1970 avec deux grosses turbines fonctionnant à l'aide d'un moteur deux temps supplémentaire. Cette voiture fit aussi des tours de circuit plus rapides que la concurrence. Après quelques courses, la voiture n'eut plus le droit de prendre le départ en raison de sa conception non conforme au règlement.

Brabham BT46 Alfa Romeo *1978*

La photographie montre la voiture test de John Watson avant que la révolutionnaire Brabham BT46B à effet aspirant prenne le premier rôle. On voit bien ici la garde au sol minimale d'une voiture de course à effet de sol. La pression plaquant la voiture au sol ne peut être obtenue que si les jupes latérales sont très proches du sol. À 11 900 tr/min le moteur 12 cylindres d'Alfa Romeo développait environ 500 ch. À l'origine ce moteur avait été mis au point pour les voitures de sport.

Ferrari 312T3 *1978*

La première Formule 1 Ferrari à effet de sol avec Carlos Reutemann au volant lors du Grand Prix d'Angleterre. Son nouveau camarade d'écurie était Gilles Villeneuve après que Niki Lauda avait dénoncé de façon assez soudaine son contrat à Maranello et avait changé pour l'équipe Brabham. Ferrari se retrouvait donc sans son meilleur pilote. Ainsi, cette nouvelle Ferrari de 510 ch ne fut que troisième au Championnat du monde de 1978, et Gilles Villeneuve dut se contenter de la neuvième place bien que dans certaines courses, il était déjà bien plus rapide que son collègue plus expérimenté.

Ferrari 312T4 *1979*

Grand Prix d'Italie à Monza en 1979. Encore une fois cette année là, avec l'Australien Jody Scheckter, Ferrari accueillit dans l'équipe un nouveau pilote qui ne ratait pas une occasion. On le voit ici avec le numéro 11 devant son camarade d'écurie Gilles Villeneuve. Il cache la Renault jaune RS 10 Turbo de René Arnoux. Grâce à des prestations constantes, Scheckter et Villeneuve offrirent à Ferrari une double victoire au Championnat du monde. Ce devait être le dernier titre mondial avant de nombreuses années.

Renault RS10 Turbo V6 *1979*

Renault ne se laissa pas démonter par les revers découlant de la technologie innovante du turbocompresseur. On voit ici René Arnoux lors du Grand Prix de Hollande à la limite absolue entre un tour de circuit très rapide et la sortie de route. La victoire tant attendue d'un V6 turbo de seulement 1,5 l de cylindrée mais développant au moins 530 ch arriva enfin lors du Grand Prix de France. Jean-Pierre Jabouille en fut l'heureux gagnant sur la Renault RS10 Turbo V6.

Tyrrell 009 Ford V8 *1979*

La photographie montre le dessous d'une voiture de course à effet sol caractéristique en 1979. Au centre, on voit les traces d'usure, et les jupes élastiques sont fixées sur les côtés. Sur les pistes lisses, les voitures de course à effet de sol se comportaient de façon exemplaire. En revanche, si la pression volontairement exercée cessait à cause d'une aspérité du terrain ou de la bordure du circuit, une telle Formule 1 faisait un beau vol plané.

Arrows A2 Ford V8 *1979*

Grand Prix de Hollande 1979. Jochen Mass et Riccardo Patrese ne prirent que la quinzième et la dix-neuvième places mais leurs Arrows A2 proposaient une nouvelle évolution dans le design de la Formule 1. Ici, le siège du pilote était déjà très avancé, toutes les pièces lourdes étaient installées à l'arrière et l'effet de sol était encore renforcé.

Renault RE20 Turbo V6 *1980*

Avec sa nouvelle Renault à effet de sol RE20, René Arnoux fit presque toujours les meilleurs temps aux essais durant la saison 1980 très mouvementée. On le voit ici lors du Grand Prix de Hollande devant le futur champion du monde Alan Jones sur sa Williams FW07 Ford V8 blanche. Arnoux et Jabouille réjouirent l'équipe Renault Elf avec trois victoires âprement disputées ; l'équipe Williams obtint cinq victoires grâce à Alan Jones, Brabham en remporta trois avec Nelson Piquet et Ligier deux avec Didier Pironi et Jacques Lafitte. Ferrari, Lotus et Tyrrell repartirent les mains vides. Les rapports de force de la Formule 1 se modifient aussi vite que ça.

Williams FW07 Ford V8 *1980*

En 1980, Frank Williams prouva qu'une petite écurie pouvait également devenir championne du monde. Grâce au soutien généreux d'hommes d'affaires arabes, Patrick Head, directeur technique de Williams, conçut une nouvelle voiture à effet de sol qui fut rarement défaillante et toujours prête pour une place dans le peloton de tête : un véhicule entièrement à maturité doté d'une excellente maniabilité. À la fin des 14 courses que comprenait la saison, le pilote de Williams Alan Jones prit la première place, devant la nouvelle star de Brabham, Nelson Piquet, et le deuxième as de Williams, Carlos Reutemann.

McLaren M29 Ford V8 *1980*

Avec le puissant soutien de Marlboro, chez McLaren on avait conçu pas moins de trois Formules 1 différentes. McLaren fit les premiers essais de châssis en fibre de carbone. Le temps n'était pas encore venu pour cette innovation issue des entreprises américaines de l'aérospatiale. La M28 ne participa pas aux courses. Cette McLaren M29 à effet de sol pilotée par le français Alain Prost fit quelques excellents tours rapides, mais cette voiture ne participait pas au Championnat du monde. Elle était équipée d'un moteur V8 Ford-Cosworth datant un peu et développant à peine 470 ch.

McLaren M30 Ford V8 *1980*

Alain Prost âgé alors de seulement 25 ans, rayonne ici sur sa nouvelle Formule 1 McLaren. La M30 est une évolution de la M29. Sur cette photographie de presse officielle, on voit particulièrement bien les jupes latérales très abaissées. Ce fut la dernière McLaren équipée d'un châssis monocoque en plaques d'aluminium rivetées. L'avenir appartenait au révolutionnaire châssis en fibre de carbone.

Ferrari 312T5 *1980*

Ferrari manquait d'une personnalité telle que Niki Lauda, qui, lors des épuisants essais, faisait l'analyse et était solidaire de l'équipe dans son ensemble. Au début des années 1980, Ferrari perdit de plus en plus le contact avec le sommet malgré le très talentueux Gilles Villeneuve que nous pouvons voir ici lors du Grand Prix de Monaco. Villeneuve ne termina qu'à la dixième place du Championnat du monde 1980, et l'ancien champion du monde Jody Scheckter à une surprenante dix-neuvième place. Avec plus de 510 ch sur l'essieu arrière, la Ferrari 12 cylindres aurait dû faire mieux.

Osella FA1 Ford V8 *1980*

Peut-être que l'Américain Eddie Cheever n'était pas tout à fait assez mûr à 22 ans pour une saison complète en Formule 1 sur une toute nouvelle voiture de course à effet de sol. Avec zéro point au Championnat du monde, cette voiture de course n'avait pas le potentiel pour un grand avenir qui allait clairement en direction du moteur turbo. En 1980, Patrick Depailler mourut lors d'un essai sur la nouvelle Alfa Romeo 179B. Les voitures à effet de sol pouvaient à l'époque rapidement devenir des objets volants totalement incontrôlables.

Lotus 81 Ford V8 *1980*

Avec cette Lotus 81 compacte, il n'y avait pas grand chose à gagner. Elio de Angelis (n° 22) et l'ancien champion du monde Mario Andretti (n° 40) se plaignaient du manque de vitesse et de maniabilité. La photographie montre de Angelis lors du Grand Prix du Brésil. Lotus avait toujours les « meilleurs » moteurs Ford-Cosworth DFV développant désormais 470 ch à 10 800 tr/min. Après une autre mauvaise saison, ce modèle 81 partit pour le musée.

ATS-D4 Ford V8 *1981*

Dans les années 1980, le coût d'une saison complète augmenta de façon dramatique. Les écuries privées, comme le fabricant de jantes allemand ATS, essayèrent de réduire au maximum ces frais avec des pilotes financièrement solides. Le batteur d'ABBA, Slim Borgudd, fit de son mieux mais pour un pilote plus rapide, il était un véritable frein comme ici lors du Grand Prix de Belgique. Lors d'un dépassement, l'as de Ferrari Gilles Villeneuve passa presque sous la lente ATS. À l'extérieur, la nouvelle Toleman TG 811 de Brian Henton équipée d'un moteur turbo Hart quatre cylindres.

Grand Prix de France *1981*

Départ du Grand Prix de France à Dijon-Prenois. Alain Prost arrive le premier avec sa Renault Turbo RE30 ; derrière lui, Gilles Villeneuve sur la toute nouvelle Ferrari 126 CK équipée d'un V6 turbo 1,5 l, puis Jacques Lafitte sur Ligier JS 17 dotée d'un moteur V12 3 l Matra, Mario Andretti sur la nouvelle Alfa Romeo 179 V12 portant le numéro 22 et à ses côtés Carlos Reutemann sur Williams FW07C Ford V8. De course en course, les petits moteurs turbo 1,5 l de Renault et Ferrari devinrent de plus en plus puissants mais aussi plus fiables. Ils développaient désormais au moins 600 ch.

Renault RE30 V6 Turbo *1981*

En 1981, la FIA interdit les jupes à effet de sol ultra basses car il y avait eu trop d'accidents. Toutefois, les équipes de Formule 1 financièrement puissantes ne voulurent pas renoncer à cette aide efficace. Elles installèrent des systèmes d'amortisseurs hydrauliquement modulables qui pouvaient être réglés durant la conduite. Renault expérimenta un châssis extra large sur des circuits rapides tel que celui d'Hockenheim. Ce châssis est ici testé par Alain Prost. Les jambes du pilote étaient désormais devant l'essieu avant, sans zone de déformation protectrice. Il prit la cinquième place au classement général du Championnat du monde de 1981.

Williams FW08 Ford V8 *1982*

En 1982, Keke Rosberg fut le premier Finlandais champion du monde de Formule 1. Sur cette photographie, sa nouvelle Williams est préparée sur un plateau de transport pour les qualifications. Comme toujours, Frank Williams misait sur le moteur à aspiration naturelle Ford-Cosworth DFV encore amélioré (2 993 cm³, huit cylindres) développant désormais 480 ch à 11 100 tr/min. Une boîte six vitesses Hewland et quatre freins à disque extérieurs sont également installés sur cette voiture. Keke Rosberg accumula méticuleusement les points presque à chaque course mais ne remporta que le Grand Prix de Suisse. Les concurrents équipés de turbocompresseurs le mettaient à rude épreuve.

Crash sans conséquences ? *1982*

Le danger est le compagnon de chaque course. On voit ici le Français René Arnoux lors du Grand Prix des Pays-Bas sortant presque indemne de sa Renault RE30. En 1982 moururent l'inoubliable Gilles Villeneuve sur sa Ferrari et Riccardo Paletti, âgé de seulement 23 ans dans les débris de sa Osella. L'as de Ferrari, Didier Pironi, fut grièvement blessé aux jambes lors du Grand Prix d'Allemagne. En 1987, il mourut dans un accident d'offshore sur la Manche.

Ligier JS 19 Matra V12 *1982*

Avec une carrosserie au style intéressant, l'équipe purement française Talbot Ligier Gitanes surprit ses concurrents en 1982. Après de grands succès dans les courses d'endurance, le fabricant de moteurs Matra pouvait désormais proposer un puissant moteur V12 développant 510 ch à 12 000 tr/min. Ligier avait dû se contenter des moteurs Ford-Cosworth au cours des deux dernières années. L'expérience échoua. Eddie Cheever et l'expérimenté Jacques Lafitte prirent seulement la douzième et la dix-septième places au classement général du Championnat du monde de 1982.

Grand Prix de France *1983*

L'année 1983 fut l'année de la percée des moteurs turbocompresseurs 1,5 l de Ferrari. La photographie du départ montre l'épreuve de force des chevaux géants. Complètement à gauche, Alain Prost (Renault RE40 V6) devant Patrese sur une Brabham BT52 blanche avec un moteur quatre cylindres BMW et Eddie Cheever (Renault RE40 V6). À l'extrême droite, les deux Ferrari 126 C2B Turbo de Patrick Tambay et René Arnoux. Prost remporta la course.

Lotus 95T Renault V6 Turbo *1984*

Des modifications du règlement entrèrent en vigueur en 1984. Les dangereuses jupes à effet de sol furent interdites par la FIA, les arrêts ravitaillement n'étaient plus autorisés et la quantité de carburant limitée à 220 l. Lotus équipait désormais son nouveau modèle 95T de moteurs V6 turbo Renault développant environ 680 ch. Lotus était en tête avec Nigel Mansell, sur la photographie, lors du Grand Prix de Monaco sous la pluie mais, suite à une erreur de pilotage de Mansell, c'est Alain Prost qui remporta la course sur la nouvelle McLaren MP4/2 équipée d'un moteur V6 Turbo TAG Porsche.

Brabham BT52B BMW *1983*

Alain Prost sur sa Renault Turbo était déjà considéré comme étant assurément le prochain champion du monde. Seuls quelques spécialistes donnaient une chance sérieuse au moteur quatre cylindres BMW de remporter le combat pour le titre que se disputaient également les moteurs six cylindres turbo de Renault et Ferrari. Grâce à un mélange de carburant particulier mais légal, le moteur compact BMW put bientôt passer des 650 ch d'origine à plus de 750 ch à 10 500 tr/min. Lors de la dernière course, Nelson Piquet, sur la photographie, remporta ce combat à trois avec Alain Prost (Renault) et René Arnoux (Ferrari) ; il n'avait qu'un point d'avance sur eux : impossible d'avoir un score plus serré.

Tyrrell 012 Ford V8 *1984*

Les héros de l'épouvantable course de Formule 1 de Monaco furent deux jeunes pilotes : l'Allemand Stefan Bellof sur un Tyrrell-Ford bien inférieure et le Brésilien Ayrton Senna sur une Toleman Hart n'ayant pas plus de chance de gagner. Bellof partit du dernier rang et dépassa à chaque tour des collègues nettement plus expérimentés. Lorsque la course fut interrompue prématurément, Bellof et Senna n'étaient plus qu'à quelques mètres du vainqueur Alain Prost sur la nouvelle McLaren développant environ 100 ch.

Portrait

Stefan Bellof

Comme aucun autre pilote allemand de Formule 1 et de voitures de sport, Stefan Bellof, âgé de 26 ans, a acquis la reconnaissance de ses adversaires grâce à sa modestie et à sa compétence en tant que pilote. Stefan Bellof était considéré à juste titre comme possédant un talent exceptionnel. En 1985 lors d'une course comptant pour les Championnats du monde de voitures de sport, il prit trop de risques avec sa Porsche 956 et fit une sortie de route. Les secours arrivèrent trop tard.

McLaren MP4/2 TAG-Porsche V6 *1984*

Accélérer n'aide pas plus que ça. Niki Lauda fut un des premiers à se faire transmettre dans son cockpit les temps intermédiaires et de tour de circuit de ses adversaires. En 1984, cette façon de travailler était encore considérée comme un gadget par la majorite des pilotes. Ce point de vue se modifia rapidement lorsque McLaren engrangea les victoires les unes après les autres. Sur cette photographie, le châssis innovant en fibre de carbone noire est bien visible. Il est plus léger et plus rigide qu'un châssis monocoque fait de plaques d'aluminium rivetées, mais il coûte dix fois plus cher.

McLaren MP4/2 TAG-Porsche V6 *1984*

Il est venu, il a vu et il a à nouveau vaincu. Niki Lauda revint à la Formule 1 en 1984. Avec le flair d'un bon analyste et deux titres de champion du monde, il vit sa plus grande chance dans le cockpit de la nouvelle McLaren équipée d'un moteur V6 turbo Porsche développant plus de 750 ch, peu gourmand en carburant et très fiable. Niki Lauda et son camarade d'écurie Alain Prost remportèrent 12 victoires sur 16 courses comptant pour le Championnat du monde. Lors du calcul final, Lauda avait un demi point d'avance sur Alain Prost et 38 sur Elio de Angelis sur Lotus 95T Renault V6.

La guerre de pneus *1984*

Entre les fabricants de pneumatiques Michelin, Goodyear et Pirelli existait une situation de concurrence qui était déjà grotesque. Ici, un technicien surveille les piles de pneus réservés pour une écurie ayant deux voitures engagées au Grand Prix d'Autriche. Chaque pneu est doté d'un matricule correspondant au pilote et à la voiture.

Des champions du monde entre eux *1984*

Ils ne furent jamais de véritables amis. Niki Lauda (35 ans) à gauche sur la photographie et Alain Prost (29 ans) alimentèrent de nombreuses conversations en raison de leur évidente rivalité au sein de l'équipe McLaren. En 1984, Niki Lauda remporta son troisième titre de champion du monde et Alain Prost gagna le titre pour McLaren en 1985 et 1986. Lauda raccrocha son casque en 1986.

Toleman TG184 Hart *1984*

Hart, petit fabricant britannique de moteurs, mit au point son moteur turbo quatre cylindres très compact à contre-courant de la tendance de l'époque. La future superstar Ayrton Senna brilla avec ce moteur dans des conditions très prometteuses, comme ici lors du Grand Prix de Monaco où il termina à la seconde place. Lors du Grand Prix d'Angleterre aussi, la Toleman-Hart avec Senna au volant put s'offrir une troisième place alors que son moteur ne développait que 600 ch. Désormais, la voie était libre pour le cockpit plus honorifique de Lotus aux côtés d'Elio de Angelis.

Ferrari 126C4 V6 Turbo *1984*

Connaître des hauts et des bas en Formule 1 c'est tout à fait normal. Toutefois, Enzo Ferrari pouvait ne pas être satisfait des prestations de ses pilotes Michele Alboreto et René Arnoux durant la saison 1984. Alboreto ne remporta qu'une victoire au Grand Prix de Belgique alors que les moteurs V6 turbo développaient désormais 750 ch et réalisaient souvent les tours de circuit les plus rapides. Ferrari ne pouvait être satisfait des quatrième et sixième places au Championnat du monde. Un nouveau châssis devait éliminer le manque de maniabilité pour la saison 1985.

Portrait

Manfred Winkelhock

Dans les années 1980, les meilleurs cockpits de Formule 1 n'étaient pas occupés par des pilotes allemands. Ainsi, le sympathique Souabe Manfred Winkelhock se débattit durant quelques années avec les voitures de course ATS de seconde catégorie. Il prouva sa vraie valeur lors des courses de voitures de sport et quelques-unes de Formule 1 pour lesquelles il eut une opportunité avec une Brabham BT53 BMW et engrangea rapidement ses premiers points pour le Championnat du monde. Le 12 août 1985, son destin le rattrapa lors des 1 000 km de Mosport au Canada. Suite à une défaillance des suspensions, il s'écrasa contre le mur de délimitation du circuit et succomba à ses graves blessures le jour suivant.

Lotus 98T Renault V6 Turbo *1986*

Dès la troisième année de sa carrière en Formule 1 qui dura dix ans, Ayrton Senna, avec sa Lotus 98T pas tout à fait compétitive, titillait déjà l'ego de ses collègues champions du monde Prost, Rosberg ou Piquet. Senna était souvent le meilleur lors des duels serrés et des courses sous la pluie. Renault était finalement devenu le fournisseur de moteurs préféré. Lotus, Ligier et Tyrrell pouvaient compter sur environ 800 ch. BMW fournissait Arrows, Benetton et Brabham avec des moteurs quatre cylindres turbo développant jusqu'à 900 ch.

Portrait

Ayrton Senna

Presqu'aucun autre pilote n'enchanta autant ses fans, les journalistes et de nombreux chefs d'écuries de course qui se le disputaient. En revanche, le Brésilien Ayrton Senna était moins aimé de ses collègues. Il leur faisait sentir qu'il était le vrai champion. Sur 161 courses de Grand Prix, il en remporta 41 et partit 65 fois en pole position ; cela comptait plus pour lui que certaines victoires. En 1994, suite à une défaillance technique, Ayrton Senna fit une sortie de route lors du Grand Prix de Saint-Marin à Imola et mourut. Senna est toujours un modèle pour les jeunes coureurs automobiles.

Carambolage en chaine *1986*

À petite cause grands effets. Le lieu de l'événement est le Grand Prix d'Angleterre de 1986. Lors de ce carambolage en chaine, le pilote belge d'Arrows-BMW, Thierry Boutsen, toucha un collègue et déjà on se cognait partout au milieu du circuit. Il fallut donner un nouveau départ à la course que Nigel Mansell remporta sur sa Williams FW11 Honda V6.

Williams FW11 Honda V6 *1986*

La Formule 1 la plus puissante et la plus rapide de cette saison fut la Williams FW11. Frank Williams s'était assuré les droits exclusifs du nouveau moteur V6 turbo de Honda. Avec une cylindrée de 1 498 cm³, cette voiture compacte développait 900 ch en course et, lors des qualifications, elle aurait même atteint les 1 200 ch. La photographie montre l'ancien champion du monde Nelson Piquet lors du Grand Prix du Brésil. Suite à une défaillance pneumatique lors du dernier tour avant la ligne d'arrivée, l'as de Williams Nigel Mansell perdit le titre de champion du monde, qui pourtant lui semblait assuré, en faveur d'Alain Prost sur la McLaren MP4/2 TAG V6 plus tout à fait compétitive. Au Championnat du monde 1986 Piquet fut troisième et Senna quatrième sur Lotus Renault.

Ferrari F186 V6 Turbo *1986*

Avec Stefan Johansson, un nouveau Scandinave rapide arriva dans le monde de la Formule 1. Lors du Grand Prix d'Allemagne sur le circuit d'Hockenheim, Johansson créa une vive émotion lorsqu'il fit un fulgurant tête-à-queue au milieu de la ligne droite menant à l'arrivée. Par chance, ce dérapage à 250 km/h au moins resta sans conséquence. Stefan Johansson prit la cinquième place au Championnat du monde devant son camarade d'écurie mieux classé, René Arnoux qui, avec la huitième, place ne put satisfaire les espoirs de Ferrari. Concernant la puissance de la motorisation, la nouvelle Ferrari F168 développant environ 900 ch était à peu près aussi puissante que les moteurs V6 Renault.

Lotus 99T Honda V6 *1987*

En 1987, Ayrton Senna ne remporta que deux victoires pour Lotus. Les Williams FW11B équipées d'un V6 Honda étaient considérées comme la paire de rêve de la saison 1987 avec Nelson Piquet et Nigel Mansell. Sur 16 courses, les pilotes de Williams en remportèrent neuf. Williams, comme Lotus, expérimentait les suspensions actives des roues qui conféraient un avantage aérodynamique en particulier sur les portions très rapides. En 1987, le moteur V6 turbo de Honda développait 950 ch et lors des tours rapides pour les qualifications, on aurait même atteint 1 300 ch pour 1 496 cm^3 de cylindrée.

Benetton B187 Ford V6 *1987*

Depuis 1983 le groupe de mode italien Benetton participait à la Formule 1 en tant que sponsor de différentes équipes. En 1986, Rocco Benetton osa franchir le pas et acheta l'écurie britannique Toleman alors en difficulté. À partir de ce moment, les affaires reprirent clairement. Gerhard Berger remporta le Grand Prix du Mexique en 1986 sur sa Benetton B186 verte équipée d'un moteur BMW. En récompense, l'Autrichien obtint une place dans le cockpit Ferrari pour la saison 1987. La photographie montre Thierry Boutsen lors du Grand Prix de Belgique sur le circuit de Spa. Le moteur V6 turbo de Ford légèrement moins compétitif développait au mieux 750 à 800 ch. Pas assez pour une place en tête.

Portrait

Nigel Mansell

Le stress se lit sur le visage de Nigel Mansell. Dans l'équipe de Frank Willimas, seules les victoires comptaient. En outre, le patron de l'écurie avait de l'expérience et connaissait les chances que ses voitures offraient aux pilotes. Son camarade d'écurie Nelson Piquet gagna trois fois, Mansell six fois au cours de la saison 1987, mais Piquet fut champion du monde devant Mansell grâce à ses autres classements. Cela blesse les personnes ayant un fort ego et Nigel Mansell souffrait visiblement de cela. Nelson Piquet quitta l'écurie Williams à la fin de la saison 1987 ; désormais Mansell était maître chez lui.

Zakspeed 881 Turbo *1988*

Le sport automobile au plus haut niveau entraînait des frais toujours plus importants. C'est sûrement l'une des raisons pour laquelle l'équipe allemande Zakspeed de l'Eifel qui s'était lancée dans la course n'a pas pu aller au-delà de résultats honorables. On voit ici Bernd Schneider en 1988 lors du Grand Prix de Monaco. L'écurie Zakspeed ne fut jamais en mesure de passer d'innombrables journées dans une soufflerie : souvent les essais n'avaient pas lieu ou étaient réalisés à mi-puissance. Les écuries privées étaient aussi moins bien soutenues par les fabricants de pneumatiques que les équipes de tête comme McLaren, Lotus, Williams ou Ferrari.

Portrait

Gerhard Berger

À 27 ans, l'Autrichien plein d'humour convainquit tous ceux qui le jalousaient jusqu'ici qu'il était un « racer » né. Par « Racer », le secteur de la Formule 1 dominé par les Britanniques qualifiait un pilote qui garde plus longtemps le pied sur l'accélérateur que ses adversaires. En 1987, Berger remporta les deux dernières courses du Championnat du monde sur sa Ferrari F187 V6 Turbo. Il était le seul véritable adversaire des voitures de course plus rapides de McLaren équipées des « imbattables » moteurs V6 Honda.

Zakspeed 881 Turbo *1988*

Durant la saison 1988, les moteurs V6 Honda étaient de premier plan avec 950 ch. Le V6 Porsche TAG de 900 ch était considéré dès 1987 comme dépassé et ne réapparu pas en 1988. Le V6 Renault était également hors course. Seuls Judd et Megatron fournissaient la plupart des écuries privées avec des moteurs de course de 750 à 800 ch. Que pouvait encore obtenir le quatre cylindres compact de Zakspeed développant 700 à 750 ch ? Fin 1988, Zakspeed renonça à son propre moteur et mit tous ses espoirs dans un nouveau moteur V8 Yamaha.

Ferrari F187/88C V6 Turbo *1988*

À la fin de la saison 1988, l'écurie Ferrari n'avait remporté qu'une seule victoire, le Grand Prix d'Italie. Gerhard Berger distança ses adversaires dans une lutte passionnante. Les 15 autres Grands Prix furent gagnés par l'écurie McLaren-Honda avec Ayrton Senna et Alain Prost. L'année 1988 fut également celle de la fin de l'ère du turbo. La domination des moteurs V6 turbo 1,5 l de Honda, développant jusqu'à 1 400 ch lors des qualifications, lassait les spectateurs et frustrait les adversaires. La photographie montre le dernier niveau du moteur V6 turbo de Ferrari. Il est équipé de deux compresseurs allemands KKK ; les systèmes d'injection et d'allumage provenaient de Lucas, Weber et Marelli.

McLaren MP4/4 Honda V6 *1988*

Ayrton Senna en route pour son premier titre de champion du monde. En 1988, le Brésilien remporta huit courses et Alain Prost en gagna sept. Leur rivalité allait si loin qu'ils se poussèrent plusieurs fois de la piste. Leurs adversaires ne purent pas en profiter. La photographie montre Ayrton Senna lors du Grand Prix d'Italie, la seule course de cette saison au cours de laquelle la Ferrari de Gerhard Berger franchit la ligne d'arrivée en premier. La nouvelle réglementation de 1989 contribua à une meilleure égalité des chances. La FIA interdit les moteurs turbo super puissants et introduit de nouveaux moteurs à aspiration naturelle de 3 500 cm³ développant moins de chevaux. Avec ces modifications sensées, la course pour le titre de champion du monde était de nouveau grande ouverte.

McLaren MP4/4 Honda V6 Turbo *1988*

Les photographes ne se voyaient que très rarement présenter aussi ouvertement l'intérieur de l'excellent bolide champion du monde de McLaren. Le châssis noir est en fibre de carbone ultra légère et très rigide ; il est « cuit » dans un four aux États-Unis. Un homme peut facilement porter à une main le châssis nu, sans bloc-moteur ni pièces métalliques. À l'avant, on reconnaît la zone de déformation obligatoire se terminant en pointe. Elle a déjà évité la paralysie ou la mort à des pilotes. Le dernier accident mortel en Formule 1 remontait désormais à six ans. Le combat de Jackie Stewart pour plus de sécurité dans le cockpit et sur les circuits était de plus en plus payant.

Crash sans conséquences *1989*

La première année de la nouvelle Formule 1 3,5 l, les petites écuries purent à nouveau avoir de vraies chances de gagner. Le Brésilien Mauricio Gugelmin causa un accident spectaculaire lors du premier tour du Grand Prix de France (ci-contre). Sa nouvelle March CG891 Judd V8 vola à plusieurs mètres au-dessus des autres pilotes. Gugelmin retourna vers les stands en courant, s'assit dans la voiture de remplacement et reprit la course après le nouveau départ.

McLaren MP4/5 Honda V10 *1989*

Durant la nouvelle saison, Ayrton Senna et Alain Prost assurèrent à nouveau le spectacle sur les circuits mais aussi en dehors, comme ici lors du Grand Prix du Japon. Pour Ron Dennis, chef de l'écurie McLaren, cette rivalité pourtant peu prometteuse n'était pas blâmable tant qu'ils étaient tous les deux en tête et ne se volaient pas les points l'un l'autre. Prost remporta le Championnat du monde 1989 et Senna dut se contenter de la deuxième place car il avait été disqualifié pour avoir causé un carambolage. Le nouveau moteur à aspiration naturelle V10 de Honda développant entre 660 et 680 ch se révéla particulièrement fiable dès le début. La fréquence de rotation maximum était à l'époque de 13 000 tr/min. Lors du Grand Prix de Monza, Senna atteignit une vitesse de pointe de 342 km/h.

Arrows A11 Ford V8 *1989*

Nouvelle Formule, nouvelle chance. Les moteurs à aspiration naturelle 3,5 l ne devaient pas seulement améliorer l'égalité des chances entre les grandes et les petites écuries mais également réduire fortement les coûts. McLaren obtint les nouveaux moteurs à aspiration naturelle V10 Honda, Williams les nouveaux V10 Renault et Ferrari un nouveau V12. Judd fournit Lotus, Brabham et March avec un nouveau moteur V8. Ford-Cosworth aussi ravit les écuries suivantes avec des moteurs V8 : Arrows, Benetton, Tyrrell, Onyx, Minardi, Dallara, Ligier, AGS, Coloni, Osella et l'écurie allemande RIAL. Lola misa sur le lourd V12 de Lamborghini et Zakspeed sur le nouveau V8 Yamaha.

Grand Prix de Monaco
1990

La place pour doubler sur l'étroit parcours urbain de Monaco est chose rare. Néanmoins, la plupart des pilotes aiment ce circuit unique. Lors du deuxième tour Ayrton Senna sur McLaren MP4/5B Honda V10 est devant Alain Prost sur Ferrari 641 V12. Senna remporta la course mais les Ferrari montrèrent une puissance retrouvée. Leur boîte de vitesse semi-automatique et la suspension active effaçaient la motorisation plus puissante du moteur Honda, du moins en partie. L'ancien pilote Ferrari, Gerhard Berger, occupait désormais le deuxième cockpit chez McLaren, et Nigel Mansell dut s'imposer comme numéro deux chez Ferrari aux côtés d'Alain Prost. Même au sommet, on ne fait pas de cadeau à un pilote.

Brabham BT59 Judd V8 *1990*

David Brabham sur Brabham. Le fils du triple champion du monde Jack Brabham réalisa de bonnes performances dans l'IndyCar Serie américaine ; en Formule 1, il n'acquit aucun point au Championnat du monde de 1990. Sa Brabham BT59 était équipée d'un moteur V8 du britannique Judd développant 680 ch. Les finesses techniques telles qu'une boîte semi-automatique faisaient défaut aux petites écuries.

Dallara BMS190 Ford V8 *1990*

Les deux nouveaux italiens Emanuele Pirro, sur la photographie, et Gianni Morbidelli prirent le départ sous le beau nom de Scuderia Italia. Généralement, ils échouaient aux qualifications car de plus en plus de pilotes et d'écuries s'affrontaient pour les places libres sur la grille de départ. Le niveau de puissance était tout simplement trop élevé pour la Dallara. Il en alla de même avec AGS, Osella, Minardi et Ligier.

Lola LC90 Lamborghini V12 *1990*

Sous la protection de l'ancien pilote de rallye et de voitures de sport Gérard Larrouse qui avait connu le succès par le passé, le Japonais Aguri Suzuki, ici sur la photographie, et le Français Eric Bernard courraient pour acquérir des points au Championnat du monde. La puissance des étroits moteurs V12 de Lamborghini avait fait ses preuves. Elle se serait élevée à 700 ch. Comparativement, le moteur 12 cylindres Ferrari développait au moins 720 ch. Le handicap du moteur Lamborghini était son supplément pondéral de 30 kg et son manque de fiabilité.

Ferrari 641 V12 *1990*

Au cours de la saison 1990, les Ferrari furent toujours plus rapides. Sur sa McLaren, Senna remporta 6 des 16 courses de la saison, mais Prost contra avec cinq courses. Lors de la dernière course à Suzuka (Japon) Senna percuta, volontairement ou non, Alain Prost au freinage dans un virage. Ils sortirent tous les deux de la route et abandonnèrent. Ainsi, Senna avait le titre de champion du monde en poche. La photographie montre Alain Prost lors du Grand Prix d'Italie à Monza. La suspension active permet une garde au sol extrêmement basse et plus de vitesse dans les virages.

Crash lors du Grand Prix de Belgique *1990*

Nigel Mansell met sa Ferrari 641 dans la glissière de sécurité. Une situation de course caractéristique devant laquelle aucun pilote n'est infaillible. Thierry Boutsen sur Williams-Renault V10 et Alessandro Nannini sur Benetton Ford verte passent l'accidenté sans dommage. En 1990, les Williams FW13B Renault V10 avec Patrese et Boutsen remportèrent deux courses, et la Benetton B 190 Ford V8 de l'ancien champion du monde Nelson Piquet surprit tous les experts par ses deux victoires méritées au Grands Prix du Japon et d'Australie, les deux dernières courses de la saison.

Mika Häkkinen *1991*

Un titre de champion du monde ne tombe pas du ciel. La première saison de Formule 1 de Mika Häkkinen en 1991 fut frustrante de tous les côtés. Avec le jeune Finlandais de 22 ans, Lotus espérait sortir de l'insignifiance mais n'obtint pas plus de deux misérables points au classement général du Championnat du monde. La Lotus 102B Judd V8 sortit rarement du peloton. Le patient Finlandais dut attendre sept longues années et 96 courses de Grand Prix pour remporter son premier Grand Prix. En 1991, Michael Schumacher tenta également sa chance dans un cockpit de Formule 1 sur une Jordan-Ford nettement plus rapide.

Williams FW14 Renault V10 *1991*

En tant que vainqueur du Grand Prix d'Angleterre, Nigel Mansell se montra un chauffeur attentionné pour son collègue ensablé et champion du monde Ayrton Senna. Un beau geste qui cependant ne cachait pas que Senna et Mansell se disputeraient à nouveau dans les prochaines courses. En 1991, Senna fut champion du monde pour la troisième et dernière fois. Mansell dut se contenter de la deuxième place. L'avantage de Senna était un nouveau moteur 12 cylindres Honda de 3 493 cm^3 de cylindrée développant jusqu'à 780 ch à 14 800 tr/min. Le moteur V10 Renault de Mansell développait officiellement 730 ch.

Sécurité des circuits *1991*

Dans les années 1970, Erik Comas ne serait pas sorti de cet accident sans graves blessures. Le Français ne fut presque pas blessé car les commissaires de piste furent sur place avec une rapidité fulgurante. À l'arrière-plan, on voit la « sortie de secours » et le tas de pneus qui freinent l'impact. La photographie a été prise en 1991 lors du Grand Prix d'Allemagne sur le circuit d'Hockenheim. Aujourd'hui, les pneus servant à la sécurité du circuit sont empilés et ficelés en un paquet précisément défini afin d'absorber l'énergie du choc.

Benetton B192 Ford V8 *1992*

Durant la saison 1992 il n'y eut rien à faire face à la Williams FW14B Renault V10 de Nigel Mansell équipée du contrôle actif de la suspension. Mansell remporta 9 des 16 courses. Mais la sensation de l'année fut Michael Schumacher au volant de sa Benetton B912 Ford. Alors que c'était sa première saison complète en Formule 1, l'Allemand remporta son premier Grand Prix en Belgique avec sa voiture pourtant moins puissante. Dans des conditions difficiles, comme ici lors du Grand Prix d'Espagne, il fit des tours de circuit rapides et put accumuler des points. Sa troisième place au classement général du Championnat du monde de 1992 éveilla des espoirs justifiés quant à ses possibilités à devenir un jour champion du monde.

Ferrari 642 V12 *1991*

Nigel Mansell retourna chez lui en 1991 et s'enrôla à nouveau chez Frank Williams. Par conséquent, Ferrari engagea le dynamique Français Jean Alesi (ci-dessous) aux cotés d'Alain Prost. Avec cette équipe purement française, la Scuderia Ferrari voulait revenir en tête. Le moteur V12 Ferrari 642 développait entre 710 et 730 ch à 13 800 tr/min. Une boîte sept vitesses semi-automatique était épaulée par un contrôle électronique de la traction. Avec un poids de 505 kg sans carburant, la Ferrari 642 était au minimum du poids autorisé pour les véhicules. Le calcul avait été fait sans McLaren et Williams. Prost et Alesi prirent seulement les cinquième et septième places au classement général du Championnat du monde de 1991.

Footwork FA13 Mugen V10 *1992*

Michele Alboreto lors du Grand Prix de Monaco devant Michael Schumacher sur Benetton B192 Ford V8. En 1992, les petites équipes durent se contenter de moteurs clients. Le Mugen V12 avait été mis au point avec l'aide du Suisse Heini Mader à partir d'un vieux V10 Honda. La puissance maximum était d'environ 680 ch. Footwork était issue de l'écurie Arrows. Alboreto eut six points au Championnat du monde de 1992 et prit la dixième place au classement général.

McLaren MP4/7 Honda V12 *1992*

Sur le papier, les McLaren d'Ayrton Senna et de Gerhard Berger étaient des adversaires de même niveau face aux excellentes Williams FW14B Renault V10. Lors des courses, la Williams de Nigel Mansell remporta presque tous les duels sur la grille de départ grâce à son contrôle de traction. Celui-ci fut prêt chez McLaren qu'à la moitié de la saison et la boîte six vitesses semi-automatique de McLaren installée transversalement ne fut utilisée que vers la fin de la saison. Le moteur V12 Honda développait jusqu'à 750 ch à 14 800 tr/min. Cela en faisait le moteur le plus puissant sur le terrain. La photographie a été prise en 1992 lors du Grand Prix de Hongrie. En tête, Gerhard Berger, derrière lui les deux Benetton B192 jaunes de Riccardo Patrese et Michael Schumacher.

Jordan 193 Hart V10 *1993*

Le propriétaire d'écurie de course Eddie Jordan et le constructeur de moteurs Brian Hart s'associèrent en 1993 pour remporter des victoires de Grand Prix. L'ancien pilote Brian Hart conçut son propre moteur à aspiration naturelle V10 de 3 498 cm^3. Par le passé, il avait créé ou amélioré de nombreux moteurs de Formules 1 et 2 chez le célèbre fabricant de moteurs Cosworth. Avec leur propre moteur V10, les Jordan devaient arriver aux premières places. Rubens Barrichello, ici sur la photographie, et Eddie Irwin disposaient de 690 ch. En 1993, cela ne fut cependant pas suffisant pour les places de tête mais les choses s'arrangèrent nettement en 1994.

Sauber C12 Ilmor V10 *1993*

Peter Sauber entra sur la scène de la Formule 1 en 1993. Grâce à ses grands succès au Championnat du monde des voitures de sport, le Suisse reçut rapidement un soutien en provenance de Stuttgart-Untertürkheim, siège social de Mercedes-Benz qui prévoyait un retour à la Formule 1. Sous la direction des concepteurs suisses de moteurs de course Mario Illien et Paul Morgan, le moteur V10 Ilmor portant l'inscription *« Powered by Mercedes-Benz »* naquit dès 1991 à Brixworth (Angleterre). Ce moteur devait remporter de très nombreuses victoires dans les années qui suivirent. Karl Wendlinger, ici sur la photographie, prit une peu satisfaisante onzième place avec sept points au classement général du Championnat du monde de 1993.

Minardi M193 Ford V8 *1993*

L'écurie italienne Minardi participa pendant presque 20 ans à la Formule 1. La photographie montre Christian Fittipaldi lors du Grand Prix d'Europe sur le circuit britannique de Donington Park. Le Brésilien prit une respectable treizième place au classement général du Championnat du monde de 1993. Minardi souffrit toujours de ses moteurs clients pas assez puissants. Sur la Formule 1 présentée ci-contre est installé un vieux V8 Ford développant moins de 600 ch. Par tour, les Minardi perdaient environ 2 à 3 secondes sur le groupe de tête. Fabrizio Barbazza et Pierluigi Martini tentèrent aussi leur chance en 1993 sur les blanches Minardi.

Portrait

Alain Prost

Après une pause d'un an, Alain Prost conquit son quatrième et dernier titre de champion du monde chez Williams. On le voit déjà concentré car avec Damon Hill, un nouveau pilote était arrivé dans l'équipe et il conduisait avec « le couteau entre les dents ». Sans respect pour les stars établies, le fils de l'ancien champion du monde Graham Hill remporta trois victcires lors de sa première saison chez Williams. L'ancienne star de Williams, Nigel Mansell, décida en 1993 de passer temporairement à l'américaine Champ Car Serie très bien primée. Mansall remporta d'emblée les célèbres 500 miles d'Indianapolis.

Williams FW16 Renault V10 *1994*

À 32 ans, Damon Hill connaissait déjà la nouvelle Williams FW16 pour avoir fait un nombre incalculable de tours avec elle. À l'époque, Damon gagnait sa vie en tant que pilote d'essai chez Williams dans le vague espoir d'obtenir une place dans le cockpit si un des deux pilotes titulaires devait être défaillant. En 1994, la FIA interdit le contrôle de traction, si utile au départ et dans les virages lents, ainsi que les suspensions actives. Williams s'en sortit très bien avec ces modifications importantes. L'équipe Benetton renforcée par Michael Schumacher eut des résultats encore meilleurs. Hill et Schumacher furent les adversaires les plus acharnés ayant des chances au cours de la saison 1994.

Grand Prix du Brésil *1994*

Lors de la première course de la saison 1994, le champion du monde Ayrton Senna sur sa Williams-Renault prit la tête du peloton. Sur la photographie ci-contre, on peut voir juste derrière lui, sur une Ferrari 412T1 V12 rouge, Jean Alesi, qui est talonné par la Benetton B194 Ford V8 à moitié cachée de Michael Schumacher. Puis viennent Damon Hill sur la deuxième Rothmans-Williams et à droite, Mika Häkkinen sur une McLaren MP4/9 blanche et rouge équipée d'un moteur V10 Peugeot. Häkkinen pilote ici pour la première fois une Formule 1 compétitive. Michael Schumacher remporta cette course à la surprise de ses adversaires et, à la fin de la saison, il fut champion du monde devant Damon Hill et Gerhard Berger.

Benetton B194 Ford Zetec-R V8 *1994*

À 25 ans, Michael Schumacher n'avait rien à perdre durant sa deuxième saison complète en Formule 1. Il remporta les quatre premières courses, comme ici lors du Grand Prix de Monaco. C'était la première course après les accidents mortels d'Ayrton Senna et Roland Ratzenberger, qui perdirent tous les deux la vie lors du Grand Prix de Saint-Marin à Imola dans des conditions toujours pas entièrement éclaircies à ce jour. Pour Senna, on suppose une rupture de la colonne de direction. Lors de sa dernière course, le charismatique Brésilien était encore devant Michael Schumacher.

Lotus 109 Mugen V8 *1994*

Alessandro Zanardi s'en sortit en sautant de sa Lotus. Deux courses après la tragédie d'Imola, de nouvelles normes de sécurité entrèrent en vigueur. Malgré l'interdiction des moteurs turbo presque deux fois plus puissants, les Formules 1 3,5 l étaient néanmoins de plus en plus rapides et battaient les anciens meilleurs temps des voitures turbo. Les raisons de cette augmentation inattendue de la puissance étaient les nouvelles connaissances en aérodynamisme, ce dernier ayant été étudié à l'aide de souffleries privées. Dans le secteur des pneumatiques, les progrès avaient permis d'obtenir des pneus ayant une meilleure adhérence, ce qui entraîna des tours de circuit beaucoup plus rapides. La FIA décida donc de réduire la cylindrée à 3 000 cm³.

Arrêt au stand *1995*

On peut se quereller sur le bien-fondé ou l'absurdité des arrêts au stand stratégiquement programmés. Lorsque le résultat de la course est déterminé par une gestion habile des arrêts aux stands, cela déprécie le savoir-faire des pilotes, pensent les passionnés de course automobile, et pas seulement ceux ayant des points de vue conservateurs. D'un autre côté, le suspense est plus intense pour les spectateurs, comme ici lors du Grand Prix d'Angleterre avec Mika Häkkinen au stand McLaren. Avec 17 points, le Finlandais prit une insatisfaisante septième place au classement général du Championnat du monde. En 1995, Mercedes-Benz participa à McLaren en tant que fournisseur officiel des moteurs.

Le goulet d'étranglement de Monaco

1995

Tous les pilotes aiment le circuit urbain de Monaco. Concernant la sécurité, le circuit ne correspond plus aux standards internationaux. Les manœuvres de dépassement sont souvent un coup de chance. Ici, le circuit est embouteillé lors du premier virage rapide à droite vers le Casino. David Coulthard roule dans le sens inverse après un tête-à-queue involontaire ; Mika Häkkinen sur McLaren MP4/9 Mercedes blanche et rouge et les deux Jordan 195 Peugeot V10 d'Eddie Irwin et Rubens Barrichello passent en tête devant la Williams FM17 Renault V10 de Coulthard. Michael Schumacher sur sa Benetton B195 Renault V10 est déjà sorti de là. Il remporta la course.

Sauber C14 Ford V10 *1995*

Heinz-Harald Frentzen éperonna sa Sauber lors du Grand Prix du Portugal. Grâce à ses prestations toujours bonnes sur sa Sauber C14, il fut rapidement considéré comme pouvant accéder à une équipe de tête. Avec une troisième place au Grand Prix d'Italie, Frentzen soulignait encore une fois ses grandes ambitions. À la fin de la saison, Frentzen avait 15 points et occupait la neuvième place au classement général du Championnat du monde. Jean-Christophe Bouillon, son camarade d'écurie très apprécié au début, prit une décevante seizième place avec seulement trois points. Le champion du monde émérite fut finalement Michael Schumacher, dont c'était le deuxième titre, sur sa Benetton B195 équipée par Renault, devant un Damon Hill déçu sur sa Williams FW 17 Renault V10.

Ferrari F310 V10 *1996*

Michael Schumacher lors du Grand Prix de Belgique en 1996. En tant que double champion du monde sur Benetton-Renault, l'Allemand pouvait difficilement se défendre face aux propositions. Le fait d'avoir signé un contrat chez Ferrari en 1996 était considéré comme un mauvais choix par les initiés car Ferrari attendait une victoire depuis plusieurs années. Les participations de Ferrari en Formule 1 étaient un numéro d'équilibriste entre le génie et le chaos. Cependant, l'engagement du directeur technique et du chef de l'équipe Benetton fit dresser l'oreille : Rory Byrne et Ross Brawn sont deux professionnels accomplis. Lors de sa première saison chez Ferrari, Michael Schumacher remporta les Grands Prix d'Espagne, de Belgique (ci-dessous) et d'Italie. Avec huit victoires, Damon Hill remporta son premier titre de champion du monde sur une Williams FW18 Renault V10. Son camarade d'écurie Jacques Villeneuve fit d'emblée ses preuves lors de sa première saison en Formule 1 en remportant quatre victoires. Le retour de Ferrari surprit tout le monde sauf Michael Schumacher. La Ferrari F310 était équipée d'un nouveau moteur V10 développant 700 ch. La fréquence de rotation la plus élevée était de 17 000 tr/min, donnant une vitesse de pointe de 340 km/h en sixième.

Prost AP01 Peugeot V10 *1996*

Durant sa période d'activité, le quadruple champion du monde de Formule 1 Alain Prost brillait par son style de conduite particulièrement précis et le soin qu'il prenait de ses voitures. C'est pourquoi la presse spécialisée française lui avait donné le titre de « professeur » Prost. En 1996, le retraité décida d'acheter l'écurie Ligier qui manquait d'argent. Une entreprise risquée car toutes les écuries privées souffraient plus que jamais des coûts toujours croissants. Prost installa Jarno Trulli et Olivier Panis dans le cockpit. Lors de la première saison, le moteur V10 de Peugeot, relativement peu fiable, fut utilisé. La photographie montre Jarno Trulli lors du Grand Prix d'Allemagne. Une deuxième place au Grand Prix d'Espagne à Barcelone fut le meilleur résultat de l'histoire de l'écurie de Grand Prix Prost qui dura cinq ans.

Jordan 196 Peugeot V10 *1996*

Avec le Brésilien Rubens Barrichello et l'expérimenté Martin Brundle, Eddie Jordan avait deux « chevaux » dans son écurie de course qui pouvaient prétendre aux premières places. Le moteur 12 cylindres de Peugeot développait environ 600 ch à 16 000 tr/min pour une cylindrée de 2 998 cm^3. Ce moteur, plus tout jeune, était utilisé uniquement par l'équipe Jordan en 1996. Barrichello et Brundle prirent la huitième et la onzième places derrière Gerhard Berger sur Benetton Renault V10 et Mika Häkkinen qui, encore une fois, ne remporta pas de victoire et put seulement prendre la cinquième place sur sa McLaren-Mercedes.

McLaren MP4/12 Mercedes V10 *1997*

Lors du Grand Prix d'Australie, à 26 ans, David Coulthard remporta la première course de Formule 1 pour McLaren-Mercedes. La photographie montre Coulthard devant les deux Ferrari rouges de Michael Schumacher et Eddie Irvine. Puis suivent la deuxième McLaren de Mika Häkkinen et la Benetton de Gerhard Berger. La saison 1997 ne se déroula pas sans heurts : Jacques Villeneuve, nouvelle star de Frank Williams, remporta le titre de champion du monde 1997 avec sept victoires. En raison d'une attaque rude de Michael Schumacher contre Villeneuve lors du dernier Grand Prix de la saison, la star de Ferrari se vit retirer son titre de vice-champion du monde. Par conséquent Heinz-Harald Frentzen devint vice-champion du monde sur sa Williams-Renault bleue devant David Coulthard sur une McLaren-Mercedes argentée qui était équipée d'un moteur V10 (FO110E) développant environ 720 ch.

Benetton B197 Renault V10 *1997*

Les victoires en Formule 1 sont toujours une réussite collective. Après le départ de Ross Brawn, de Rory Byrne et du double champion du monde de Formule 1 Michael Schumacher, Benetton entama une lente mais continuelle descente à partir de 1996. Seul Gerhard Berger réussit en 1997 un succès d'estime lors du Grand Prix d'Allemagne. À la fin de la saison, Berger arrêta le sport automobile. Les autres victoires ne vinrent pas. Le talentueux Autrichien Alexander Wurz (ci-dessous) ne put rien changer à cela. En 1998, l'entreprenant chef de l'équipe Benetton Flavio Briatore quitta l'écurie qu'il avait su également diriger de façon très intelligente.

Portrait

Jacques Villeneuve

Au cours de sa première saison en Grand Prix, le fils de l'inoubliable Gilles Villeneuve donna déjà du fil à retordre à l'élite européenne de la Formule 1, par les mots et par les actes. Son adversaire le plus coriace fut Michael Schumacher qui lui fit manquer deux fois le titre de champion du monde. En 1997, ce fut chose faite : Jacques Villeneuve devint le méritant champion du monde avec sept victoires sur sa Williams-Renault. La photographie montre Villeneuve à 26 ans avant le Grand Prix de Belgique de 1997.

Williams FW19 Renault V10 *1997*

Heinz-Harald Frentzen resta toujours un peu dans l'ombre de son camarade d'écurie Jacques Villeneuve bien que, niveau vitesse, il fût son égal. La photographie montre Frentzen en 1997 lors du Grand Prix d'Angleterre. En 1997, l'Union Européenne avait interdit les publicités de cigarettes lors des courses européennes. La réaction de Frank Williams était donc très compréhensible car une écurie privée ne peut pas survivre sans sponsors.

Le poker des pneumatiques *1997*

Aucune course ne peut se courir sans le soutien de l'industrie pneumatique. Le prix d'un pneu de Formule 1 s'élevait déjà à 2 000 euros en 1997. Bridgestone, Goodyear, Michelin et Pirelli étaient les plus engagés dans la Formule 1. La photographie montre seulement une partie des pneus slicks réservés par l'équipe Ferrari lors du Grand Prix d'Autriche en 1997.

Portrait

Bernie Ecclestone

Rien ne fonctionnerait sans lui en Formule 1. L'ancien vendeur de voitures d'occasion et propriétaire d'une petite écurie de course est devenu l'homme le plus puissant du monde de la Formule 1 et est bien plus que milliardaire. Il fut le premier à déceler les possibilités financières provenant des droits de retransmission mondiale à la télévision de ses courses de Formule 1. Aujourd'hui, tous les participants profitent de l'habileté de Bernie : l'industrie du divertissement, la publicité, les écuries et les pilotes, mais également les spectateurs et la presse. La photographie fut prise en 1997 lors du Grand Prix d'Espagne.

McLaren MP4/13 Mercedes V10
1998

En 1998 McLaren-Mercedes fit un pas de géant en direction du titre de champion du monde. L'équipe de Ron Dennis, directeur technique de McLaren, fut enrichie par le plus inventif spécialiste de l'aérodynamisme, Adrian Newey qui travaillait jusqu'ici pour Williams. Le moteur V10 Ilmor- Mercedes beaucoup plus puissant développait plus de 770 ch à presque 17 000 tr/min et était considéré comme le moteur de Formule 1 le plus performant de cette saison. Avec ce paquet, Mika Häkkinnen remporta son premier Championnat du monde en 1998 devant Michael Schumacher sur Ferrari F300 V10 et son camarade d'écurie David Coulthard sur McLaren-Mercedes.

Portrait

Mika Häkkinen

Sous le calme se cache la force. Mika Häkkinen perdit rarement son calme durant la période où il fut actif. Quand on doit attendre sa première victoire de Grand Prix pendant sept ans, on a les nerfs solides. Après huit ans, le sympathique Finlandais obtint son premier titre mondial et, en 1999, il fut à nouveau sur la première marche du podium. Son deuxième titre de champion du monde fut favorisé par un accident de son adversaire le plus acharné, Michael Schumacher qui, en 1999, fut obligé s'arrêter pendant sept courses à cause d'une jambe cassée.

Benetton B199 Playlife V10 *1999*

Dans le monde de la Formule 1 la vie passe à toute allure. Une écurie habituée aux victoires peut en quelques mois tomber dans une spirale descendante incontrôlable. Chez Benetton, c'était déjà la pagaille en 1998 lorsque le chef de l'écurie David Richards quitta l'équipe après une querelle et que Rocco Benetton âgé de 29 ans reprit les commandes. L'année 1999 ne fut pas non plus une bonne pour Benetton. Le meilleur classement de Giancarlo Fisichella fut une quatrième place lors du Grand Prix d'Australie. En 2000, Benetton vendit toute l'écurie à Renault. La dernière Formule 1 Benetton prit le départ en 2001. La photographie montre Fisichella en 1999 lors du Grand Prix d'Espagne. La voiture était équipée d'un moteur V10 Supertec développant environ 720 ch qui s'appelait Playlife V10 chez Benetton. Les moteurs V10 Supertec avaient été mis au point par Renault et étaient donnés en leasing à Arrows et B.A.R. par le biais de l'entreprise de Flavio Briatore.

Williams FW21 Supertec V10 *1999*

Deux frères dans la Formule 1 ? Cela s'était produit pour la dernière fois avec les frères Rodriguez qui, hélas, moururent tous les deux dans un accident. En 1999 avec Ralf Schumacher l'équipe Williams obtint un nouveau pilote pour son cockpit dont la vitesse était impressionnante. Ici, Ralf Schumacher tourne sur sa Williams FW21 à travers les serpentins du circuit de Monaco. Cette voiture était équipée d'un moteur V10 Supertec développant environ 725 ch.

Domination Ferrari *2002*

En tête dès le départ. Après 21 années sans titre de champion du monde des pilotes, Michael Schumacher lava Ferrari de cet affront. « Schumi » remporta les titres de champion du monde en 2000, 2001 et également en 2002. Sa série de victoire, unique à ce jour, était loin d'être terminée. La photographie montre le rapport de force lors du Grand Prix du Japon de 2002. Devant sur Ferrari F2000 rouge, Michael Schumacher et Rubens Barrichello ; puis les deux McLaren-Mercedes MP4-17 de Kimi Räikkonen et David Coulthard. Les deux Williams-BMW FW24 de Ralf Schumacher et Juan Pablo Montoya essayent de doubler par l'extérieur. La Jordan-Honda EJ12 jaune est pilotée par Giancarlo Fisichella et la Renault bleue et jaune par Jarno Trulli. Les Ferrari gagnèrent encore une fois une double victoire.

Williams-BMW FW24 V10 *2002*

Avec environ 900 ch, les Williams-BMW avaient le plus puissant moteur sur le terrain mais Ferrari disposait d'un châssis nettement meilleur. Le Colombien Juan Pablo Montoya se hissa sept fois en pole position mais ne remporta aucune course avec sa Williams-BMW en 2002. La Ferrari F2002 de Michael Schumacher, ici sur la photographie à côté de Montoya, développait environ 870 ch à 18 000 tr/min et pesait 600 kg. En 2002, la limite de la cylindrée était encore de 3 000 cm^3.

Grand Prix du Brésil *2002*

Ralf Schumacher, à gauche sur la photographie, semble légèrement contrarié lors de la remise des prix devant les photographes. Après une lutte acharnée, son frère avait franchi le premier la ligne d'arrivée avec une demie seconde d'avance. Cette once est nettement plus douloureuse qu'un gros écart avec le premier. Michael Schumacher rayonne comme toujours suite à sa victoire et Davis Coulthard se réjouit de sa troisième place sur McLaren-Mercedes. À l'extrême droite, le « super cerveau » de Ferrari, Ross Brawn, montre la coupe. Cette saison là, Michael Schumacher remporta 15 des 17 courses ; une expérience amère pour les autres écuries.

Minardi PS02 Asiatech V10 *2002*

Les « derniers rangs » de la Formule 1 n'apparaissent presque jamais sur la liste des vainqueurs. Seule une pluie diluvienne, un carambolage important ou un virus perfide pouvait aider la courageuse écurie Minardi à obtenir une victoire. Cependant, les Italiens se battaient aussi durement pour les points que McLaren and Co. Ici, l'Australien Mark Webber éperonne sa voiture disposant seulement de 760 ch afin de donner l'adhérence nécessaire à ses pneus froids. Lors du Grand Prix d'Australie, ici sur la photographie, Webber prit la cinquième place. Minardi fêta à juste titre ces deux points au Championnat du monde comme une victoire. L'exotique moteur V10 Asiatech était conçu sur la base du V10 de Peugeot.

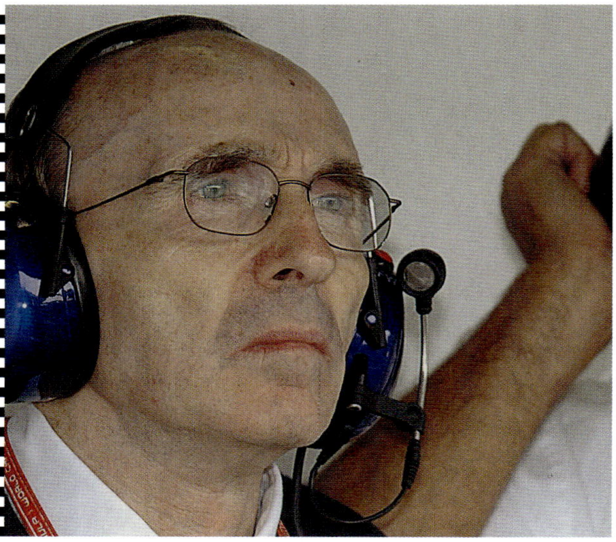

Portrait

Frank Williams

Son expérience est légendaire. Depuis plus de 30 ans, Frank Williams qui est paralysé à partir du bassin, dirige son écurie et connaît tous les hauts et les bas de ce secteur. Parfois ses pilotes font partie des « traînards », parfois ils sont champions du monde, puis à nouveau au milieu du peloton. En 2001, Ralf Schumacher et J.P. Montoya remportèrent quatre victoires pour Williams. En 2002, ce ne fut qu'une seule victoire face aux « imbattables » Ferrari. Aucun autre patron d'écurie n'analyse les points forts et les faiblesses de ses pilotes de façon aussi critique que Frank Williams.

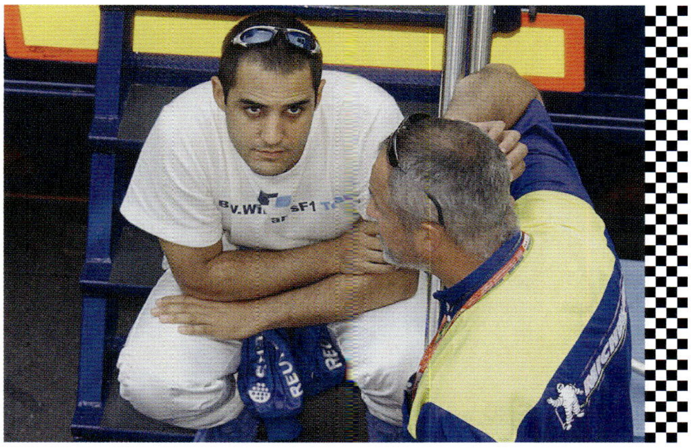

Portrait

Juan Pablo Montoya

Michael Schumacher pensait avoir enfin trouvé un adversaire à sa hauteur en Juan Pablo Montoya. Il avait gagné les 500 miles d'Indianapolis et avait prouvé qu'il possédait la rapidité nécessaire à un véritable racer. En Formule 1, son bilan fut ambivalent. Sur certaines courses de la saison 2002, le Colombien montra sa compétence en tant que *« pole-setter »* absolu. Néanmoins, en course Michael Schumacher conserva toujours une bien meilleure vue d'ensemble, y compris dans les situations très serrées. Ainsi, les forcings du Colombien se terminaient souvent hors de la piste malgré une situation de départ susceptible de lui apporter la victoire.

Renault R202 V10 *2002*

Avec un nouveau moteur V10 de 810 ch et beaucoup d'argent des sponsors, Renault était de nouveau en position de revenir officiellement en tant qu'écurie. Contrairement aux autres moteurs V10 pesant 110 kg, par exemple ceux de Ferrari, Mercedes et BMW, ce V10 Renault à l'architecture en V ouvert à 110° ne pesait que 90 kg. Son régime maximum était de 17 600 tr/min. Jenson Button et Jarno Trunlli s'attirèrent le respect avec une série de quatrièmes, cinquièmes et sixièmes places. On ne pouvait pas être satisfait d'une septième et d'une huitième places au classement général du Championnat du monde, mais la première victoire arriva en 2003.

Portrait

Ralf Schumacher

Sur la bonne voiture et au bon moment, Ralf Schumacher pouvait battre tous ses adversaires. Ralf prouva cela en 2001 avec trois victoires chez Williams-BMW et, en 2002, il obtint également une victoire face aux excellentes Ferrari.

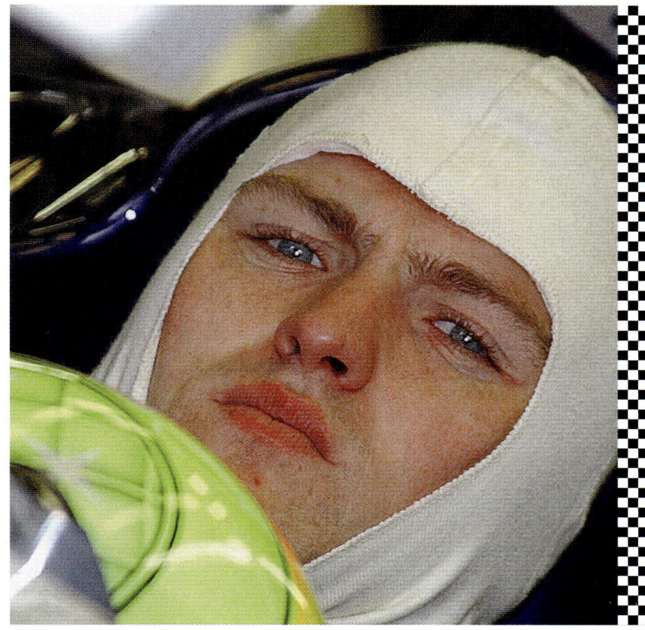

Kimi Räikkönen *2002*

Le chef de McLaren, Ron Dennis, déterminait toujours personnellement quel pilote conviendrait à son écurie. Avec Kimi Räikkönen âgé de seulement 22 ans, il tira un as de sa manche. En 2002, le taciturne mais « super rapide » Kimi Räikkönen (citation du directeur des courses de Mercedes, Norbert Haug) n'était connu que de quelques initiés de la Formule Renault. Dans cette formule pour jeunes pilotes, le Finlandais était considéré comme le plus rapide. La FIA et son chef Max Mosley voulurent d'abord refuser la super licence, nécessaire pour s'engager en Formule 1, à Kimi Räikkönen. Mais Kimi Räikkönen obtint la licence, un contrat de travail chez McLaren-Mercedes et, en 2003, sa première victoire au Grand Prix de Malaisie.

Grand Prix de Belgique 2002

Seulement quelques années après l'invention de l'automobile eurent lieu les premières courses automobiles dans la station thermale de Spa-Francorchamps. On roule sur le circuit actuel depuis environ 60 ans. Tous les pilotes sont d'accord sur un point : Spa-Francorchamps est considéré comme le circuit le plus exigeant au niveau conduite dans le calendrier des Grands Prix. Le clou du circuit est le tronçon de l'Eau Rouge. Les meilleurs pilotes pénètrent dans cette cuvette à pleine vitesse et s'ils ne quittent pas la trajectoire idéale, ils en sortent à plus de 250 km/h. En 2002, ce tronçon a été aménagé pour le rendre moins ardu grâce à une zone de sécurité plus large. Quelques milliers de vieux pneus doivent empêcher le pire.

Sécurité des circuits 2002

Les commissaires de piste vivent dangereusement. En 2000 et 2001, deux d'entre eux moururent à Monza et à Melbourne à cause de roues qui s'étaient envolées. Les Américains furent les précurseurs pour plus de sécurité. Ils installèrent un grillage extrêmement haut sur l'ovale à grande vitesse d'Indianapolis afin de protéger les spectateurs et les commissaires de piste. Ce n'est que depuis quelques années qu'un grillage similaire est aussi installé chez nous, comme ici au Grand Prix de Monaco. Sur la photographie, on voit en tête le futur vainqueur, David Coulthard (McLaren-Mercedes). À la deuxième place, Michael Schumacher (Ferrari) et en troisième position, Ralf Schumacher (Williams-BMW) devant le quatrième, Jarno Trulli (Renault).

McLaren-Mercedes MP4/17 V10 2002

Pour un nouveau venu dans la Formule 1, Kimi Räikkönen obtint quelques résultats remarquables dès sa première saison de Grands Prix. Avec une sixième place au classement général du Championnat du monde, McLaren pouvait être satisfait mais en sport automobile, seules les victoires comptent. Kimi Räikkönen ne montre rien extérieurement lorsqu'un multiple champion du monde le suit de très près, comme ici Michael Schumacher sur sa Ferrari rouge. Avec 600 kg, la MP17 était à la limite inférieure du poids autorisé. Avec environ 850 à 870 ch, le V10 Mercedes FO110M était approximativement de la même puissance que le V10 Ferrari de Schumacher et Barrichello. Une boîte sept vitesses semi-automatique permettait une valeur d'accélération particulièrement fulgurante.

« L'or noir » 2002

Un pilote doué en littérature qualifia ses pneus d'« or noir ». En effet, en ce qui concerne la compétitivité lors des qualifications et durant la course, un choix judicieux des pneumatiques est plus décisif aujourd'hui que 20 ch de plus sur le train arrière. Jusqu'à la saison 2009, les pneus de course profilés étaient obligatoires afin de réduire durablement la vitesse dans les virages. Michelin, Bridgestone et Goodyear sont les principaux fournisseurs de pneus de course de toutes sortes. La photographie montre la nouvelle Toyota TF102 de Mika Salo.

Chicane 2002

Tout le monde sait freiner. Sur la photographie, Ralf Schumacher, à droite, et Juan Pablo Montoya ont raccourci le tracé de la chicane à Monza. Il y a 30 ans, cette manœuvre restait peut-être sans conséquences. Aujourd'hui, la direction de la course regarde tout le déroulement de la compétition sur des écrans de contrôle et, en cas d'infraction de ce genre, inflige des pénalités pouvant aller jusqu'au retrait de points. Des amendes financières importantes ne sont pas rares en cas d'atteinte à la sécurité. Une exclusion totale du classement général du Championnat du monde fut déjà prononcée contre Michael Schumacher en 1997. Schumi perdit sa deuxième place au classement général du Championnat du monde car il avait poussé Jacques Villeneuve dans les graviers au cours de la dernière course décisive

Raccourci 2002

Nettement hors du circuit et néanmoins autorisé. Chaque pilote recherche sa trajectoire idéale qui, comme ici avec Kimi Räikkönen, peut être nettement à côté de l'asphalte. Les voitures d'aujourd'hui sont nettement plus stables qu'une Lotus 25 datant de l'époque de Jim Clark il y a 50 ans. En ce temps là, il n'y avait pas de crash-tests pour les Formules 1, pas de dessous de caisse permettant un passage sur les curbs (bordures d'un circuit) et pas de pneumatiques conçus pour de telles sollicitations.

Cockpit 2002

Pour un meilleur aérodynamisme, l'idéal est un cockpit presque clos. Mais pas pour la sécurité du pilote car cela retarde son extraction en cas d'accident. La FIA exigea donc un agrandissement de l'ouverture du cockpit, une des modifications du règlement la plus sensée. Presque tous les ans, ces modifications mettent les spécialistes de l'aérodynamisme face à de nouvelles tâches. La photographie montre Jarno Trulli dans son nouveau cockpit « moulant » aujourd'hui interdit.

Ravitaillement et changement de pneumatiques *2002*

Quelque 20 hommes travaillent ensembles. C'est une question de fractions de seconde. En 2002, chaque pilote avait le choix entre 40 pneus pour piste sèche et 28 pour piste mouillée. Les temps des tours de circuit de 2001 et 2002 montrent l'influence que les nouvelles gommes pouvaient avoir. En 2002, les chronos des tours de circuit avaient gagné jusqu'à quatre secondes après que Michelin était revenu face aux écuries équipées par Bridgestone.

Toyota TF103 V10 *2003*

Avec deux sixième places, la nouvelle écurie Panasonic de Toyota paya en 2002 le prix de son apprentissage. L'entrée de Toyota au plus haut niveau de la compétition automobile fut saluée avec ferveur car, suite à l'insolvabilité d'Arrows et de Prost, la grille de départ s'était nettement clairsemée. Ici, le Brésilien Cristiano da Matta fait chauffer ses pneus avant lors du Grand Prix d'Imola. Da Matta avait remporté en 2002 le Championnat du monde Cart-Fedex des États-Unis. Les deux pilotes Toyota, Olivier Panis et da Matta étaient devant lors du Grand Prix d'Angleterre de 2003 lorsqu'un spectateur fou courut sur le circuit. Le directeur de course interrompit la compétition et lors du nouveau départ, Toyota avait perdu la tête de la course. Le moteur V10 de 2 998 cm³ développait 880 ch. L'Autrichien Gustav Brunner avait conçu cette belle voiture de course qui hélas se révéla un peu trop lourde.

Grand Prix de Malaisie *2003*

Le promoteur de la Formule 1 Bernie Ecclestone est toujours à la recherche d'un nouveau défi pouvant mettre « sa » Formule 1 en valeur et lui rapporter de l'argent, disent ceux qui le critiquent. En réalité, avec les nouveaux lieux de compétition comme ici le Grand Prix de Malaisie à Sepang, tout le secteur a gagné et gagne encore une popularité qui était inimaginable il y a encore 20 ans. En 2003, les cartes ont été redistribuées sur le circuit. Deux Renault avec le jeune Espagnol Fernando Alonso devant Jarno Trulli, Kimi Räikkönen sur McLaren-Mercedes puis enfin les deux Ferrari de Michael Schumacher et Rubens Barrichello imbattables en 2002 : il y avait longtemps que cela n'était pas arrivé. Kimi remporta la course de façon admirable. Schumi s'était trompé dans son freinage et avait aidé Jarno Trulli à faire un tête-à-queue.

Jaguar R4 Cosworth V10 *2003*

En 1999, l'ancien champion du monde Jackie Stewart avait vendu à la Ford Motor Company son écurie de Formule 1. Jaguar fait partie du groupe Ford, tout comme Volvo. On était donc prêt à faire ramasser les lauriers aux bolides verts sous le nom sportif de Jaguar Racing. Hélas rien ne sortit de cela. Malgré de bonnes dispositions, en 85 Grands Prix, huit différents pilotes Jaguar ne purent jamais rapporter une seule victoire aux Formules britanniques. Sur cette photographie prise lors du Grand Prix d'Allemagne, Mark Webber laisse sa Jaguar dériver dans le virage. Le moteur V10 CR5 Ford-Cosworth aurait développé environ 850 ch. En 2004, Red Bull reprit la combative équipe Jaguar Racing. À partir de là les choses allèrent mieux.

Williams-BMW FW25 V10 *2003*

Un des grands moments de la saison est le Grand Prix de Monaco. Ici, Juan Pablo Montoya sur sa Williams-BMW V10 développant environ 880 ch devance Kimi Räikkönen sur McLaren-Mercedes MP4/17D. Montoya remporta la course bien qu'il soit parti à la troisième place. Ce fut la première victoire d'une Williams-BMW depuis 2002. Kimi Räikkönen termina deuxième et Schumacher, qui avait été le plus rapide aux essais sur sa Ferrari F2003-GA V10, prit la troisième place. Sur cette course passionnante, Montoya profita d'une meilleure gestion des arrêts au stand par son équipe.

Futurs champions du monde *2003*

Le champion en série de Ferrari, Michael Schumacher, ne montrait pas encore de signes visibles de fatigue en 2003. Sa Ferrari fut toujours parmi les trois premières sur les 16 courses que comptait la saison mais ne franchit jamais la ligne d'arrivée en tête. Une toute nouvelle expérience après la saison 2002 qu'il avait totalement dominée. La jeune star de McLaren-Mercedes, Kimi Räikkönen, au milieu, remporta son premier Grand Prix en Malaisie. Rubens Barrichello sur Ferrari fut deuxième devant Fernando Alonso, à droite, sur la Renault R23 V10 d'une puissance surprenante. Räikkönen (23 ans) et Alonso (21 ans) devaient à juste titre devenir champions du monde quelques années plus tard. Ils avaient montré leur talent dès 2003.

Accident au départ *2003*

Pour chaque course, le départ et le premier virage sont les moments où les risques d'accident sont les plus élevés. La plupart des accidents de cette sorte se déroulent sans que les pilotes soient blessés car les châssis en fibre de carbone et nid d'abeille en aluminium sont extrêmement résistants, ne cassent pas et protègent les pilotes. Lors de cet accident (ci-contre), Ralf Schumacher, Rubens Barrichello, Kimi Räikkönen, Heinz-Harald Frentzen et les jeunes pilotes Justin Wilson et Ralph Firman abandonnèrent. Juan Pablo Montoya (Williams-BMW) remporta le Grand Prix d'Allemagne sur le circuit d'Hockenheim devant David Coulthard (McLaren-Mercedes) et Jarno Trulli (Renault).

Courses sous la pluie *2003*

Sur un circuit inondé, une Formule 1 dépassant les 850 ch se conduit comme sur du verglas. Même le meilleur « pilote de pluie » est alors au sommet de son art du pilotage. De telles conditions difficiles régnaient lors du Grand Prix du Brésil 2003 à São Paulo. La moitié des 20 pilotes qui avaient pris le départ avait déjà abandonné aux deux tiers du parcours à cause d'accidents liés à l'aquaplaning. Au tour 54, la course fut enfin interrompue après deux nouveaux accidents graves. Un feu arrière clignotant est obligatoire pendant les courses de Formule 1 depuis qu'un énorme carambolage s'était produit lors d'une autre course sous la pluie. Giancarlo Fisichella remporta la course sous la pluie de São Paulo sur sa Jordan EJ13 Ford V10 « sous motorisée ».

Renault R23 V10 *2003*

En tant que pilote d'essais et remplaçant de Renault, Fernando Alonso montra ses talents de technicien et de pilote en 2002. En 2003, il eut le droit de monter dans le cockpit de Renault en tant que pilote titulaire. L'ancien pilote d'usine Jenson Button avait été renvoyé par une chaude poignée de main de Flavio Briatore. Alonso était considéré comme un bon pilote par temps de pluie. On voit ici l'Espagnol lors du Grand Prix du Brésil. Il aurait certainement remporté cette course mais il roula sur les débris de la Jaguar de Mark Webber et dut abandonner. Après cet accident, la course fut interrompue prématurément. Alonso remporta le Grand Prix de Hongrie en 2003 dès sa première saison bien qu'avec 850 ch environ, le moteur Renault ne fît pas partie des moteurs V10 les plus puissants de l'époque.

McLaren-Mercedes MP4/17D V10 *2003*

Durant la saison 2003, le système de point pour le Championnat du monde de Formule 1 fut modifié à l'avantage des petites écuries. Jusqu'ici les points n'étaient accordés qu'aux six premiers pilotes. À partir de 2003, ce fut aux huit premiers. Jusqu'aux deux dernières courses avant la fin de la saison, trois pilotes pouvaient donc encore prétendre au titre de champion du monde : le plus jeune, Kimi Räikkönen (McLaren-Mercedes) ici sur la photographie, Juan Pablo Montoya (Williams-BMW) et Michael Schumacher (Ferrari). Montoya échoua, Räikkönen arriva à la deuxième place derrière Barrichello et Michael Schumacher ne prit que la huitième place après une erreur de pilotage. Cet unique point fut suffisant pour que Michael Schumacher remporte son sixième titre de champion du monde.

BAR-Honda 006 V10 *2004*

Ces cinq dernières années l'écurie Lucky Strike de BAR-Honda ne s'était pas faite remarquer par des prestations supérieures à la moyenne. Elle avait été constituée sur le « patrimoine génétique » de l'écurie Ken Tyrrell couronnée de succès dans les années 1960. Les pilotes incriminaient le moteur dix cylindres trop faible en puissance, 850 ch maxi, et une voiture trop conservatrice. Quoi qu'il en soit, cette image se transforma en 2004 grâce à des résultats positifs. Les BAR-Honda prirent la deuxième place au classement général des constructeurs. Jenson Button (ci-contr) rapporta la majorité des points. Avec 85 points au classement général des pilotes, il prit la troisième place au Championnat du monde derrière le duo Ferrari constitué par Michael Schumacher et Rubens Barrichello. Le septième titre de champion du monde de Michael Schumacher est unique et bien mérité car la concurrence avait les mêmes chances que la Scuderia Ferrari.

Portrait

Kimi Räikkönen

Surnommé « Iceman » par ses adversaires, le taciturne Finlandais de 24 ans a les nerfs inhabituellement solides. Dès l'âge de dix ans, Kimi roulait à travers les forêts finnoises en prenant des virages tout à fait dans le style des légendes finlandaises des rallyes, Rauno Aaltonen ou Timo Mäkinen, nous raconte un collègue finnois. Par deux fois il rata de peu le titre de champion du monde. En 2007, il réussit enfin le grand saut.

Liquidation de Jaguar *2005*

En Formule 1 règne depuis toujours une forte fluctuation concernant l'engagement de nouveaux pilotes. Depuis ces dix dernières années, des écuries entières et leurs employés sont vendus à de nouvelles personnes intéressées et prêtes à payer. C'est ce qu'il est arrivé à l'équipe verte de Jaguar- Cosworth. Ford avait perdu le goût de la compétition. Fin 2004 l'écurie Jaguar eut Red Bull comme nouvel employeur. Une manœuvre habile du propriétaire autrichien qui pour relativement peu d'argent avait acheté une écurie compétitive. La photographie montre le talentueux Christian Klien lors de sa dernière course sur la verte Jaguar R5 Cosworth V10.

Portrait

Fernando Alonso

Cet Espagnol des Asturies âgé de 23 ans qui fuit le public est vénéré par ses compatriotes. Dès l'âge de trois ans, il roulait à toute vitesse sur son premier kart et dépassait ses camarades de jeu bien plus vieux. À 22 ans, il fut le plus jeune pilote de tous les temps à remporter un Grand Prix ; à 24 ans, il fut le plus jeune champion du monde, jusqu'à ce que Lewis Hamilton lui vole les deux superlatifs en 2008. Fernando Alonso est un coureur automobile parfait, corps et âme possédant l'arrogance dont a besoin un pilote de haut niveau pour protéger sa personnalité.

Williams-BMW FW26 V10 *2004*

En 2004, Ralf Schumacher et Juan Pablo Montoya se livrèrent un duel acharné au sein de l'équipe où Montoya se fit remarquer par des tours de circuit rapides. En revanche, jusqu'à son grave accident au Grand Prix des États-Unis, Ralf Schumacher accumula mieux les points. À cause d'un pneu abîmé, Schumacher percuta à reculons le mur en béton de l'ovale d'Indianapolis alors qu'il roulait à presque 290 km/h et s'en sortit avec des blessures moyennement graves. Après plusieurs mois d'arrêt, Ralf remonta dans un cockpit et montra qu'il n'avait rien oublié.

McLaren-Mercedes MP4/20 V10 *2005*

À la fin des 19 courses que comprenait la saison 2005, la Formule 1 3 000 cm^3 s'arrêta. Les moteurs V10 les plus puissants développaient désormais 900 ch. Grâce à des astuces aérodynamiques supplémentaires les tours de circuit étaient de plus en plus rapides et donc plus dangereux, du moins selon la FIA. À partir de 2006, seuls des moteurs V8 de 2 400 cm^3 pourraient prendre le départ. Ils devaient disposer de moins de puissance. La photographie montre Juan Pablo Montoya sur sa McLaren-Mercedes aux formes intéressantes. Il venait de signer avec cette écurie. Le Colombien resta fidèle à son style de conduite souvent un peu grossier mais ne remporta que les Grands Prix de Grande-Bretagne, d'Italie et du Brésil malgré de meilleures positions au départ. Son camarade d'écurie Kimi Räikkönen rafla sept victoires.

Red Bull RB1 Cosworth V10 *2005*

Pour leur première saison chez la nouvelle écurie Red Bull, David Coulthard et Christian Klien purent marquer des points plus souvent que la concurrence l'aurait voulu. Le vieux routier expérimenté David Coulthard prit quelques quatrièmes places et franchit presque régulièrement la ligne d'arrivée parmi les huit premiers du classement. Avec environ 860 ch, le moteur V10 Cosworth ne faisait pas partie des motorisations les plus puissantes sur le terrain. Red Bull était finalement à la recherche d'un moteur nettement plus puissant pour la prochaine saison 2,4 l.

Essais *2005*

Ferrari possède son propre circuit d'essais et McLaren-Mercedes une soufflerie ultramoderne et l'argent pour des essais durant des semaines. Au moins 20 jours de tests et 6 000 km sont nécessaires pour un nouveau modèle. Les petites écuries doivent se satisfaire des quelques journées d'essais officielles. Un « tuning aérodynamique » systématique est donc quasiment impossible. Sur la photographie, Vitantonio Liuzzi, pilote d'essai de Red Bull, teste justement un spoiler latéral sur sa RB-1 Cosworth V10 qui ne fut pas utilisé pendant les courses.

Toyota TF105 V10 *2005*

Toyota entama son projet Formule 1 avec de très gros investissements et un budget de 300 millions d'euros pour la compétition. En 2004, les succès que l'on attendait du deuxième plus grand groupe automobile au monde, ne vinrent pas. Mais durant la saison 2005, Jarno Trulli fit deux deuxièmes places et prit une quatrième place au classement général du Championnat du monde devant Ralf Schumacher. La photographie montre la dernière Formule 1 3 l de Toyota avec Jarno Trulli au volant. Ralf Schumacher, Ricardo Zonta et Olivier Panis complétaient l'équipe de Formule 1 basée à Cologne. On remarque les nombreux spoilers et déflecteurs.

BMW F1.06 V8 *2006*

En 2006, BMW devint majoritaire de l'écurie suisse de Peter Sauber. L'ancien champion du monde Jacques Villeneuve, sur la photographie, et Nick Heidfeld furent engagés comme pilotes. Le nouveau venu polonais, Robert Kubica, et l'Allemand Sebastian Vettel obtinrent un contrat comme pilotes d'essais et remplaçants. Une bonne décision car Jacques Villeneuve ne démarra jamais vraiment et, lors des essais, il fut nettement devancé par Kubica et Vettel. Avant la fin de la saison, le Canadien dut vider son cockpit et le laisser à Robert Kubica. Un nouveau moteur V8 BMW de 2 397 cm³ de cylindrée développant environ 700 ch équipait cette voiture.

Renault R25 V10 *2005*

Les deux voitures d'usine Renault surprirent tous les experts. Fernando Alonso monta sur la première marche du podium durant cette saison très disputée. Son premier titre de champion du monde était largement mérité car Kimi Räikkönen et Michael Schumacher exercèrent une énorme pression sur le jeune Espagnol, ici en photographie. Michael Schumacher voulait absolument remporter son huitième titre de champion du monde et Kimi Räikkönen montra sur McLaren-Mercedes qu'il était au plus haut niveau mondial. Cette passionnante saison se terminera par sept victoires chacun pour Alonso et Räikkönen. Schumacher ne remporta qu'une course mais prit néanmoins la troisième place du classement général des pilotes. Renault remporta également le Championnat du monde des constructeurs. Après cette saison palpitante, les Formule 1 3 l partirent pour le musée.

Red Bull RB2 Ferrari V8 *2006*

Pour la saison 2006, Dietrich Mateschitz, propriétaire de Red Bull, conclut un contrat de leasing avec Ferrari. Le châssis provenait des ateliers de l'ancienne écurie Jaguar et les moteurs V8 2,4 l Ferrari étaient livrés en provenance de Maranello. David Coulthard, ici sur la photographie, s'empara de la troisième place lors du Grand Prix de Monaco derrière Alonso sur Renault et Montoya sur McLaren-Mercedes. Avec environ 750 ch, le nouveau moteur V8 Ferrari était considéré comme la motorisation la plus puissante de cette nouvelle catégorie de Formule 1 2,4 l.

Toro Rosso STR1 Cosworth V10
2006

L'écurie italienne Minardi, particulièrement sympathique mais le plus souvent malchanceuse, fut reprise en 2006 par Red Bull et l'ancien pilote Ferrari, Gerhard Berger. Avec l'Américain Scott Speed, Gerhard Berger engagea un pilote talentueux ; le deuxième pilote était Vitantonio Liuzzi. Mais cette première Toro Rosso ne dépassa pas les places du milieu durant sa première saison.

McLaren-Mercedes MP4/21 V8
2006

Entre Kimi Räikkönen et Juan Pablo Montoya régna toujours une rivalité visible qui ne plaisait pas trop à la direction de l'équipe. Sans une gestion de l'écurie lors de la phase finale du Championnat du monde, rien ne peut fonctionner en Formule 1. Montoya ne voulait pas accepter le rôle de leader de Räikkönen. Lors du Grand Prix des États-Unis, il y eut une épreuve de force sur le circuit : les deux pilotes abandonnèrent. Räikkönen perdit des points importants pour remporter le titre mondial et Montoya son job chez McLaren-Mercedes. Pour les courses restantes, le pilote d'essais Pedro de la Rosa prit les commandes du cockpit de la Formule 1 de Montoya. La photographie ci-contre montre Kimi Räikkönen après un arrêt au stand lors du Grand Prix du Canada en 2006.

Renault R26 V8 *2006*

Fernando Alonso dut se battre très dur pour son deuxième titre de champion du monde. Avec 134 points et sept victoires, il était au coude à coude avec Michael Schumacher sur Ferrari qui avait lui aussi franchit sept fois la ligne d'arrivée en tête : Alonso remporta 13 points sur les autres courses, un de plus que le septuple champion du monde. Peu avant la fin de la saison 2006, Michael Schumacher (37 ans) avait annoncé son retrait de la Formule 1. Son successeur chez la Scuderia Ferrari devait être le pilote de McLaren-Mercedes, Kimi Räikkönen (26 ans) qui avait visiblement un besoin urgent de changer d'air.

Pneumatiques de Formule 1 *2006*

Michelin et Bridgestone font perpétuellement avancer la conception des pneumatiques car en plus d'un meilleur aérodynamisme, les pneus ont joué un rôle de plus en plus important dans la bataille pour les meilleurs temps. Cela a conduit à des frais de plus en plus élevés pour toutes les écuries participantes. La FIA vit un moyen de résoudre ce problème : se limiter à un seul fournisseur de pneumatiques qui devrait livrer toutes les écuries de façon similaire. Bridgestone remporta le contrat et Michelin se retira irrité et à la grande colère de Sauber-BMW, McLaren, Renault, Honda, Toyota, Red Bull et d'autres équipes qui étaient servies au mieux avec les pneus Michelin. Les gens de Ferrari qui avaient travaillé en étroite collaboration avec Bridgestone eurent ainsi un net avantage. La photographie montre une couverture chauffante qui assure une température de 80 à 90 °C permettant aux pneus d'être prêts pour la course.

McLaren-Mercedes MP4/22 V8 *2007*

C'est le double champion du monde Fernando Alonso qui opéra le changement d'écurie le plus spectaculaire. Après cinq ans de collaboration avec Renault, il prit congé et signa un contrat estimé à 15 millions d'euros chez McLaren-Mercedes. Contre toute attente, c'est le petit nouveau Lewis Hamilton qui vola toujours la vedette à l'Espagnol introverti. Ici, Fernando Alonso prend un virage serré dans une trajectoire « raccourcie » idéale. Avec quatre victoires et 109 points, Hamilton prit la deuxième place au Championnat du monde, et Alonso, également avec 109 points et quatre victoires prit la troisième. En cas d'égalité des points, c'est le nombre de deuxièmes places qui compte.

Changement de génération *2007*

Nouveaux pilotes, nouvelles chances ? Avant la première course de la saison 2007, presqu'aucun expert ne connaissait le nom de Lewis Hamilton. Mais dès ses débuts dans le Grand Prix d'Australie, le jeune homme monta sur la troisième marche du podium. On voit ici Lewis Hamilton (22 ans) sur McLaren-Mercedes devant son futur perpétuel rival, Felipe Massa sur Ferrari, qui termina cette course à la sixième place.

Ferrari F2007 V8 *2007*

En 2007 le « grand vide » attendu chez Ferrari suite au retrait de Michael Schumacher n'eut pas lieu. L'ancien pilote Mercedes, Kimi Räikkönen, et Felipe Massa donnèrent du fil à retordre au duo McLaren-Mercedes. Avec un point d'avance et six victoires au compteur, Kimi Räikkönen fut champion du monde de justesse, mais il l'avait mérité. Avec 770 ch, la Ferrari F2007 était considérée comme la Formule 1 la plus fiable et la plus puissante de la saison 2007.

BMW F1.07 V8 *2007*

Comme prévu, durant la saison 2007 l'équipe BMW-Sauber s'améliora dans tous les domaines. Nick Heidfeld, ici sur la photographie, engrangea des points et termina cinquième au classement général du Championnat du monde. Robert Kubica sur la deuxième BMW prit la sixième place malgré un effroyable accident lors du Grand Prix du Canada au cours duquel, à cause d'une défaillance technique, il fit plusieurs tonneaux. Il s'en sortit avec des blessures légères grâce au châssis BMW en fibre de carbone particulièrement résistant. Ce fut l'accident le plus grave de ces dix dernières années.

Honda RA107 V8 *2007*

Jenson Button et Rubens Barrichello vécurent une saison noire avec les Formules 1 d'usine de Honda. Avec une quinzième et une vingtième places, personne ne pouvait être satisfait. Barrichello ne récolta aucun point pour les Championnats du monde et Button n'en acquit que six au total. Comparativement, le champion du monde Kimi Räikkönen sur sa Ferrari F2007 cumula 110 points. La Honda souffrait d'un manque de fiabilité, d'une vitesse trop faible et d'une mauvaise maniabilité.

Renault R27 V8 *2007*

En 2007, Giancarlo Fisichella et le Finlandais Heikki Kovalainen n'étaient pas en position de remplacer Fernando Alonso. Ce dernier est un pilote extrêmement tourné vers l'objectif qui ne laisse rien au hasard et se concentre totalement à l'amélioration de sa voiture. Avec son départ de chez Renault, cette force motrice fit défaut à l'équipe. Le moteur d'environ 750 ch ne put obtenir aucune place en tête durant la saison 2007. En effet, Kovalainen et Fisichella prirent les septième et huitième places du classement général des pilotes.

Toyota TF107 V8 *2007*

Chez Toyota aussi en 2007 les choses ne tournèrent pas toujours aussi bien que l'équipe germano-japonaise l'avait espéré. Jarno Trulli, ici sur la photographie, prit la treizième place du classement général du Championnat du monde avec huit points. Ralf Schumacher, très bien payé, ne récolta que cinq points et finit seizième. Pour le plus grand constructeur automobile au monde, cette saison était un coup dur après une saison 2006 très prometteuse. À la fin, Ralf Schumacher, frustré, quitta son équipe de Formule 1 et passa aux courses de voitures de tourisme DTM. Timo Glock monta dans le cockpit Toyota laissé vaquant par Ralf Schumacher.

Williams FW29 Toyota V8 *2007*

Les petites écuries dépendent des moteurs clients. Pour la saison 2007, avec les moteurs V8 Toyota développant environ 740 ch, Williams s'en sortit mieux que l'équipe d'usine Toyota. Nico Rosberg et Alexander Wurz, ici sur la photographie, firent toujours de meilleurs temps, à une exception près, que les voitures d'usine blanches et rouges. Wurz fut troisième au Grand Prix du Canada ; Nico Rosberg prit la neuvième place au classement général du Championnat du monde 2007 avec 20 points, et Alexander Wurz, la onzième avec 13 points, bien qu'après le Grand Prix de Chine, il avait quitté l'écurie Williams et avait annoncé qu'il prenait sa retraite.

Red Bull RB3 Renault V8 *2007*

Avec David Coulthard et Mark Webber, Red Bull Racing disposait de deux excellents pilotes ayant une longue expérience comme pilotes d'essais. Ils firent clairement progresser leur équipe durant l'année 2007. Deux troisièmes places et d'autres points au Championnat du monde montrent que l'équipe privée pouvait espérer des places sur le podium. Red Bull misait sur les moteurs clients V8 Renault d'environ 740 ch qui sont un peu moins puissants que les moteurs d'usine.

Toro Rosso STR2 Ferrari V8 *2007*

Dans la deuxième écurie de course du propriétaire de Red Bull, Dietrich Mateschitz, ce sont des motorisations Ferrari qui fonctionnent. Il s'agit ici de moteurs de l'année précédente de la Scuderia Ferrari qui sont loués en leasing à Toro Rosso. Les initiés pensent qu'ils développent environ 740 ch, les moteurs d'usine devaient quant à eux développer 770 ch.

Toro Rosso prit la septième place au Championnat du monde des constructeurs. Avec Sebastian Vettel, l'équipe pêcha un jeune pilote particulièrement doué qui fit sensation durant la saison 2008 sur sa Toro Rosso sous motorisée. La photographie montre le deuxième pilote, Vitantonio Liuzzi.

Super Aguri SA07 Honda V8 *2007*

Dans chaque course, il y a des derniers. Mais des équipes à la traîne progressent au cœur du peloton. L'équipe japonaise Super-Aguri n'y parvint pas, bien qu'avec Takuma Sato, ici au volant, et Anthony Davidson, deux pilotes chevronnés soient aux commandes. Durant la saison 2007, les moteurs V8 Honda de 720 ch se révélèrent peu performants, tant sur les voitures d'usine que chez Super-Aguri.

Spyker F8-VII Ferrari V8 *2007*

Le constructeur néerlandais de voitures de sport Spyker ne participa que durant une saison à la Formule 1. La photographie montre Markus Winkelhock lors du Grand Prix d'Europe sur le Nürburgring. Le Souabe créa la surprise lorsque pour sa première course en Formule 1, il fut provisoirement en tête. Winkelhock fut le seul à partir avec des pneus de pluie alors que tous les autres durent passer des pneus pour route sèche à ceux pour route mouillée lorsqu'il se mit à pleuvoir peu après. Finalement, c'est Alonso (McLaren-Mercedes) qui gagna cette course légèrement chaotique, devant Felipe Massa (Ferrari) et Mark Webber (Red Bull).

McLaren-Mercedes MP4/23 V8 *2008*

Durant la saison 2007, les deux coqs de combat Fernando Alonso et Lewis Hamilton se volèrent mutuellement des points et au bout du compte, c'est l'as de Ferrari, Kimi Räikkönen, qui en profita. Alonso quitta l'écurie après une seule saison et retourna chez Renault où visiblement il se sentait mieux. La photographie montre Lewis Hamilton devant Heikki Kovalainen sur une MP4/23 améliorée. On remarque les nombreux spoilers à tous les angles et sur les arêtes ainsi que les enjoliveurs avant. La nouveauté la plus importante dans le règlement 2008 : les contrôles de traction ne sont plus autorisés.

Renault R28 V8 *2008*

Nelson Piquet Junior fut engagé comme numéro deux de l'écurie, derrière Fernando Alonso. Le Brésilien de 23 ans est le fils du triple champion du monde Nelson Piquet. Lors du Grand Prix d'Allemagne, Piquet Junior prit une deuxième place derrière Lewis Hamilton. Fernando Alonso prit une cinquième place au classement général du Championnat du monde ; quant à Piquet, avec une douzième place, il se consola de ses malheurs qu'il avait causés lui-même. Avec 760 ch, le moteur V8 Renault fortement remanié était considéré comme un candidat potentiel au Championnat du monde mais, hélas, rien n'en ressortit.

BMW F1.08 *2008*

Robert Kubica fut le premier Polonais à obtenir un contrat en Formule 1. Pour l'équipe germano-suisse BMW-Sauber, ce fut un bon investissement. Kubica dépassa les espérances dès sa première saison en Championnat du monde en 2007 et, en 2009, il remporta sa première victoire au Grand Prix du Canada. C'est lors de cette course que l'année d'avant il avait eu un accident, le plus grave de ces dernières années, et en était sorti indemne. C'est la preuve de la qualité de pilotage et de la solidité des nerfs d'un vrai « racer ». En 2008, il fut quatrième au Championnat du monde avec le même nombre de points que le champion du monde de l'année précédente, Kimi Räikkönen. Avec 780 ch, la BMW F1.08 était considérée comme une des Formules 1 les plus puissantes de la saison 2008.

Toyota TF108 V8 *2008*

Les hommes de Toyota purent enfin jubiler. Timo Glock a franchi la ligne d'arrivée en deuxième position au Grand Prix de Hongrie. Pour Toyota, le jeune Allemand est un vrai enrichissement. Il conduit toujours vite avec très peu de dérapages, n'est pas perdu en cas de pluie et est toujours prêt pour une bonne surprise. En 2008, Timo Glock et Jarno Trulli avaient entre les mains un bolide nettement amélioré : plus de puissance, meilleur aérodynamisme et beaucoup moins de défaillances que l'année précédente. Un bon signe de départ pour la saison 2009.

Red Bull RB4 Renault V8 *2008*

Après 228 courses de Grand Prix et 13 victoires, David Coulthard se retira de la Formule 1 à la fin de la saison 2008. Il conduit ici sa Red Bull Renault vers une troisième place dans le Grand Prix du Canada. En 2008, Red Bull ne fut que septième au classement général des constructeurs. La sixième place revint à l'écurie Toro Rosso nettement plus petite.

Toro Rosso STR3 Ferrari V8

2008

La sensation de Monza. Lors du Grand Prix d'Italie, entièrement sous la pluie, une nouvelle étoile s'est levée dans le ciel des pilotes de course automobile. Du moins, c'est ainsi que l'a vu la presse internationale. En réalité, Sebastian Vettel, tout juste âgé de 21 ans, a non seulement fait les meilleurs temps aux qualifications mais a également remporté la course de façon écrasante : une représentation sans fausse note qui marqua profondément les directeurs d'écurie et les spectateurs. Avec cette victoire, Sebastian Vettel est le plus jeune vainqueur de Grand Prix depuis que la Formule 1 existe. La photographie montre le tour d'honneur de la Toro Rosso équipée d'un moteur client V8 Ferrari devant le deuxième, Heikki Kovalainen sur McLaren-Mercedes.

Williams FW30 Toyota V8 *2008*

Nico Rosberg sur sa Williams Toyota laissa lui aussi une forte impression. Rosberg prit la deuxième place lors du premier Grand Prix nocturne de Formule 1 à Singapour. En 2008, l'écurie de Frank Williams souffrait déjà de problèmes financiers car l'argent des sponsors nécessaire de toute urgence n'arrivait pas. Une situation qui touchait durement les petites écuries en raison de la crise bancaire et économique mondiale. Ainsi, l'équipe Super-Aguri arrêta la compétition et Honda vendit son écurie début 2009 au prix symbolique d'un dollar américain au directeur technique Ross Brawn.

McLaren-Mercedes MP4/23 V8

2008

Grand Prix du Brésil. Dans une course particulièrement dramatique, Lewis Hamilton, 23 ans, s'attribua le titre de champion du monde devant Felipe Massa sur Ferrari. Hamilton avait remporté cinq courses et Massa, six. Mais au classement général, Hamilton, le plus jeune champion du monde de Formule 1 de tous les temps, avait un point d'avance sur Massa. Il aurait pu gagner le titre de champion du monde dès 2007 mais, à l'époque, il dut faire face à une petite erreur d'allumage lors de la dernière course et le titre revint alors à Kimi Räikkönen sur Ferrari F2007.

Force India VJM02 *2009*

La génération de Formules 1 de 2009 se distingue nettement à vue d'œil des voitures des saisons précédentes. Un aileron avant surdimensionné et un aileron arrière plus petit d'environ 25 centimètres étaient maintenant obligatoires selon le règlement. Cela était également le cas pour les pneus slicks lisses réintroduits. La photographie montre l'Allemand Adrian Sutil en 2009 lors du Grand Prix d'Australie. Sa Force India est désormais équipée d'un moteur Mercedes F0108W développant 740 ch. Le groupe motopropulseur a entièrement été mis au point par Mercedes.

Williams FW31 *2009*

La crise économique de 2008 et 2009 entraîna pour les petites écuries de Formule 1 de grosses pertes d'argent provenant des sponsors alors que celui-ci est nécessaire à la survie des écuries. La FIA réagit à cela avec l'accord de toutes les écuries de Formule 1. Depuis la saison 2009, les moteurs doivent tenir plus longtemps et la limite de la fréquence de rotation est fixée à 18 000 tr/min. Jusqu'ici, les 19 000 tr/min critiques n'étaient pas un problème pour Mercedes et Ferrari. Williams misa sur des moteurs huit cylindres RVX-09 de Toyota développant 740 ch. Cette photographie montre Nico Rosberg, à la conduite plaisante, lors du Grand Prix de Malaisie à Kuala Lumpur en 2009.

BMW F1.09 *2009*

Pour les voitures de série, les moteurs hybrides sont considérés comme des modèles innovants pour l'économie de carburant. Pour les Formules 1, le moteur hybride fêta sa première en 2009. Bien que cela ne soit pas obligatoire, la puissance supplémentaire allant jusqu'à 82 ch doit faciliter les dépassements et permettre une meilleure valeur d'accélération au démarrage. Les 40 kg supplémentaires de la batterie et une moins bonne maniabilité sont des handicaps. BMW, qui est pourtant un des plus grands partisans de ce système hybride appelé KERS, ne participe plus à la Formule 1 depuis 2010 en tant qu'écurie d'usine. Cette photographie montre Nick Heidfeld lors du Grand Prix d'Australie en 2009.

Renault R29 *2009*

En 2009, on attendait des victoires de l'ancien champion du monde Fernando Alonso qui avait été négocié à prix fort, car à la fin de la saison 2008, l'Espagnol était monté deux fois sur la plus haute marche du podium. Depuis le départ de Michael Schumacher, Alonso est considéré comme le pilote de Formule 1 le plus cher et le plus expérimenté. Pour son moteur huit cylindres, Renault déclare une puissance de 730 ch à 18 000 tr/min, 10 ch de moins que les concurrents. C'est la maniabilité qui est décisive. Ici, la nouvelle Renault montre encore certaines faiblesses dans les virages lents. La photographie a été prise lors du Grand Prix de Malaisie en 2009.

Toyota TF109 *2009*

Les années précédentes, Toyota n'avait pas remporté de grands succès au Championnat du monde de Formule 1. En 2009, Timo Glock et Jarno Trulli surprirent la concurrence avec des temps rapides et de bonnes places : des signes clairs en direction du sommet si longtemps convoité. Avec une longueur totale de 4 636 mm, la Toyota TF109 est une des plus longues Formules 1 sur le circuit. Jarno Trulli pilote ici lors du Grand Prix d'Australie au cours d'un tour rapide de qualification. Jusqu'ici Toyota a renoncé au système hybride KERS, bien que les Japonais soient les leaders du marché des véhicules de série. La puissance est d'environ 740 ch à 18 000 tr/min.

Red Bull RB5 *2009*

À seulement 21 ans, Sebastian Vettel remporta sa première course de Formule 1 sous une pluie battante sur sa peu performante Torro Rosso. En 2009, sa chevauchée vers le succès continua de monter en flèche. Sur sa Red Bull Renault mieux préparée, l'Allemand était rapide sous la pluie mais aussi sur circuit sec, comme ici lors du Grand Prix d'Australie à Melbourne. Red Bull avait engagé l'ancien chef de projet de McLaren, Adrian Newey, considéré comme un des meilleurs du secteur. Les données techniques : moteur V8 RS27 Renault développant 730 ch, boîte sept vitesses en titane.

McLaren-Mercedes MP4-24 *2009*

Le plus mauvais départ de la saison 2009 fut réalisé par la performante écurie germano-britannique. Lors du Grand Prix d'Espagne, le champion du monde Lewis Hamilton, ne souffrant pas de problèmes techniques visibles, fut dépassé par Jenson Button sur Brawn GP. On en a déduit d'importants problèmes d'aérodynamisme et de maniabilité car la Brawn GP était aussi équipée d'un moteur F0108W Mercedes-Benz. McLaren-Mercedes et sa rivale acharnée Ferrari surmonteront cette période difficile rapidement.

Ferrari F60 *2009*

Sans l'équipe Ferrari, la Formule 1 ne vaudrait plus rien. Depuis 1950, l'écurie italienne n'a pas manqué une seule course de Formule 1. Malgré cette expérience énorme, il y a ici aussi des hauts et des bas. Au début de la saison 2009, Ferrari courrait derrière, bien que la majorité des experts considéraient les Italiens comme les futurs champions du monde. La photographie montre un arrêt au stand de l'ancien champion du monde Kimi Räikkönen lors du Grand Prix de Malaisie en 2009. Il y a alors 22 mécaniciens qui se jettent sur le bolide de huit cylindres développant 740 ch.

Brawn GP *2009*

La sensation de la saison 2009 fut clairement Jenson Button sur sa Brawn GP blanche. Le Britannique absolument pas habitué aux succès les années précédentes battit ses adversaires presque à sa guise lors des premières courses. Son camarade d'écurie Rubens Barrichello était à peine plus lent. À la fin de la saison 2008, le chef de l'équipe Ross Brawn était presque au bord du gouffre. Faute de succès et contraint par la crise économique mondiale, Honda s'était retiré de la Formule 1. Brawn reprit l'écurie pour un prix symbolique et négocia un contrat de leasing avec Mercedes-Benz pour les moteurs de course. Presqu'aucun expert ne donnait une chance à ce *« Loser »* (citation d'un journal spécialisé anglais). Il y a toujours des miracles, y compris en Formule 1.

Indianapolis 500, sprint cars et outlaws

Pour les fans de courses automobile américains, l'Indy 500 est considéré comme le *« greatest spectacle in racing »* – le plus grand spectacle de course. Sans exagération, de par son importance, le circuit d'Indianapolis se situe au même échelon que les 24 Heures du Mans ou le Grand Prix de Monaco. Le plus grand rêve de tout pilote automobile est de gagner une fois ces trois courses au cours de sa carrière, surtout devant une foule composée de quelque 400 000 spectateurs.

L'Indy 500 connut plusieurs fois des hauts et des bas au cours de son histoire presque centenaire. Il y a encore quelques années, il s'agissait de la course automobile ovale la plus rapide au monde. Aucune autre piste ne comptabilise autant de décès de pilotes de course que celle-ci, bien que les voitures n'évoluent qu'en rond. Les observateurs laïcs y voient une épreuve de conduite peu ambitieuse. Les apparences sont trompeuses. À une vitesse en virage nettement supérieure à 350 km/h, les duels décisifs roue à roue constituent un défi périlleux qu'aucun pilote de course ne peut encaisser sans en garder une cicatrice psychique. Quiconque ose céder restera à jamais un perdant.

Bouteilles de champagne vers la victoire

Depuis 1911, les 500 miles d'Indianapolis enthousiasment la nation américaine. Lors des premières courses, on retrouvait généralement des pilotes européens et des voitures de course françaises en tête du cortège de 33 voitures. Jules Goux, chauffeur des usines Peugeot, remporta la course en 1913, établissant un nouveau temps record notamment grâce à une stratégie de stands insolite. À chaque ravitaillement en carburant, il prenait une bouteille de champagne français pour se donner un coup de fouet. Au total, il aurait consommé cinq bouteilles.

Une femme mène la course

À ce jour, quatre femmes conquirent l'une des 33 positions de départs de l'Indy 500 qui a lieu traditionnellement fin mai, le week-end d'un jour férié national. L'IndyCar Series est le championnat de dimension internationale comportant entre 17 et 19 courses. En 2008, Sue Patrick remporta l'Indy

Indianapolis Motor Speedway. La piste de course la plus renommée des États-Unis ressemble à un ovale régulier qui n'exige pas d'efforts particuliers des pilotes. Il n'en est rien, car chacun des quatre virages présente un rayon sensiblement différent qui, à une moyenne de plus de 300 km/h ne laisse aucun droit à l'erreur.

Une victoire à la course Indy 500 est pour de nombreux pilotes aussi important que le titre de champion du monde de Formule 1. Le double champion du monde Emerson Fittipaldi remporta l'Indy 500 en 1989 suite au crash de son plus sérieux rival, Al Unser junior lors de l'avant-dernier tour.

Japan 300 devant ses 32 collègues masculins. Suite à cette victoire, toutes les portes lui furent ouvertes. Mais cette Américaine originaire du Wisconsin fut déjà élue « *most popular driver* » de 2005 à 2007. Même Bernie Ecclestone voulut l'obtenir pour intégrer l'équipe de formule 1 quelque peu malchanceuse de Honda. Cependant, Danica refusa poliment l'offre de Bernie et poursuivit sur la voie de la réussite dans l'Indy Series. Lors de l'Indy 500 de 2009, elle franchit la ligne d'arrivée en troisième position pour l'équipe de Mario Andretti. Cette performance montre que les femmes peuvent tout à fait courir parmi les pilotes de haut niveau si elles pilotent une voiture concurrentielle.

Qui freine, perd

Les meilleures écoles pour les stars de l'Indy en herbe sont encore et toujours les speedways à surface constituée de terre battue. Aux États-Unis, plus de 1 200 circuits automobiles ovales d'une longueur de 400 à 800 m sont répartis sur l'ensemble du territoire. Presque tous les week-ends, au moins 60 pilotes prennent part aux qualifications pour les 33 positions de départ de la course finale. Un principe de sélection impitoyable qui perdure depuis l'époque des pionniers. Il y a 100 ans déjà, les pilotes de course américains se livraient à des duels de dérapage sur des ovales de terre battue conçus à l'origine pour les courses hippiques. Au sein de la plus petite catégorie de course pour les jeunes pilotes, on rencontre les midget racers de 200 ch. Parmi les sprint cars, les moteurs V8 délivrent déjà 500 ch. Ces voitures présentent presque la même structure qu'à l'ère des moteurs frontaux de l'Indy 500. À l'étage supérieur, on trouve les outlaw racers aux gros ailerons. Ce sont jusque 800 ch qui négocient les virages en dérapant. À ce stade, les yeux s'emplissent de larmes autant pour les spectateurs que pour les pilotes.

Les sprint cars filent dans les virages avec une puissance atteignant 800 ch sur l'essieu arrière. Un spectacle grandiose pour tous les participants.

Stutz Racer *1911*

L'Américain Carl Fisher commença à gagner de l'argent en participant à des courses cyclistes organisées sur les places de kermesses. Plus les coureurs chutaient sur les barrières de bois, plus les spectateurs venaient nombreux. Un spectacle similaire lui trottait en tête lorsqu'il conçut ses speedways d'Indianapolis : un stade de forme ovale pour les voitures de course les plus rapides au monde et pour une foule immense. En 1911 eut lieu la première course des 500 miles d'Indianapolis dans son stade au concept audacieux. Stutz plaça quatre voitures d'usine sur la ligne de départ. Avec une cylindrée de 6 618 cm^3, la plus rapide Stutz pouvait atteindre les 160 km/h. Cela ne suffit toutefois que pour la onzième place. Le vainqueur fut Ray Harroun au volant de sa Marmon Wasp.

Benz 200 ch *1910*

La « Blitzen Benz » blanche conquit rapidement le cœur des Américains férus de vitesses élevées. Sur cette célèbre photographie, Barney Oldfield file à toute allure sur la piste du Speedway de Daytona Beach. À 211,4 km/h, Oldfield était à l'époque l'homme le plus rapide sur terre, sur l'eau et dans les airs. Lors de la course d'Indianapolis de 1911, Bob Burman établit un nouveau record du tour à 164,42 km/h. Toutefois, la « Blitzen Benz » ne fut pas homologuée pour la course car le moteur quatre cylindres d'un poids de plus de 400 kg et d'une cylindrée de 21 500 cm^3 ne répondait pas au règlement.

Portrait

Barney Oldfield

Son gros habano était la marque caractéristique de Barney Oldfield. De 1909 à 1911, il prit le volant de la voiture la plus rapide de l'époque pour Benz mais passa sur Mercedes en 1914. Barney Oldfield choisissait toujours les voitures les plus rapides pour ses démonstrations. À l'époque, il touchait déjà une prime de 1 000 dollars par course. Pour un nouveau record du tour, Barney exigeait 5 000 dollars. L'entreprise de pneumatiques Firestone put gagner son concours comme principal partenaire publicitaire. Barney mourut paisiblement dans son lit en 1946. Il est considéré comme un véritable professionnel de la course dont la biographie a même été immortalisée dans deux films.

Ballot 3/8 LC *1921*

Tous les constructeurs européens connus participèrent aux 500 miles d'Indianapolis. Au cours des premières années, les modèles de Peugeot, Fiat, Mercedes et Sunbeam, des habitués de la course, obtinrent les victoires. En 1921, les écuries françaises Ballot élaborèrent pour Indianapolis cette grosse voiture de course 3 l pourvue d'un moteur à huit cylindres en ligne de 110 ch. La vitesse maximale s'élevait à 180 km/h. Cette année-là, Ralph DePalma déçut le public en terminant douzième, bien qu'il menât la course jusqu'au 112e tour. En 1922, la meilleure Ballot avança jusqu'en troisième place. Cela ne suffit pas pour décrocher une victoire à l'Indy 500.

Mormon *1921*

Les accidents spectaculaires consolidèrent la réputation des 500 miles d'Indianapolis comme *« greatest spectacle of racing »* (le plus grand spectacle de course). C'est du moins ainsi que le concevaient les initiateurs. Les spectateurs assistent à un nouveau drame dans la dernière ligne droite (ci-dessus). Un pilote quitte la voie des stands au volant d'une voiture en flammes et évite ainsi l'explosion violente des réservoirs de carburant de ses collègues. Après un saut risqué hors du véhicule, le danger est enfin écarté.

Miller Special *1926*

Les 500 miles d'Indianapolis fut de tous temps un défi pour les constructeurs de voitures de course. Pour la première fois au milieu des années 1920, Harry Miller introduisit des voitures de course à traction qui réalisèrent souvent des temps de qualifications plus rapides que les modèles à propulsion. La photographie montre une Miller Special à traction suite à un tête-à-queue involontaire qui se termina dans la glissière de sécurité en bois.

Gillson Special *1935*

La formule d'Indianapolis laissait dans une large mesure carte blanche dans le choix des moteurs appropriés, de la transmission et du châssis optimal. Les sponsors notamment assuraient le financement. En contrepartie, la voiture recevait le nom du bailleur de fonds, en l'occurrence la société Gillson. Un moteur six cylindres de 4 949 cm³ était autrefois une rareté. La plupart des Indy racers concouraient grâce à des moteurs quatre cylindres Offenhauser, huit cylindres Miller ou même Duesenberg.

Portrait

Harry Miller

Avant la Seconde Guerre mondiale, Harry Miller développait les moteurs de course les plus performants pour les 500 miles d'Indianapolis : moteurs de 1,5 l à huit cylindres en ligne avec deux arbres à cames en tête et suralimentation par compresseur. De plus, il conçut les premières voitures de courses à succès à traction et entraînement toutes roues motrices. Dès 1933, deux Miller Special à transmission intégrale prirent le départ de cette course. En 1935, Harry Miller dota son équipe de dispositifs radio à petites ondes. Il pouvait ainsi transmettre des instructions directement aux pilotes. Lou Meyer remporta cette course sur sa Tydol Special à moteur Miller.

Déjà avant la Seconde Guerre mondiale, il existait de nombreux magazines spécialisés qui publiaient des articles de plusieurs pages concernant les principales courses américaines et européennes. Le *Herrenfahrer* consacra 16 pages pleines à la course d'Indianapolis. Une comparaison directe des performances des équipes participantes européennes et américaines ne se produisit toutefois qu'après la guerre.

Boyle Special Maserati *1939*

Wilbur Shawn remporta les 500 miles d'Indianapolis en 1939 et 1940 avec cette Maserati Grand Prix qu'il nomma d'après son sponsor, usage encore courant de nos jours dans la course automobile américaine. Ce n'est que trois tours avant la fin, sur un total de 200 tours, qu'en 1939 Wilbur Shawn remporta la course. Le second fut une Thorne Special, et deux Miller Special à traction remportèrent les places trois et quatre.

Portrait

Wilbur Shawn

Wilbur Shawn remporta les 500 miles d'Indianapolis à trois reprises : en 1937, 1939 et 1940. Après sa victoire de 1939, le pilote, épuisé, est assailli par les journalistes radio et presse. Le coureur vient de parcourir 500 miles, soit 805 km. Wilbur Shawn était l'un des meilleurs pilotes des États-Unis. En 1933, il monta de la 23e position de départ à la deuxième place et, en 1935 aussi, il lutta pour remonter de sa 20e position au départ à la seconde place à l'arrivée. Il périt en 1954, à l'âge de 51 ans dans un accident d'avion, deux jours avant son 52e anniversaires.

Chrysler Newport Le Baron *1941*

L'Amérique était sur le point d'entrer en guerre contre l'Allemagne nazie et le Japon. Pour la dernière fois, les organisateurs des 500 miles d'Indianapolis se présentèrent dans cette Chrysler Newport Le Baron au design passionnant qui ne fut jamais produite en série. Pour l'industrie automobile américaine, une participation à l'Indy 500 est une énorme mesure publicitaire que des millions de personnes savourent devant leur poste de télévision.

Spike Jones Special *1946*

L'illustration présente une voiture de course classique à traction du début de la période d'après-guerre, dotée d'un moteur 16 cylindres à compression. Ce moteur provenait de la Stutz Blackhawk record de Frank Lockhart qui perdit la vie accidentellement alors qu'il tentait de réaliser un exploit sur la plage de Daytona Beach. La cylindrée s'élevait à 2 999 cm³, ce qui constituait autrefois la limite autorisée pour les moteurs à suralimentation. Le châssis fut fourni par Thorne Engineering. La seconde position fut prise par une Special quatre cylindres d'Offenhauser, et les places trois et quatre, par deux Maserati Grand Prix. En sixième position arriva une Alfa Romeo 158.

Rounds Rocket *1949*

Bill Taylor se tourne encore d'un regard optimiste vers la lentille de l'appareil photographique. Hélas, il manqua de quelques secondes la qualification pour le départ. Il y eut 33 pilotes autorisés à prendre le départ, 61 coureurs tentaient alors leur chance lors de l'épreuve qualificative. Les bolides à traction étaient encore presque imbattables. Cependant, au cours des années qui suivirent, Bill Taylor remporta des courses moins importantes au volant de sa voiture ingénieuse à moteur médian dont on ne peut réfuter une certaine ressemblance avec les flèches d'argent d'Auto Union.

Fageol Twin Coach *1946*

Cette voiture de course de l'Indy 500 de 1946 surprit. En effet, Paul Russo réalisa le deuxième temps de qualification grâce à cette voiture. Deux moteurs gros moteurs quatre cylindres Offenhauser d'une puissance unitaire de 140 ch et de 1 500 cm³ de cylindrée entraînaient ce véhicule. Le moteur avant s'exerce sur l'essieu arrière et le moteur arrière sur l'essieu avant. Russo courut en tête jusqu'au 16ᵉ tour avant de mettre sa voiture à plus de 230 km/h dans la glissière de sécurité. Par chance, il resta indemne.

Cummins Diesel Special *1952*

Le propriétaire d'écurie Freddie Agabashian réalisa le meilleur temps des qualifications à la surprise des experts. En pole position sur un diesel ? Personne auparavant n'avait osé s'imaginer une telle chose. Grâce à son moteur à auto-inflammation économique, Freddie voulait accomplir les 200 tours en s'arrêtant moins souvent que les véhicules à essence. Ce coup stratégique ne fut hélas pas payant car son turbocompresseur se bloqua au 71ᵉ tour. Les caractéristiques techniques : moteur diesel six cylindres de 6 572 cm³ et d'une puissance de 310 ch. Vitesse de pointe : plus de 265 km/h.

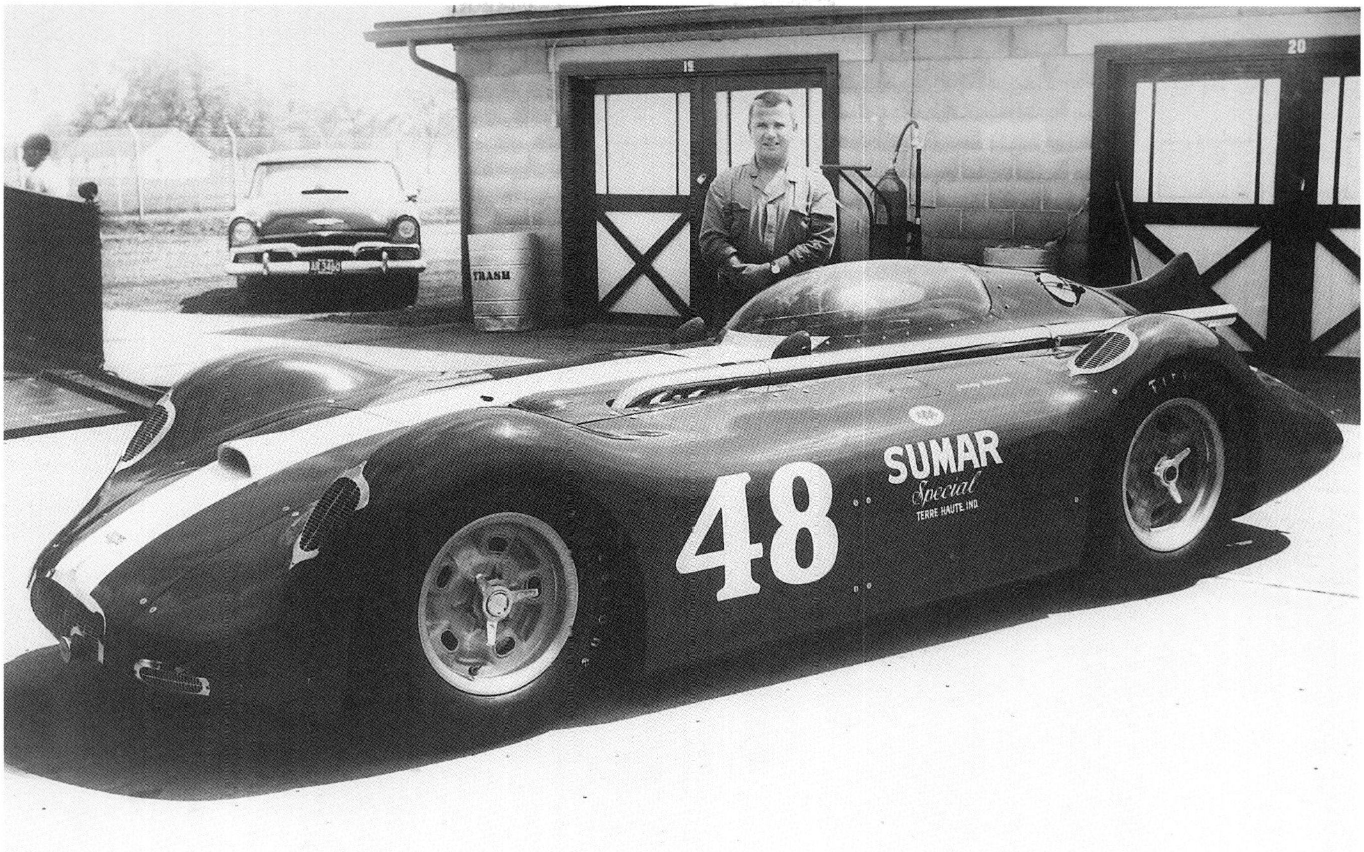

Sumar Special I *1955*

Jusque dans les années 1960, l'Indy 500 était un plaisir pour les passionnés de course automobile aussi amateurs de technique. En raison d'une panne de moteur, cet Indy racer entièrement habillé ne passa pas la phase d'entraînement. Jimmy Daywalt ne plaignit, en outre, d'être trop à l'étroit sous la cloche de plastique. En 1955, les 33 voitures au départ étaient entraînée par un moteur Offenhauser quatre cylindres de 300 ch et d'une cylindrée de 4 425 cm³.

Sumar Special II *1955*

Jimmy Daywalt amena aussi cette Sumar Special II au design rustique sur la ligne de départ. Il s'agit de la Sumar I libérée de sa carrosserie. Le réservoir latéral découvert provoque des sueurs froides à tous les experts automobiles. Il y a 50 ans, on voyait les choses d'un œil moins critique. Lors de l'Indy de 1955, Daywalt plaça ce monstre à la neuvième place après être parti en 17ᵉ position.

Des pavés au lieu de sable *1956*

Lors des premiers 500 miles d'Indianapolis, les 33 participants roulaient sur une piste de terre battue damée. Il fut décider d'aménager un nouveau revêtement moins poussiéreux en pavés de terre cuite rouge. En 1956, c'est avec un bruit de tonnerre qu'au volant de la Watson-Offenhauser Special, le vainqueur Pat Flaherty (numéro huit) roula à 234,4 km/h lors de l'épreuve de qualification sur une piste pavée fatiguante autant pour les coureurs que pour le matériel.

Offenhauser Indy 500 *1963*

De 1946 à 1964, un constructeur remporta toutes les courses de l'Indy 500 : Offenhauser. Ce moteur quatre cylindres stable vit le jour en 1930 chez Harry Miller dont les moteurs huit cylindres gagnèrent presque toutes les courses durant les années 1920. Le chef d'atelier de Miller, Fred Offenhauser, reprit la société d'Harry Miller en 1934 et vendit le moteur de 260 ch à plusieurs pilotes qui espéraient ainsi décrocher la victoire de l'Indy 500. Après la Seconde Guerre mondiale, Offenhauser proposa des modèles quatre cylindres de plus en plus performants qui reposaient cependant tous sur le même bloc moteur de 1930. Avec une cylindrée de 4 195 cm³, le quatre cylindres non suralimenté « Offy » délivrait jusqu'à 360 ch. En 1960, un moteur « Offy » ne coûtait que 8 000 dollars, les exemplaires d'occasion se négociaient à 5 000 dollars. Jamais auparavant, et jamais plus à l'avenir, il n'exista de moteur de course aussi bon marché grâce auquel il était possible de remporter la plus célèbre course automobile au monde.

Harvey Aluminium Special *1963*

En 1963, Parnelli Jones remporta les 500 miles d'Indianapolis sur une Watson-Offenhauser Special au moteur monté à l'avant. Plusieurs fois, Parnelli Jones fut harcelé par les pilotes de Lotus, Jim Clark et Dan Gurney en tête de course, bien que les modèles de course Lotus à moteur médian fussent pourvus de moteurs Ford V8 moins performants. Jim Clark arriva en seconde position et Dan Gurney obtint la septième place en raison de problèmes techniques. Mickey Thompson considéra que la fin de l'ère des bolides à moteur frontal avait sonné. Son pilote Duane Carter prit le départ au volant de la Harvey Aluminium Special à moteur Buick V8. Suite à quelques arrêts supplémentaires aux stands, Carter ne vit le drapeau à damier qu'en 23e position. Dès la course suivante, les voitures de courses à moteur médian entrèrent à nouveau dans la compétition.

Hurst Floor Shift Special *1964*

Bobby Johns conduisit ce bolide de l'Indy 500 au style plutôt original vers la ligne de départ. Derrière le pilote se dressent quatre gros tuyaux d'aspiration pour le moteur Offenhauser. Il n'y eut pas de véritable épreuve de force entre les bolides à moteur frontal et la Hurst Floor Shift Special plutôt menue. Bobby Johns fit un tête-à-queue durant la phase de qualification, détruisant tellement sa voiture de course qu'une réparation n'était plus envisageable.

Sears Allstate Special *1964*

En 1964, la progression des voitures de course à moteur médian était inéluctable. Parmi les 33 pilotes au départ, 11 couraient déjà avec un moteur installé derrière le cockpit. L'un d'entre eux était Dave McDonald qui, lors de cette course, perdit la vie dans un accident dès le second tour, emportant également Eddie Sachs dans la mort. Cinq autres pilotes furent soit grièvement, soit légèrement blessés. Grâce à A.J. Foyt, une voiture à moteur frontal gagna pour la dernière fois les 500 miles d'Indianapolis.

Conley Special *1966*

Aucune autre course automobile n'attire autant de monde que l'Indianapolis 500. Jusque 400 000 spectateurs sont rassemblés lorsque les voitures, presque toutes identiques, roulent à toute allure sur le circuit ovale. Les bolides d'occasion, tels que cette Conley Special, pouvaient être acquises pour 15 000 dollars dans les années 1960. Plusieurs semaines avant la course, jusqu'à 100 pilotes commençaient à s'entraîner, mais seuls les 33 pilotes les plus rapides étaient autorisés à concourir.

La turbine Shelby-Wallis *1968*

À partir de 1965, quelques écuries expérimentèrent la propulsion à turbine. Au volant de la première voiture à turbine STP, Parnelli Jones semblait déjà être le vainqueur assuré, mais trois tours avant l'arrivée il abandonna à cause d'une vis qui venait de casser. En 1968, Bruce McLaren envoya cette voiture à turbine pourvue d'une transmission intégrale à Indianapolis. Le Néo-Zélandais manqua la qualification en raison d'un problème technique. La propulsion était assurée par une turbine d'hélicoptère de 400 ch de la société General Electric.

Départ lancé *1968*

Aux 500 miles d'Indianapolis, le départ s'effectue « lancé » derrière le pace-car. La photographie montre les deux voitures à turbine STP de Joe Leonard à droite et du champion du monde de Formule 1 Graham Hill au centre, qui firent les meilleurs temps à l'entraînement. À gauche, sur la première ligne, se trouve le futur vainqueur Bobby Unser avec sa Rislone Eagle à moteur Offenhauser. Le deuxième fut Dan Gurney sur une Eagle Ford V8. Les voitures à turbine STP roulaient avec une transmission intégrale, la turbine Pratt & Whitney ne pesait que 65 kg. En ligne droite, ces voitures atteignaient 375 km/h.

STP-Lotus 56 Turbine *1968*

Le chef de STP Andy Granatelli eut pour ambition de décrocher la victoire en 1968 avec ses voitures à turbine en forme de cale. Il ne pouvait imaginer meilleure publicité pour ses produits lubrifiants. Andy envoya quatre turbines aux épreuves de qualification. Joe Leonard réalisa le meilleur temps grâce à une turbine de 430 ch, mais lors d'un crash dans la glissière de sécurité, le jeune pilote de Lotus, Mike Spencer, fut écrasé par l'une de ses roues. La photographie montre le leader mondial Graham Hill devançant d'un tour la Brabham de Ronnie Duman. Les trois voitures à turbine STP-Lotus 56 au départ furent distancées à causes de problèmes techniques vers la fin de la course et finirent en douzième, treizième et dix-neuvième position.

Poursuite dans le sillage *1972*

L'attrait de la course sur l'ovale consiste dans le changement permanent en tête de course. Il est même déjà arrivé que les 500 miles d'Indianapolis soient gagnés par la dernière des 33 positions de départ. Les duels de poursuite dans le sillage du pilote de tête étaient déjà disputés en 1972, lorsque cette photographie fut prise, à plus de 320 km/h. La plus petite erreur de conduite provoque presque inévitablement un accident.

Réservoirs de sûreté *1972*

Aux 500 miles d'Indianapolis, presque tous les crashs latéraux finirent sur la barrière. Les courses américaines sur ovale s'effectuent dans le sens anti-horaire, c'est pourquoi sur tous les bolides américains pour piste ovale, les réservoirs sont positionnés sur le côté gauche moins exposé de la voiture. Cependant, même les réservoirs fendus peuvent exploser. Les réservoirs dits *« crash resistant »*, provenant de l'industrie aéronautique et installés par exemple sur les hélicoptères de combat, offrent une sécurité accrue. Depuis 1972, ils sont obligatoires sur les voiture de course pour les 500 miles d'Indianapolis.

STP-Lola Ford 1972

Durant les années 1970, la plupart des bolides d'Indy 500 étaient encore produits aux États-Unis. En 1972, les Eagles de Dan Gurney occupaient environ un tiers de la grille de départ. Les constructeurs britanniques Lola, Brabham et McLaren sélectionnaient les meilleures équipes participantes et leur livraient des Indy cars qui se différenciaient distinctement des véhicules commandés. La photographie ci-dessous montre le prototype Lola de Wally Dallenbach qui se concentre pour un tour de qualification rapide.

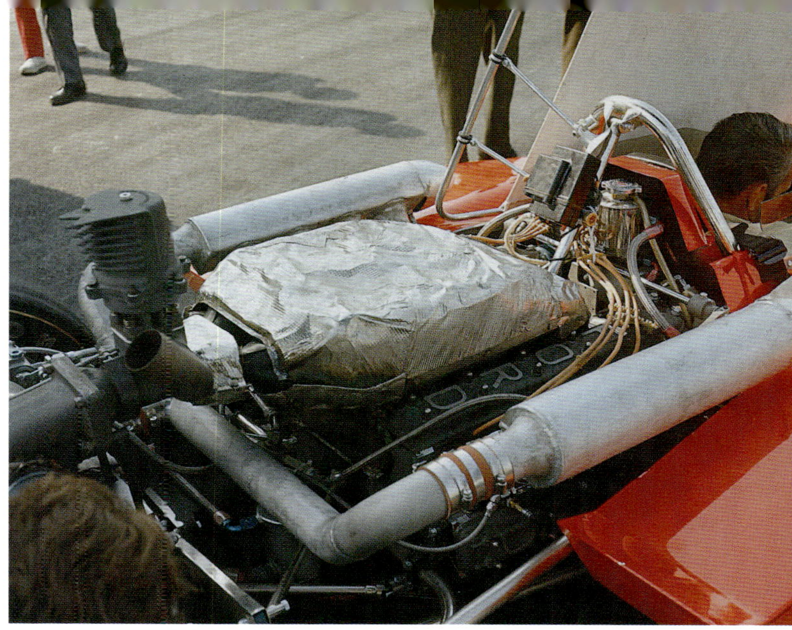

Moteur Ford DFX Indy 500 1972

Ford voulait obtenir des victoires aux 500 miles d'Indianapolis. Ce n'était pas chose aisée car aucun autre constructeur de moteurs n'avait autant d'années d'expérience qu'Offenhauser. Dans les années 1960, le règlement imposait encore une limite de cylindrée de 4 200 cm^3. À cette époque, Ford eut recours à un moteur V8 Ford Fairline sans grand succès. Les choses changèrent lorsqu'il y eut un nouveau règlement. En 1968, la limite de cylindrée fut abaissée à 2 655 cm^3 et les turbocompresseurs furent autorisés. Un nouveau moteur V8 Ford DFX Indy (ci-dessus) fut mis au point avec le concours de Ford Grande-Bretagne et du vainqueur américain de l'Indy 500 A.J. Foyt. Mais ce n'est qu'en 1977 qu'A.J. Foyt gagna sa première course aux 500 miles grâce à ce moteur turbo de plus de 600 ch.

Sunoco McLaren 1972

C'est avec une mince avance de moins d'un centième de seconde que le pilote de Penske Mark Donohue reporta les 500 miles d'Indianapolis devant Jerry Grant. Ce dernier fut refoulé à la douzième place par la direction de la course pour avoir utilisé la pompe à essence de son coéquipier Bobby Unser lors de son dernier ravitaillement. Déjà à cette époque, le vainqueur était le bénéficiaire d'un prix d'environ 350 000 dollars.

McLaren Offenhauser *1974*

Offenhauser travailla continuellement au perfectionnement de ses moteurs quatre soupapes quatre cylindres Indy. L'équipe des usines McLaren gagna la course en 1974 grâce à Johnny Rutherford qui termina devant Bobby Unser et Bill Vukovich sur l'Eagle de Dan Gurney. Rutherford prit le départ en 25e position et vainquit avec une faible avance. Le tour de qualification le plus rapide fut réalisé par A.J. Foyt qui roula à 308,52 km/h sur l'asphalte. Les 20 premiers pilotes s'en remirent tous à la fiabilité et la rapidité du « bon vieux » quatre cylindres Offenhauser qui, doté d'un système de suralimentation, se haussait désormais au niveau des moteurs Ford.

Eagle Offenhauser *1974*

Avec son équipe d'All American Racing, Dan Gurney établit aux États-Unis une société d'équipement de course réputée qui construisait des voitures pour Indianapolis et effectuait la maintenance de moteurs de compétition Offenhauser. La photographie présente un détail des ateliers destinés à l'entretien des moteurs. Lyle nous explique les atouts du bloc moteur rigide de ses moteurs de course Offenhauser.

Coyote-Foyt *1977*

En 1977, A. J. Foyt remporta sa quatrième course d'Indianapolis au volant de cette Coyote-Foyt, ce qui constituait jusqu'alors un record unique. Les plus glorieux bolides d'Indy émigrèrent vers le musée Speedway d'Indianapolis. A. J. Foyt fut par ailleurs l'un des rares vétérans de l'Indy à réchapper à la plupart des accidents de ce circuit sans grande blessure.

Crash durant l'Indy *1984*

Une sécurité aussi fiable que possible pour les pilotes et les spectateurs est la règle absolue aux 500 miles d'Indianapolis. Cependant, l'histoire de cette compétition dénombre plus de 20 pilotes mortellement accidentés et quatre blessés. Pendant l'entraînement, Scott Brayton perdit ici le contrôle de sa March Buick V6 et glissa sur près de 250 m le long du muret. Sur cette portion de ligne droite, les bolides fils à une allure de 360 km/h devant les spectateurs. Brayton sortit indemne et reprit la course avec une voiture de rechange.

Portrait

A.J. Foyt

Cet homme est une légende américaine de la course automobile. À un âge avancé de 51 ans, A.J. Foyt (Anthony Joseph Foyt), quatre vainqueur de l'Indy, courait encore en tête des 500 miles d'Indianapolis. Foyt participa 35 fois à cette compétition. Le 27 août 1987, ce Texan démontra qu'il était un véritable pilote capable de foncer. À cette époque, à Stockton (Texas), il établit un record du tour encore inégalé aujourd'hui, à bord de son bolide Buick aux formes aérodynamiques. Sa moyenne : 413,788 km/h

Budweiser March-Cosworth *1986*

De 1978 à 1987, les voitures de courses pourvues de moteur Ford-Cosworth furent les seules à remporter les 500 miles d'Indianapolis. Grâce à l'amélioration permanente de la technologie de turbocompression, la puissance du moteur DFX huit cylindres fut portée à plus de 750 ch. La vitesse sur l'intégralité du parcours de 500 miles (805 km), cinq arrêts aux stands inclus, s'élevait à une moyenne de 263,25 km/h. La photographie présente le vainqueur de l'Indy Bobby Rahal.

Portrait

Al Unser junior

Pour devenir un champion, il faut commencer tôt. Dès l'âge de 11 ans, Al Unser junior mettait plein gaz lors des courses de sprint car. À l'époque, ces voitures avaient déjà 300 ch sous leur capot allongé. Depuis, Junior conduisit quasiment tout ce qui est sur roue et se déplaçait à vitesse élevée. À l'âge de 20 ans, il fut déjà champion du CanAm, il gagnait environ un million de dollars et participa à sa première course des 500 miles d'Indianapolis. La photographie montre « Little Al » à 24 ans avant le départ de l'Indy 500 de 1986. Son engin est une March-Cosworth. Ce n'est toutefois qu'en 1992 qu'il y connut la victoire avec une avance de 0,043 secondes devant Scott Goodyear. L'écart pouvait à peine être plus mince.

Kraco March-Cosworth *1987*

Le constructeur britannique de sport automobile March ne poursuivit plus ses activités de Formule 1 qu'avec une demi-énergie et se concentra pleinement à la fin des années 1980 sur la l'Indy-Car-Serie. Chaque saison, on pouvait y vendre plus de 50 voitures. Lors des saisons de l'Indy 500 de 1986 à 1988, presqu'exclusivement des voitures de course March équipées de moteurs Ford-Cosworth entrèrent en compétition. La photographie montre l'une des trois voitures d'Al Unser senior. Les équipes disposant de ressources solides avaient une voiture et au moins cinq moteurs en réserve.

Scène aux stands *1987*

Les fans de courses américains peuvent vivre les 500 miles d'Indianapolis à fleur de peau. Pour les courses de Formule 1 dans notre pays, les pilotes sont coupés des spectateurs de durant l'entraînement et la course. Il en va autrement aux États-Unis où, après l'entraînement, les héros de l'Indy distribuent volontiers des autographes et répondent aux questions de leurs fans. Tout s'y déroule de façon bien plus détendue et beaucoup moins crispée. Peut-être est-ce là une raison pour laquelle à ce jour, les courses de Formule 1 ne sont pas devenues populaires en Amérique.

Arrêt aux stands à l'Indy 500 *1988*

Totalisant 500 miles (805 km), les Indianapolis 500 est la plus longue course en monoplace au monde. Les voitures de course de 750 ch doivent faire le plein de méthanol quatre à cinq fois. L'essence n'est pas autorisée. La photographie montre l'agitation sur la voie des stands, à gauche de la piste goudronnée qui permet de rouler à 400 km/h. Pour les spectateurs, il est possible de suivre les événements de façon optimale car la position des 33 pilotes est affichée en continu sur un tableau vertical. D'autres tableaux d'affichage sont répartis sur le pourtour de l'ovale pour informer précisément tous les spectateurs.

Penske-Chevrolet PC 17 *1988*

Rick Mears gagna les 500 miles d'Indianapolis en 1979, 1984, 1988 et 1991. La photographie présente l'ancien conducteur de 4 x 4 au volant de sa toute nouvelle Penske-Chevrolet PC 17 sur laquelle il remporta l'Indy en 1988. Le directeur de l'équipe, Roger Penske, fit intervenir sa relation avec le développeur de moteur de Formule 1 Ilmor et parvint à convaincre General Motors qu'une collaboration entre Penske-Ilmor et Chevrolet pouvait être très bénéfique. L'idée porta ses fruits. Rick Mears gagna la course grâce au nouveau moteur. De nombreuses autres victoires suivirent, la suprématie des mécanismes d'entraînement DFX de Ford-Cosworth fut renversée.

Porsche 2708 CART *1988*

La plupart des voitures de série Porsche sont toujours en vente aux États-Unis. En 1980 déjà, le département de sport automobile de Porsche élabora une voiture de course pour Indianapolis, la Porsche Interscope Indy à moteur six cylindres de 904 ch à refroidissement à eau. En raison d'une modification de dernière minute du règlement, cette voiture ne fut jamais utilisée. En 1988, Porsche prit le départ avec cette voiture vert et blanc pour la série CART qui regroupe 15 courses. Durant la plupart des courses en 1988, l'Italien Theo Fabi se maintint au sein du premier tiers en tête du classement. En 1990, Porsche passa à un châssis March. Theo Fabi parvint ainsi à obtenir la victoire au Mid-Ohio. Fabi réussit à terminer quatrième au Championnat de CART de 1990, mais l'aventure onéreuse de l'Indy fut néanmoins déclarée close à la fin de la saison. Les caractéristiques techniques : huit cylindres en V d'une cylindrée de 2 649,2 cm^3, 750 ch à 11 200 tr/min, suralimentation turbo, pointes à plus de 360 km/h, poids 703 kg.

Penske-Mercedes PC 23 *1994*

Mercedes put fêter un nouveau succès important 79 ans après la première victoire de Ralph DePalma aux 500 miles d'Indianapolis. Al Unser junior réussit cet exploit au terme d'une lutte acharnée avec son coéquipier d'écurie, l'ex-champion du monde Emerson Fittipaldi, et 31 autres pilotes. Mercedes fut la seule équipe à utiliser un moteur V8 de 3,5 l doté d'un arbre à cames culbuté. Ici, des pressions d'admissions supérieures étaient permises. Les caractéristiques techniques : 1 026 ch pour 10 500 tr/min, vitesse maximale de 412 km/h.

À 330 km/h dans les virages *1994*

Les manœuvres de dépassement à près de 400 km/h sont à l'ordre du jour sur les pistes de courses de haute vitesse américaines. Le vainqueur de l'Indy et champion du monde de Formule 1 Jacques Villeneuve le formula ainsi : « Lors d'une course de l'Indy, je réalise autant de dépassement qu'en Formule 1 sur toute une année. » Sur la photographie, les deux Penske-Mercedes PC 23 blanc et rouge d'Al Unser junior et Emerson Fittipaldi sont en lutte pour la tête. Les 33 voitures sont presque aussi rapides les unes que les autres.

Penske-Mercedes PC 25 *1995*

En 1995 et 1996, l'écurie Penske-Mercedes disputa le Championnat de CART World Series pour voitures de course d'Indy 500 grâce à une équipe aux compétences de pilotages très avancées. Sur la gauche de la photographie, Paul Tracy, au centre l'ex-champion du monde Emerson Fittipaldi et à droite, le vainqueur de l'Indy Al Unser junior. Comme l'image le montre, de nouveaux circuits de course à grande vitesse ovales ne cessent de jaillir du sol américain.

Penske-Mercedes PC 25 *1996*

Jacques Villeneuve remporta en 1995 le Championnat de CART devant Al Unser au volant d'une Penske-Mercedes, ainsi que l'Indy 500. En 1996, Penske et son fournisseur de moteurs Mercedes subirent une forte concurrence de Honda et Ford. La première place revint à Jimmy Vasser sur une Reynard 961 à moteur V8 Honda devant Michael Andretti au volant d'une Lola T96 à moteur XD Ford. Sur cette PC 25, qui développait quelque 850 ch sur l'essieu arrière, Al Unser n'atteignit qu'une décevante quatrième place. En 2009, Honda devint l'unique fournisseur de moteurs de toutes les écuries d'IndyCar.

Sprint Car *2005*

Les sprint cars terriblement rapides sont considérés comme la meilleure école pour les futures vedettes de l'Indy, non seulement aux États-Unis mais aussi au Canada, au Mexique ou en Australie. Quasiment chaque grande ville américaine a son circuit automobile de forme ovale d'une longueur de 400 à 800 m. Presque chaque week-end, de passionnantes courses sont organisées sous la direction de l'USAC (United States Automobile Club). Les dérapages font partie du répertoire standard des capacités de pilotage de tous les coureurs sur sprint car. En effet, les freinages sont mal vus.

Sprint Car Racing 2005

Durant les courses de sprint cars, on se frotte nécessairement aux adversaires. Quelque 80 % des plus de 1 200 circuits automobiles d'Amérique du Nord sont constitués de pistes de sable ou de terre battue. L'état du parcours change en permanence durant le déroulement de la course, car même un revêtement humide s'assèche en raison de la chaleur émise par les voitures en compétition. Le carburant prescrit est presque toujours le méthanol qui ne dégage aucune odeur afin que les spectateurs ne soient pas gênés par les gaz d'échappement.

Moteur V8 pour sprint cars 2005

Les moteurs américains bon marché de type V8 provenant de grandes séries jonchaient le sol des fourrières en grand nombre. D'immenses d'ateliers de tuning transformèrent ces moteurs Big Block en moteurs de course de 700 à 800 ch, faisant ainsi preuve de grande compétence. Un moteur de buggy prêt à l'emploi d'une cylindrée de 6,3 l coûte environ 4 000 dollars neuf. Nulle part ailleurs la communauté de pilotes peut obtenir autant de chevaux pour une telle somme.

Kenyon Sprint Car 2005

Jusque dans les années 1960, l'Indy 500 était dominé par les voitures de course à moteur frontal. Les sprint cars sont les dernières voitures à moteur frontal de l'histoire de la course automobile. Les bolides à moteur arrière ou médian ne sont pas autorisés dans les courses de buggys. De même, toutes les innovations onéreuses telles que les châssis monocoque en aluminium ou fibre de carbone sont interdites afin que les voitures de courses puissent être réparées et restent peu coûteuses. Les bolides de 800 ch dérapent souvent à 230 km/h dans les virages et seuls les 33 pilotes les plus rapides durant l'entraînement sont autorisés à prendre part à la course finale.

Outlaw Sprint Car 2006

Les buggys sans aileron sont les classiques incontestés de l'histoire américaine de la course. À partir de ces sprint cars des années 1930 furent créés les voitures de course des 500 miles d'Indianapolis à moteur frontal. En 1958, pour la course au Columbus Motor Speedway, Jim Cushmann vissa un énorme aileron sur sa voiture et gagna promptement la course grâce à une poussée accrue dans les virages.

WoO Outlaw Sprint Car *2006*

Tous les sprint cars « ailés » sont regroupés au sein de l'organisation World of Outlaws (« WoO »). Afin que les amateurs bénéficient des mêmes chances que les professionnels, il existe une classe de cylindrée de 360 pouces cubes (5 900,4 cm³) pour les néophytes, les professionnels roulent avec des moteurs V8 de 410 pouces cubes (6 720 cm³). La photographie montre une voiture de course de la catégorie débutants d'une puissance d'environ 550 ch pour un poids minimum de 545 kg. Il en résulte une puissance d'un peu plus d'un cheval-vapeur par kilogramme.

Outlaw Sprint Car Racer

2006

Les courses américaines en ovale s'effectuent toujours dans le sens antihoraire. Les pilotes atteignent une vitesse par tour plus élevée grâce à une suspension asymétrique et des amortisseurs plus fermes sur le côté droit de la voiture. Un Outlaw Sprint Car ne coûte actuellement que 30 000 euros. Le pilote le plus couronné de succès est Steve Kinser avec 550 victoires.

Courses au plat de nouilles *2006*

Buggys, outlaws, midgets ou super stock-cars – sur la plupart des circuits américains, la course se déroule toujours en rond. Les fans de course automobile européens peuvent trouver ce système fatiguant mais les Américains voient cela d'un tout autre regard. Les courses en ovale garantissent un changement permanent en tête de course, des accidents spectaculaires et une course dont l'issue reste ouverte jusqu'à la fin. Ce mélange passionnant attire les spectateurs vers les circuits de course au lieu du cinéma.

Super Stock *2007*

Les courses de stock-car sont quasiment aussi anciennes que l'automobile. Dès 1902, les premiers stock-cars concoururent sur les pistes d'hippodromes. Henry Ford participait à de telles courses grâce à sa Ford 999 et en remporta quelques-unes. Chaque mécanicien automobile qui connaît bien son métier est aujourd'hui en mesure de mettre sur roues un super stock. La photographie présente un super stock-car texan doté d'un moteur Ford quatre cylindres de 300 ch.

Super Stock *2007*

Aucune course de stock-car ne se termine sans quelques nouvelles bosses. À l'occasion des Championnats, 20 pilotes s'affrontent en phase de qualification pour accéder à la course finale. Pour celle-ci, les vainqueurs des courses éliminatoires prennent le départ tout à l'arrière de la grille des 33 voitures. Tous les cinq tours, les sponsors offrent une prime aux trois leaders. Dans la plupart des compétitions, le vainqueur reçoit environ 10 % des prix d'entrée, 40 % sont partagés avec les pilotes suivants classés et les autres 50 % sont remis à l'organisateur. Ici, les pilotes professionnels ne sont pas autorisés à participer.

Dodge Outlaw Race Truck *2007*

Le monde américain de la course automobile est beaucoup plus diversifié aux États-Unis qu'en Europe. En Floride et au Texas, les race trucks filent à une vitesse atteignant 200 km/h afin de remporter les primes. Les moteurs diesel sont fixés par le règlement, le châssis peut être adapté aux conditions du terrain, seule la silhouette doit encore correspondre à l'original. Puissance 1 100 ch, cylindrée 14 890 cm^3.

Kenworth Outlaw Race Truck *2007*

Par la notion d'outlaw racing, les Américains entendent toutes les nouvelles séries de courses qui ne sont pas encore cautionnées par le club automobile américain USAC. Les courses de dragsters, de stock-cars et les courses off-road, pour n'en citer que quelques-unes, furent organisées avec succès pendant des années sans l'assentiment de l'USAC. La situation est similaire dans le cas des courses de camions.

Peterbild Outlaw Race Truck *2007*

Pour les camions de course européens, la vitesse maximale est fixée à 160 km/h. Quiconque la dépasse de manière prolongée est disqualifié. En ce qui concerne les courses d'outlaw trucks, il n'existe actuellement aucune limite de vitesse. La photographie présente un camion typique de course outlaw à châssis court. Le moteur diesel Detroit de 1 200 ch a été déplacé vers la cabine du pilote afin d'améliorer la répartition de la masse.

Western Star outlaw Race Truck 2007

Pour des raisons de sécurité, les portières des camions sont soudées. Avant chaque course a lieu une inspection des véhicules durant laquelle le pilote doit démontrer qu'il peut s'extirper du cockpit sans aide extérieure.

GMC Outlaw Race Truck 2007

Avant chaque virage, le pilote déplace un peu le centre de gravité de son race truck, place celui-ci légèrement de biais et dérape à pleine puissance dans la courbe. Un dérapage avec 1 200 ch sur l'essieu arrière est une chose qui s'apprend. Les pilotes aux nerfs plus sensibles lèvent brièvement le pied de l'accélérateur auquel cas le soudain transfert de charge provoque inévitablement un tête-à-queue impardonnable.

GMC Outlaw Race Truck 2007

Sur les pistes de sable ovales, les véhicules s'affrontent avec des pneus quasiment dépourvus de sculptures. Les camions de course accélèrent de 40 à 160 km/h en moins de six secondes. L'énorme couple de 5 500 Nm permet aux outlaw race trucks de rouler à un seul rapport de vitesse après un démarrage fulminant. On distingue très clairement la suspension légèrement asymétrique de l'essieu avant assurant des vitesses accrues en virage.

Duel d'outlaw race trucks 2007

Les pilotes ne se font pas de cadeau. Qui freine, perd. Qui cède, ne gagnera pas la course. Ici, la lutte rude mais juste pour la victoire se fait à pneus dégagés, portière contre portière. En Amérique du Sud, en Australie, au Canada, au Mexique et au Japon, des courses de camions passionnantes sont organisées. Assister au Truck Grand Prix au Nürburgring en vaut toujours la peine car l'ambiance y est grandiose et un sport automobile de grande qualité y est proposé. Quelque 200 000 spectateurs ne peuvent pas se tromper !

Courses off-road

Le désert lance son appel et tous veulent être de la partie. En 1988, plus de 600 motocyclettes et voitures prirent position sur la ligne de départ du Paris-Dakar. Rien qu'aux États-Unis, 15 chaînes de télévision retransmettent chaque année la célèbre Baja 1000 et 650 millions de téléspectateurs sont enthousiasmés par la poursuite dans l'outback africain. Les rallyes allient l'aventure au sport automobile de très haut niveau.

Les premières courses off-road furent organisées dès les débuts de l'histoire de l'automobile. Comment pourrait-on expliquer autrement un parcours longue distance de 15 200 km entre Paris et Pékin en 1907 ? Des rédacteurs de journaux inventèrent ce type de sport automobile qui offrait tout à la fois : des effondrements spectaculaires des personnes et des engins, des attaques criminelles conspirées par les princes de tribus du désert et quelques héros qui survivent à ces péripéties. Et à cela s'ajoute toujours une dizaine de reporters prêts à braver la mort. C'est à eux que l'on doit le fait qu'après une centaine d'années, cette course impitoyable sur longue distance ne soit jamais tombée dans l'oubli et qu'elle fût ravivée sous une forme plus contemporaine au début des années 1970.

Le parcours du Paris-Dakar change presque tous les ans. En 1992, les organisateurs établirent une route de 12 427 km de Paris au Cap en Afrique du Sud. Les Français Hubert Auriol et son navigateur Philippe Monnet célébrèrent leur première victoire sur Mitsubishi Pajero.

Dans la plupart des courses off-road de l'époque des pionniers, les organisateurs laissaient libre choix aux constructeurs. À partir de l'ancien moteur à plat VW de 1 302 cm³, la société Treuhaft donna naissance à un modèle de 2 l de cylindrée pouvant atteindre 150 ch.

La Baja 1000 : un terrain de jeu dans le désert ?

Lorsque Francisco de Ulloa découvrit en 1539 la fine bande de terre séparant le Golfe du Mexique et l'océan Pacifique, il baptisa ce semi-désert principalement rocailleux « Basse-Californie ». Un reporter déclara que le groupe ethnique le plus peuplé était aujourd'hui encore les serpents et les scorpions bien que depuis dix ans, une route goudronnée traverse le désert. Pour les pilotes de rallye californiens, un mode de locomotion confortable est comparable à un péché. Ils s'accommodent de la fatigue que provoquent les pistes naturelles ancestrales qui, sur 1 200 km, mènent à travers montagnes hautes, maintes dunes et des kilomètres de route plane, le tout garni de champs de cactus immenses atteignant aisément une hauteur de 7 m. Les dépassements s'effectuent sans aucune visibilité car la poussière, le sable et les projections de pierres empêchent de voir clairement vers l'avant. En 1975, les organisateurs comptaient sur un taux de pannes de 80 %. De nos jours, grâce à une préparation améliorée et à une connaissance du terrain nettement accrue des quelque 300 pilotes, ce taux ne dépasse pas les 50 %.

La technique des bolides off-road

Les voitures de rallye les plus rapides prennent le départ dans deux catégories : les trophy trucks et les buggys class 1. Les trophy trucks sont des voitures de course trafiquées à treillis tubulaire en acier et à moteur V8. Leur silhouette doit ressembler à celle d'un camion de série. Tous les constructeurs connus participent dans cette catégorie en apportant des composants ou en soutenant des équipes de course. Les trophy trucks développent 800 ch au moins, passant de 0 à 100 km/h en six secondes et atteignant des vitesses de pointe de 190 km/h sur une piste à peine plus large que le véhicule lui-même. La transmission tout-terrain est imposée dans cette catégorie à hautes performances. La lutte pour la victoire est presque toujours organisée entre les trophy trucks et les buggys class 1 qui circulent uniquement par propulsion arrière. Avec une vitesse de pointe de plus de 200 km/h, les buggys class 1 comptent parmi les bolides off-road les plus rapides. Une motorisation caractéristique est composée d'un moteur V8 de Chevrolet Corvette trafiqué de 7 300 cm^3 de cylindrée et d'une puissance d'au moins 640 ch. Les modèles les plus performants montent à plus de 800 ch, et 4,5 secondes suffisent pour passer de 0 à 100 km/h. Prêt à l'emploi mais sans carburant, un buggy class 1 compétitif pèse environ 1 590 kg. Le réservoir peut contenir 247 l, le règlement n'en autorise pas davantage.

La Baja 1000 avec participation de VW

Grâce à sa victoire au Paris-Dakar 2009, VW reçut la confirmation qu'une voiture de course off-road à moteur diesel est apte à dominer la concurrence à essence. Audi réussit le même exploit lors des 24 Heures du Mans. Le département de sport automobile de VW travaille à l'élaboration d'un trophy truck VW conçu pour la Baja 1000 avec un moteur de course TDI 12 cylindres venant du secteur de course d'Audi. L'issue de ce projet, intéressant sur un plan technique, reste entièrement ouverte.

Aux États-Unis, 15 chaînes de télévision retransmettent le Championnat de rallye tout-terrain. Ceci atteste de la popularité intacte de la Baja 1000 et d'autres manifestations que SCORE organise. AGM fit participer deux buggys Class-1 en 2009.

Pismo Beach *1975*

Les premières courses off-road professionnelles furent organisées au milieu des années 1970 dans les paysages ensoleillés de Californie. Le temps fort apprécié était et demeure toujours la rencontre annuelle des pilotes de buggy dans les dunes de Pismo Beach. C'est ici que l'idée d'une course longue distance à travers la Basse-Californie vit le jour.

VW 1600 Baja Special *1976*

Les premières courses de la Baja 1000 alarmèrent l'industrie publicitaire. Le sentiment de puissante et de liberté collait parfaitement au concept publicitaire du plus grand fabricant de bière au monde, la société Budweiser. Les premiers buggys off-road furent développés par l'entreprise californienne Sandmaster et roulèrent presque toujours en tête. La recette du succès : un poids faible, un robuste moteur VW à plat quatre cylindres d'une puissance initiale de 75 ch, des pneus tout-terrain résistants et des pilotes tout aussi endurants.

VW 1200 Special *1975*

La VW Coccinelle était parfaite pour les dunes ou dans l'arrière-pays de Basse-Californie qui commence à seulement deux heures de route de Los Angeles, juste derrière la frontière mexicaine. La photographie montre deux Coccinelle trafiquées aux pneus arrière larges en forme d'aubes. Une Coccinelle à propulsion arrière peut franchir les plus hautes dunes d'Amérique bien que le moteur de 1 200 cm^3 ne développe que 50 ch sur l'essieu arrière.

VW Sandmaster *1976*

La photographie présente la supériorité au départ des buggys légers VW. Au volant de leur VW Sandmaster, Bob Ferro et Johnny Johnson dépassent un pick-up Chevrolet trois fois plus puissant. Pour le choix des pneus, les premiers coureurs de rallye connaissaient des difficultés. Le buggy Sandmaster roulait avec des pneus hiver installés sur l'essieu arrière mais, bientôt, tous les fabricants de pneus américains proposèrent des pneus spécialement conçus pour les rallyes.

Willys Jeep Special *1976*

Lors des premiers rallyes aux États-Unis et au Mexique, les amateurs déterminaient le cours des événements. La photographie présente deux participants de 1976, une VW Coccinelle et, au premier plan, une Willys Jeep surélevée pourvue d'un moteur quatre cylindres de 2,5 l. À l'époque, il fallait encore près de 60 heures aux pilotes les plus rapides pour parcourir le trajet long de 1 000 miles (1 610 km) entre Ensenada et La Paz. Aujourd'hui, 12 heures suffisent.

Saab V4 Special *1978*

Une voiture de rallye bien préparée pourrait obtenir les lauriers d'une course off-road – c'est avec un tel vœu que cette Saab V4 Special prit le départ de la Baja 1000 en 1978. Au bout de 80 km, un demi-arbre cassé provoqua une panne de l'engin. La photographie montre un atelier de réparation très couleur locale sur la presqu'île de Basse-Californie. Tout se répare ici, de la petite cuisinière à gaz au gros camion.

Ford Bronco Special *1978*

Parnelli Jones remporta les 500 miles d'Indianapolis puis s'orienta vers les bolides off-road chauds. Assisté de son copilote Bill Stroppe, il finit à plusieurs reprises vainqueur de la Baja 1000 et d'autres concours renommés au volant de cette Ford Bronco. Seule la forme correspond encore plus ou moins à l'original. Un moteur V8 de 400 ch et d'une cylindrée de 5 600 cm³ ronronne sous le capot.

Mickey Thompson Special *1980*

Mickey Thompson a toujours été rapide sur piste. Le Californien participa aux 500 miles d'Indianapolis, s'engagea pour les premières courses de dragsters, établit des records du monde sur lacs salés et créa les premières courses off-road. Ici, on le voit arriver en trombe sur son buggy de 550 ch à un contrôle de temps lors de la Baja 1000. Contrairement à la plupart des autres pilotes, Mickey réalisa la majorité des courses seul, sa devise étant : « Tout poids supplémentaire réduit mes chances de victoire. » Toutefois, ceci n'a encore jamais suffi pour remporter « sa » Baja 1000.

AMC Javelin Special *1982*

C'est souvent la nuit que sont prises les décisions. Épuisé, un pilote se hisse par la porte soudée pour des raisons de sécurité car, une fois encore, des réparations s'imposent. Durant quelques années, l'American Motors Corporations (AMC) participa aux rallyes et courses off-road internationaux par un apport technique.

Dodge Pick-up Special *1983*

Sans aucune chance de victoire, certains pilotes d'off-road conduisent leur voiture déjà fortement amochée jusqu'au bout, jusqu'à ce que plus rien ne fonctionne. Aucun pick-up de série ne termine une course off-road sans subir de sérieux dommages. Généralement, les premiers éléments à se rompre sont les supports d'amortisseurs, puis les suspensions, ensuite le support moteur et enfin tout le châssis.

VW 1302 Special *1983*

Les courses off-road sont toujours dangereuses dès lors que les pilotes surestiment leurs capacités ou sont épuisés. Sur cette photographie, le pilote surfreine sa Coccinelle avant un virage serré et plonge dans le ravin en effectuant plusieurs tonneaux.

Ford Bronco *1983*

La Baja 1000 est une belle aventure pour tous les participants. De nombreux mécaniciens et amis se mettent en route pour le Mexique plusieurs jours avant le début de la course. Il s'agit d'installer de nombreux points de ravitaillement et de réparation à divers endroits stratégiques. Ici, les pros de la mécanique sont à l'œuvre. Au volant de cette Ford Bronco légèrement modifiée, les chances de victoires étaient minces.

VW 1302 Special *1983*

Plus de peur que de mal. Grâce à la cage de sécurité et aux ceintures de sécurité six points, les deux pilotes peuvent se libérer quasiment indemnes hors de l'épave.

Ford Bronco Special *1983*

Les voitures les plus souvent vendues en Californie sont toujours les pick-ups. Dodge, la filiale de Chrysler, est la référence pour d'autres constructeurs tels que Ford ou General Motors. C'est pourquoi Ford s'engagea dès le début dans la Baja 1000. La photographie présente une Ford Bronco pour course off-road bien préparée : moteur V8 de 520 ch, 5 788 cm^3 de cylindrée, transmission tout-terrain, pointe à 210 km/h.

Bradley Porsche 911 *1985*

Au milieu des années 1980, les moteurs VW à plat trafiqués, jusqu'alors si performants, tendaient à surchauffer au-delà de 120 ch. Des modèles alésés dotés de nouvelles culasses atteignirent une cylindrée de 2 200 cm³ et une puissance de 150 ch. Une autre option consistait à utiliser un moteur de Porsche 911. Grâce à ce moteur six cylindres à refroidissement à air de 2 994 cm³ de cylindrée et 204 ch, cette Bradley Porsche 911 remporta plusieurs courses off-road importantes aux États-Unis.

Chevrolet Camaro Special *1985*

Afin de garantir une égalité des chances entre les divers types de voitures, les organisateurs définissent différentes catégories pour la compétition. Cette Chevrolet Camaro fortement améliorée a été modifiée en version toutes roues motrices, mais la silhouette correspond encore à celle du modèle de série. La carrosserie est constituée d'aluminium et le flanc de châssis a été pourvu d'un treillis tubulaire en acier.

Cactus Racing-Mazda *1986*

La plupart des buggys off-road de la catégorie monoplace sont produits par des speed shops totalement engagés. C'est notamment le cas de ce modèle off-road d'une vitesse de 180 km/h équipé d'un moteur rotatif à double rotor Mazda de 190 ch. À la tombée de la nuit, la piste à peine plus large que la voiture est difficile à distinguer, surtout lorsque le pilote précédent soulève d'immenses nuages de poussière et que la visibilité est presque nulle.

Bob Gordon Special *1986*

L'un des meilleurs pilotes de rallye et coureur NASCAR au monde est l'Américain Bob « Robby » Gordon. En 2009, au volant de son Hummer H3, il occupa la troisième place au classement général du Dakar en Amérique du Sud. La photographie montre Bob Gordon lors de la Baja 1000 qu'il remporta à bord de cette voiture. Un moteur V8 de 7 l autorise une vitesse maximale de 22[illegible] km/h, le châssis hydraulique peut être relevé. Sur ce tronçon plat du parcours, il réalisa le meilleur de tous les temps.

Hensley Special *1986*

Au lieu d'une batterie de petits amortisseurs, des modèles de grandes dimensions et indépendants gardent le contact au sol. La course aux armements des constructeurs d'amortisseurs Bilstein, Gabriel, Monroe, Sachs ou Penske au milieu des années 1980 permit de faire des découvertes entraînant des courses plus rapides et plus sûres. Aujourd'hui, les propriétaires de véhicule tout-terrain profitent de ces expériences.

Hibbart Special *1986*

Les courses off-road sont le test absolu pour les amortisseurs. La société allemande Bilstein s'y engagea vivement et avec beaucoup de succès dès le début. Durant un certain temps, presque tous les meilleurs pilotes d'off-road couraient avec les amortisseurs jaunes à pression de gaz de Bilstein. Sur les modèles biplaces, ce sont quatre amortisseurs réglables qui maintiennent le véhicule sur la piste à 200 km/h.

AGM Class-1-Buggy *2009*

De nos jours, les courses de rallye américaines sont dominées par les bolides dotés d'une énorme puissance. On ne trouve aucun buggy class 1 participant aux Baja 500 ou Baja 1000 en deçà de 500 ch. Grâce à ce buggy de course construit en Allemagne, qu'Armin Schwarz et l'Américain Adam Pfankuch utilisent pour le Championnat SCORE, l'équipe allemande AGM put se féliciter d'une excellente participation. En 2008 et 2009, les deux sportifs eurent plusieurs victoires dans leur catégorie durant cette course off-road et se placèrent dans le groupe leader au classement général.

Little Tank Two *1986*

Un jour ou l'autre, tout le monde est emporté par la fièvre du rallye. Dans les lointaines contrées d'Afrique du Sud, le virus se répandit largement au milieu des années 1980. Depuis lors, jusque 300 participants prennent le départ de cette course Top on the Roof qui conduit de l'Afrique du Sud vers le royaume du Lesotho. Toutes les voitures sont des constructions individuelles telles que ce Little Tank Two. Empi Motors logea un moteur de VW Coccinelle de 120 ch à l'arrière du véhicule.

Trek *1986*

Dans les courses off-road, la robustesse prime sur l'esthétique. En environnement tout-terrain, les carrosseries aux formes arrondies sont un luxe absolu. Les tôles planes peuvent être débosselées dans n'importe quel atelier de village. La camaraderie entre participants à cette course Top on the Roof est très forte car chacun peut avoir besoin d'aide. Ci-dessous, un moteur de Toyota Celica de 130 ch tourne à l'arrière de la voiture. Cet engin quatre cylindres obtient le refroidissement nécessaire par un radiateur intégré dans le toit.

Help me V8 *1986*

Sans une certaine dose de fatalisme, aucun coureur ne surmonte cette course Top on the Roof. Il s'agit de franchir des montagnes du plus de 3 000 m de hauteur et au royaume du Lesotho, des rencontres soudaines avec des mulets, des charrettes et des personnes en plein milieu de la route sont courantes. Ce participant mise sur un moteur V8 obtenu à bas prix, de nouveaux amortisseurs et deux pneus de rechange. Ainsi équipé et priant Dieu, il peut commencer cette course off-road d'une longueur de 2 000 km.

Zita Special *1986*

Dans tout pilote de rallye sommeille un mécano amateur. Au bout de tout juste 500 km de piste damée, nous avons rencontré ce courageux pilote qui ne passait plus guère son temps qu'à réparer. Le modèle de base est offert par un pick-up Datsun de 90 ch.

Yellow Cab 1986

Sur le haut plateau du Lesotho, les nuits sont souvent glaciales. Pourtant, les jeunes enfants se réjouissent de voir chaque participant qui parvient jusque-là. En tant que sponsor, le journal sud-africain *The Star* envoie toujours quelques reporters très résistants dans la course. Un moteur Mercedes-Benz six cylindres est installé sur cette Yellow Cab. Comme les éraflures que porte la cage de sécurité le montrent, un tonneau relativement léger a eu lieu sans provoquer de grosses blessures.

Wankel Bug 1986

Dans la course Top on the Roof, il n'y a pas de restriction de victoire par catégorie ni de formules de cylindrées qui tiennent ; seul le classement général compte. Sur ce modèle biplace tourne un moteur rotatif Mazda de 90 ch. À cause d'une erreur de conduite du pilote américain, ce Wankel Bug porteur d'espoir atterrit sens dessus dessous dans une crevasse d'environ 5 m de profondeur. Par chance, les deux pilotes s'en tirèrent indemnes.

Jimco-Porsche 1986

Le rallye Top on the Roof est le fondement idéal pour une carrière internationale dans les éprouvantes courses off-road. C'est ainsi que sur une VW Race Touareg, le chauffeur d'usine sud-africain Giniel de Villiers remporta le Dakar en Amérique du Sud en 2009. Sur ce modèle admirablement assemblé est installé un moteur de Porsche 914 type 4 de 140 ch. Grâce à ce type, de Villiers gagna deux fois la course Top on the Roof, puis il travailla par la suite avec VW.

VW Iltis Dakar *1980*

Thierry Sabine est le fondateur du rallye Paris-Dakar. Il ne s'agit pas d'un rallye se déroulant selon le schéma connu du rallye de Monte Carlo mais, au contraire, d'une course longue distance rude pour véhicules tout-terrain de tout type. De la motocyclette aux buggys de course et aux imposants camions en passant par les voitures 4x4, tout le monde peut participer. Le première course du Paris-Dakar eut lieu en 1979 et ce fut une Range Rover qui remporta la victoire. La photographie montre le vainqueur de 1980. L'ancien pilote de formule super V Freddy Kottulinsky et le navigateur Gerd Löffelmann amenèrent en premier leur 4x4 VW Iltis soutenu par les ateliers VW sur la ligne d'arrivée. La VW Iltis d'une puissance de seulement 75 ch fut principalement utilisée par l'armée allemande.

Renault R4 Oasis *1980*

À l'origine, de nombreux aventuriers participèrent au Paris-Dakar avec peu d'argent en poche mais un grand enthousiasme. Les pionniers devaient compter sur un taux de défaillances de plus de 50 %. Le pilote de cette Renault R4 lourdement chargée en faisait partie. À l'époque, les appareils GPS n'existaient que pour l'armée. Lors d'étapes quotidiennes pouvant atteindre 700 km, l'orientation et la navigation représentaient un véritable défi dont tous les participants n'étaient pas à la hauteur.

Range Rover *1981*

Le concept du rallye Paris-Dakar plut de plus en plus aux directeurs publicitaires. Le monde des médias français était enthousiasmé par cette course off-road car elle rappelait les courses longue distance classique qui, plusieurs décennies auparavant, menaient à Pékin, en Australie ou autour du monde. À l'origine, le point de départ se trouvait généralement à Paris, Londres ou New York. En 1981 la course fut gagnée par une Range Rover fortement améliorée au niveau technique, pourvue d'un moteur V8 de 3,5 l et atteignant une vitesse 165 km/h.

Renault 18 Break Special *1982*

La concurrence se cassa les dents sur cette Renault. La « calèche familiale » remporta le Paris-Dakar en 1982 grâce à une préparation minutieuse et une idée astucieuse. Au lieu d'une traction avant, Renault installa un second moteur dans le coffre. Ainsi, une voiture à transmission intégrale dotée du double de puissance prit le départ : 150 ch au lieu de 75 ch. Les deux moteurs pouvaient être contrôlés séparément l'un de l'autre.

Mercedes-Benz 280 GE *1983*

L'ex-pilote de formule 1 Jackie Ickx remporta le Paris-Dakar d'emblée sur cette Mercedes tout-terrain. Le multiple vainqueur des 24 Heures du Mans reçut le soutien de l'acteur Claude Brasseur. Pour les sociétés de carburant, les fabricants de pneumatiques et d'autres équipementiers, cette course sur longue distance devint désormais le plus important événement sportif de la saison hivernale. Chaque jour, des reporters intrépides émettaient de passionnants reportages radio ou télévisés depuis le désert. L'actualité prenait une dimension dramatique lorsqu'il était question de participants disparus ou de pilotes décédés. Ce mélange chargé d'émotion fut le garant de l'énorme popularité de cette course en France.

Mercedes-Benz 500 SLC *1984*

En 1984, déjà 397 véhicules se rassemblèrent sur la ligne de départ du rallye Paris-Dakar. Parmi les concurrents, on compta Jochen Mass et son copilote Steve Perry. Après 105 participations en grand prix, le pilote de Formule 1 maîtrisait le volant de son coupé V8 5 l de plus de 280 ch. Les choses se passèrent moins bien au niveau de la navigation. Dès les premiers essais dans le désert algérien, l'équipe fut portée disparue des jours durant et de même, pendant la course, les coéquipiers ne franchirent l'arrivée de la première étape dans le désert qu'avec plusieurs heures de retard. René Metge remporta la course au volant d'une Porsche 911.

Lada 1600 Special *1984*

L'intérêt pour le Paris-Dakar continua de croître au milieu des années 1980. C'est avec une diversité correspondante que des entreprises dont les chances de victoire étaient assez minces participèrent aussi avec des 4x4 fortement trafiqués. L'importateur français de Lada engagea le pilote français de Formule 1 des écuries Renault, Jean-Pierre Jabouille, pour une aventure dans le désert. Cela ne suffit pas pour décrocher la victoire, mais quelques très bons temps lors d'étapes difficiles (ci-contre) éveillèrent l'attention.

DAF F3300 4x4 *1984*

Dès le commencement, les lourds camions de services effectuèrent leur propre course lors du Paris-Dakar. Dès 1982, le Néerlandais Jan de Rooy en eut assez de n'être qu'un mécanicien rapide et développa toute une série de camions de course adaptés au désert qui firent sensation. Sur ce camion, deux moteurs d'une puissance unitaire de 450 ch sont installés. Ce truck filait à 170 km/h à travers le désert. En 1984, Jan de Rooy subit encore une panne éliminatoire, mais en 1987, il parvint à décrocher une victoire convaincante dans la catégorie camions au volant d'un nouveau truck de course bimoteur DAF Turbo Twin d'une puissance de 1 200 ch.

Audi Quattro Dakar *1985*

Lors de rallyes internationaux pour le Championnat du monde, les Audi Quattro à transmission intégrale se placèrent sur la ligne de départ avec au moins 360 ch. Pour la compétition du Paris-Dakar d'une longueur de 9 000 km, la puissance importait moins qu'une grande fiabilité. En l'occurrence, 270 ch étaient suffisants pour progresser rapidement. Sur les étapes planes, l'Audi Quattro démontra son potentiel mais sur les hautes dunes, elle perdit un temps précieux.

Opel Manta 400 Dakar *1985*

Le champion européen de rallye Erwin Weber et son copilote Bruno Berglund prirent le départ en 1985 à bord d'une Opel Manta 400 modifiée en version off-road. En dépit de quelques temps intermédiaires remarquables, cela ne fut pas suffisant pour atteindre les premières places du classement général à cause de problèmes techniques. Le moteur quatre cylindres de 2 420 cm^3 délivrait environ 250 ch. L'Opel Manta présentait des porte-à-faux trop longs et simplement une propulsion arrière avec blocage du différentiel.

Mitsubishi Pajero *1985*

En 1985, Mitsubishi célébra grâce à ce Pajero sa première victoire du Paris-Dakar après trois essais infructueux. L'équipe française de Patrick Zaniroli et da Silva conduisirent leur 4x4 de 140 ch sans dommage jusqu'à la ligne d'arrivée. L'état général correspondant encore à la version de série changea au cours des années suivantes. Désormais, de la puissance était requise, comme le démontra la voiture gagnante en 1986.

Porsche 959 Dakar *1986*

Il est surprenant qu'une Porsche 911 surmonte ce tronçon difficile. Mais le choix de la motorisation n'en est pas moins étonnant. Sur cette 959 à quatre roues motrices, le département de sport automobile de Porsche utilisa le moteur six cylindres biturbo de 400 ch des 24 Heures du Mans. Une expérience audacieuse qui réussit en procurant une double victoire admirable. Durant ce rallye particulièrement ardu du Paris-Dakar, l'organisateur Thierry Sabine et quatre reporters de télévision furent tués dans un accident d'hélicoptère. Ils étaient à la recherche d'un participant disparu.

Porsche 959 Dakar *1986*

Depuis 1983, plusieurs pilotes soutenus par les usines automobiles prenaient part à la course off-road du Paris-Dakar. Grâce à cette 959 Dakar toutes roues motrices, Porsche put décrocher en 1986 une double victoire bien méritée. René Metge et son navigateur Dominique Lemoyne vainquirent devant Jackie Ickx et Claude Brasseur. Le département de sport automobile de Porsche équipa le moteur six cylindres de 2 850 cm³ de deux turbocompresseurs. Avec 400 ch et une vitesse de pointe de 210 km/h, cette Porsche devint la voiture la plus rapide sur la grille des 300 participants.

Opel Kadett 4x4 Dakar *1986*

Les gens d'Opel conduisirent les deux voitures au départ jusqu'à l'arrivée. Ceci ne va pas nécessairement de soi pour des néophytes car à l'occasion de l'événement de 1986, tous en tirèrent une dure leçon. En 1986, le parcours s'étendait sur plus de 13 800 km. La photographie montre Erwin Weber à un point de maintenance. Le capot du moteur en kevlar pouvait être ôté d'une pièce. Deux grands ventilateurs assuraient le refroidissement du moteur quatre cylindres. Weber arriva en trente-septième position au classement général et le Belge Colsoul à la quarantième place parmi les 300 participants au départ.

Opel Kadett 4x4 Dakar *1986*

Cette Opel Kadett, à bord de laquelle le champion d'Europe Erwin Weber entama le Paris-Dakar en 1986, est un loup déguisé en agneau. Au lieu d'un confortable moteur de Kadett, un moteur de quatre soupapes de 250 ch et d'une cylindrée de 2 420 cm³, prélevé sur une Opel Manta 400, tournait sous le capot en kevlar. Le moteur quatre cylindres à turbocompresseur fut déplacé aussi loin que possible vers le centre. Cette Opel Kadett reçut également en supplément une transmission intégrale à répartition de force variable sur les différentiels à blocage.

Peugeot 205 Grand Raid *1987*

Le champion du monde de rallye Ari Vatanen remporta presque tous les rallyes importants, y compris le Rallye Safari de 1983. Après à un crash en 1986 lors du rallye d'Argentine, il atteignit la première place du classement général en 1987 au volant de cette Peugeot. Une victoire significative pour Peugeot qui vivait sa toute première participation au Paris-Dakar. Les caractéristiques techniques : transmission toutes roues motrices, moteur de course quatre cylindres à turbocompression d'environ 300 ch et de 1 905 cm³ de cylindrée, placé en position médiane derrière le pilote. Vitesse de 230 km/h.

Peugeot 205 Grand Raid *1988*

Les meilleurs pilotes de rallye tinrent un jour le volant lors du Paris-Dakar. En 1988, Peugeot ne laissa encore une fois pas échapper la victoire. Le Finlandais Kankkunen et son copilote Piironen remportèrent la course. La Peugeot 205 leader d'Ari Vatanen fut volée avant le départ vers Bamako. La police retrouva l'engin quelques heures plus tard mais la course était terminée pour le vainqueur de l'année précédente. Peugeot accordait une grande importance à ce que la carrosserie pût encore être identifiée comme celle d'une 205 de série. La façade dissimulait un châssis tubulaire léger en acier.

Peugeot 405 Turbo 16 Grand Raid *1989*

En 1989 et 1990, le constructeurs français Peugeot utilisa avec succès sa nouvelle 405 Turbo 16 lors du rallye Paris-Dakar. D'un point de vue technique, ce modèle se distinguait de la Peugeot 205 Grand Raid presque imbattable : 310 ch, 1 905 cm³, moteur turbo quatre cylindres, pointes à 230 km/h. Ari Vatanen et son navigateur Bruno Berglund démontrèrent à nouveau leurs compétences hors pair et récoltèrent en 1989 et 1990 les lauriers de la victoire de la course sur longue distance la plus éprouvante au monde. Quelque 600 participants sur deux et quatre roues prirent le départ en 1990. Dans les environs de Paris, un bref examen spécial, qui laissa de sérieuses marques sur la Peugeot, fut organisé pour le public.

Citroën ZX Rallye Raid *1991*

En 1991, 1994 et 1996, l'équipe d'usine Citroën reconstituée remporta le Paris-Dakar. En 1991, Peugeot perdit au bénéfice de Citroën son triple champion du Dakar, Ari Vatanen, qui honora d'emblée son entrée en fonctions par une victoire. Ce fut son quatrième triomphe à cette course : un record qui est toujours en vigueur de nos jours. Les caractéristiques techniques : moteur turbo quatre cylindres de 268 ch, 1 998 cm³ de cylindrée, pointes à 230 km/h.

Mitsubishi Pajero *1993*

En 1993, Mitsubishi gagna le rallye du Paris-Dakar dont l'arrivée avait à nouveau lieu à Dakar. Saby et Serieys remportèrent une très mince victoire face à deux Citroën d'usine. Le principal atout de la Mitsubishi Pajero était sa fiabilité et une équipe de maintenance formidablement entraînée. Plus de 50 t de matériel furent transportés dans le désert. On pouvait stocker 300 l d'essence dans la Mitsubishi Pajero. Les caractéristiques techniques : moteur à essence V6 3 l de 170 ch. Vitesse de pointe 185 km/h.

Mitsubishi Pajero Evo *1994*

Pour les équipes d'usine, le Paris-Dakar représente la plus importante manifestation de l'année. Par ailleurs, l'emploi du temps des spécialistes de la course off-road est rempli de nombreuses autres compétitions. Parmi celles-ci, on compte le rallye off-road Baja Aragon, la Baja d'Espagne, la Baja du Portugal ou l'UAE Desert Challenge lors duquel fut prise cette photographie. Elle présente la nouvelle Mitsubishi Pajero Evo offrant une silhouette nettement plus basse. Le moteur à essence V6 éprouvé fut alésé pou atteindre une cylindrée de 3 200 cm³ et développa désormais 230 ch sur les deux essieux. La vitesse maximale s'éleva à plus de 200 km/h. Bruno Saby est le pilote.

Schlesser-Renault X 801 *1994*

Au cours de sa longue carrière, Jean-Louis Schlesser conduisit quasiment tous les modèles de voitures de course. La gamme s'étend de deux titres de champion du monde sur voiture de course Sauber-Mercedes-Benz à son énorme buggy de course off-road pour le long parcours du Paris-Dakar et d'autres concours tels qu'ici à la Coupe du monde de la FIA. Contrairement à tous les autres participants couronnés de succès, Schlesser mise invariablement sur une propulsion arrière. Un moteur de course V6 Renault de 240 ch est installé sur ce buggy. La vitesse maximale s'élève à 210 km/h.

Nissan Terrano Grand Raid *1995*

Les premières voitures off-road de marque Nissan inscrites à la course à titre privé prirent part au Paris-Dakar dès 1982. Au fil des ans, Nissan devint la principale plaque tournante des quelque 50 équipes privées participant au rallye au volant de Nissan Terrano et Nissan Patrol de série et dépendantes des services de maintenance dans le Sahara. La photographie montre une Nissan Terrano durant l'UAE Desert Challenge qui a lieu tous les ans aux Émirats arabes unis. Un moteur à essence V6 de 3 500 cm³ de cylindrée et 170 ch, quasiment semblable au modèle de série, assure la propulsion. En 1995, le rallye du Paris-Dakar commença pour la première fois à Grenade (Espagne).

Schlesser-Renault *2000*

Jean-Louis Schlesser s'engage avec un entêtement extraordinaire dans toutes les courses off-road de renom. En 1999 et 2000, le Français remporta le Paris-Dakar au volant d'un buggy qu'il construisit lui-même. Le châssis est composé d'une structure tubulaire très résistante à la torsion constituée de tubes d'acier au chrome-molybdène et d'une carrosserie de kevlar partiellement porteuse. Au lieu d'un moteur V6 Renault, Schlesser mise depuis 2004 sur un moteur V8 Ford de 280 ch et de 5 400 cm³ de cylindrée. La contenance en carburant s'élève à 380 l répartis sur deux réservoirs de sécurité capables de supporter un tonneau sans rechigner.

Mitsubishi Pajero Montero Evolution *2003*

Mitsubishi continua de perfectionner ses voitures de compétitions de manière conséquente. Si l'on compare la Montero Evolution à la voiture gagnante de Jutta Kleinschmidt de 2001, on remarque en particulier des modifications au niveau de l'avant et la structure plus basse du véhicule. Le moteur à essence V6 fournissait désormais une puissance de plus de 250 ch sans que la fiabilité n'en souffre. Mitsubishi put également célébrer ce rallye du Paris-Dakar grâce à une quatrième victoire.

Mitsubishi Pajero Montero *2001*

En 2001, Jutta Kleinschmidt remporta la Paris-Dakar au volant de ce 4x4, face à une terrible concurrence. Ce n'est que lors de la dernière étape que la physicienne parvint à devancer ses collègues masculins qui luttèrent avec un train de pneus durs. Jutta Kleinschmidt finit également seconde à la Baja d'Italie, la Baja du Portugal, le rallye du Maroc et à la Marathon World Cup. De plus, elle remporta quasiment toutes les courses off-road dans la catégorie féminine. Elle est une professionnelle à part entière en matière de course off-road et de perfectionnement des voitures de compétition.

Nissan Navara Pick-up *2004*

L'UAE Desert Challenge est considéré comme une préparation idéale au rallye du Paris-Dakar. Des primes importantes pour les pilotes et un marché de véhicules tout-terrain en expansion stimulent la scène. La photographie présente une Nissan d'usine aux commandes de laquelle le spécialiste sud-africain des rallyes Giniel de Villiers remporta la course off-road du Maroc. Une majorité des voitures Nissan furent préparées aux courses off-road en Afrique du Sud. Les caractéristiques techniques : un moteur à essence V6 de 3,6 l et de 250 à 270 ch selon l'utilisation, une vitesse de pointe de 205 km/h.

Mitsubishi Pajero Evolution *2004*

Au fil des ans, du modèle de série haut sur roues est née une véritable voiture de course off-road à silhouette basse. La puissance fut portée à plus de 250 ch, le moteur à essence V6 amélioré d'une cylindrée d'origine de 2 600 cm³ à presque 4 l. L'unité d'entraînement à transmission séquentielle à six rapports peut être remplacée en quelques minutes, et ce bolide de rallye peut aussi être poussé par un coéquipier d'écurie serviable comme le montrent les butées de caoutchouc noires appliquées sur l'arrière du véhicule.

Service Mitsubishi Dakar *2004*

Aucun autre constructeur n'a autant de succès en course off-road que Mitsubishi. De 2000 à 2007, les Pajero remportèrent le Paris-Dakar. Jusqu'à présent, elles totalisent 12 victoires globales au cours de ces 30 dernières années. L'une des raisons de ce succès réside en partie dans le perfectionnement continuel et conséquent des Pajero et dans la présence d'une équipe de maintenance parfaitement entraînée.

Nissan Pick-up *2005*

Nissan fit de gros efforts afin de détrôner son adversaire japonais Mitsubishi. Ce fut là une entreprise difficile lors du Paris-Dakar car d'autres constructeurs, tels que VW, tentèrent aussi durant des années de prendre la victoire du Paris-Dakar. La photographie montre la Nissan Pick-up de Giniel de Villiers montée en Afrique du Sud. Ses caractéristiques : moteur à essence V6 4 l de 290 ch, vitesse maximale d'environ 200 km/h. Ses coéquipiers étaient le champion du monde de rallye Colin McRae et le quadruple vainqueur du Paris-Dakar, Ari Vatanen. Mais, à ce jour, cela ne suffit pas pour assurer la victoire des Nissan Pick-up à la course longue distance du Dakar.

Bowler Wildcat *2008*

Certes, la plupart des courses off-road majeures ont lieu sur le continent africain, mais le nombre de manifestations européennes ne cesse de s'accroître. Outre la France, l'Espagne et le Portugal, la Russie et les Émirats arabes unis jouent un rôle de plus en plus prépondérant en tant que centres des activités tout-terrain. Pour les participants privés, la société britannique Bowler développa cette voiture qui ressemble de face à une Land Rover Defender. Sous la carrosserie en résine synthétique est monté un treillis tubulaire en acier léger et solide. Seuls les essieux avant et arrière proviennent de la Land Rover Discovery S11. Plusieurs moteurs V8 de 4 à 5 l et de différentes puissances jusqu'à 400 ch sont proposés. Les succès atteints à ce jour sont remarquables. Des victoires au sein de sa catégorie au Paris-Dakar et la coupe du monde de la FIA plaident en faveur de cette voiture de compétition innovante et relativement bon marché.

BMW X3 X-Raid *2009*

Après deux victoires d'étapes et se trouvant alors en tête, la plus rapide des BMW X3 de l'équipe allemande X-Raid se retira du Paris-Dakar 2009. Le chef de l'équipe Sven Quandt travaillait depuis 16 ans à la possibilité de décrocher une victoire globale au rallye du Paris-Dakar. Le prince qatarien Nasser Al-Attiyah et sa navigatrice suédoise Tina Thörner devinrent champions du monde 2008 du Raid sur BMW X3. Les caractéristiques techniques : châssis tubulaire en acier et carrosserie en carbone-kevlar, moteur BMW Twin Turbo d'environ 275 ch à 4 000 tr/min, vitesse maximale d'environ 200 km/h selon le terrain. Le réservoir offre une contenance de 390 l.

BMW X3 X-Raid *2009*

En 2009, la caravane du Dakar roula pour la première fois le sol sud-américain. Ce fut une sage décision des organisateurs car la situation politique en Afrique du Nord n'était plus et n'est toujours pas prévisible. Les combattants d'Al-Qaida tentèrent d'attaquer le cortège du rallye en 2008. En raison de cette menace, le Paris-Dakar fut annulé en 2008 et transférer en Argentine et au Chili où cette photographie fut prise.

Fast & Speed Buggy Evo III *2009*

Le tracé du 31e rallye du Paris-Dakar en Amérique du Sud posa de nouveaux défis aux pilotes. Désormais, il ne s'agissait plus uniquement de travers d'immenses dunes de sables sur les 9 500 km du parcours à travers l'Argentine et le Chili, mais aussi de franchir des sommets andins élevés de plus de 4 000 m. De nombreuses rivières avec ou sans eau furent notamment utilisées comme piste de rallye. Ici, le buggy néerlandais Fast & Speed démontra ses qualités. Malgré une propulsion deux roues motrices, les spécialistes allemands du rallye Matthias Kahle et Thomas M. Schünemann arrivèrent en quinzième position du classement général ; ils finirent premiers dans la catégorie buggy.

Fast & Speed Buggy Evo III *2009*

Avec un débattement de 40 cm, ce buggy de course off-road léger représente une alternative intéressante aux voitures à transmission toutes roues motrices. Un moteur V6 VTEC Honda de 285 ch est installé à l'arrière. Le châssis est constitué de tubes d'acier à haute résistance utilisés dans la construction aéronautique. La carrosserie en carbone-kevlar à surface réduite est composée d'une structure alvéolaire dite structure sandwich. Les réservoirs apposés sur les côtés ont une contenance de 325 l de super. Les buggys Fast & Speed peuvent rouler à 195 km/h. En 2006, Sergueï Shmakov remporta le titre de champion à la Coupe du monde Marathon de la FIA au volant de cette voiture.

VW Race-Touareg 2 *2009*

Pour les courses off-road ambitieuses, la ténacité est une qualité toujours payante. Le département de sport automobile de VW misa en 2002 sur des moteurs diesel dynamiques et économiques. Au septième essai, l'ex-pilote de Nissan Giniel de Villiers parvint à décrocher une victoire globale surprenante du Paris-Dakar 2009 en Amérique du Sud aux côtés de son copilote Dirk von Zitzewitz. La seconde place fut conquise par les coéquipiers de VW Mark Miller et Ralph Pitchford. Plusieurs mois auparavant, 11 camions de maintenance MAN et 50 t de pièces de rechange et de matériel furent transportés vers l'Amérique du Sud par voie maritime. Mitsubishi échoua cette fois avec son nouveau Lancer qui était aussi pourvu d'un moteur diesel. La troisième place revint au Hummer 3 de Robby Gordon et Andy Grider.

VW Race-Touareg 2 *2009*

La rapidité de réparation est l'un des secrets d'une glorieuse voiture de course off-road de marque VW. Les suspensions sont échangeables en diagonale, les quatre arbres de transmission sont identiques, de même que les arbres à cardan. Lors du Paris-Dakar en Amérique du Sud, le moteur diesel cinq cylindres TDI de 2 500 cm³ fut envoyé vers la ligne de départ avec une puissance de 280 ch. Le poids minimal s'élevait à 1 787,5 kg, la vitesse maximale à quelque 190 km/h. À présent, VW travaille à l'élaboration d'une nouvelle Race Touareg à moteur V12 TDI qui célébrera son entrée en fonctions lors de la célèbre Baja 1000.

Dragsters

Il y a 402 m jusqu'à l'arrivée. Tout ce qui compte, c'est l'accélération. Le plus rapide accède à la manche suivante, le plus lent est éliminé. Les esprits s'échauffent à propos des courses de dragsters. Les sceptiques expliquent que tout le monde est capable de conduire en ligne droite. Pourtant, avec plus de 6 000 ch sur l'essieu arrière, la conduite en ligne droite devient un défi que seuls quelques spécialistes maîtrisent. Surtout lorsque le tachymètre monte à 530 km/h en moins de 5 secondes.

Aux États-Unis aucune autre discipline de sport automobile n'attire autant de spectateurs que les courses de dragsters. Les courses d'accélération sont un plaisir très divertissant – toutes les minutes, un verdict est prononcé et des instants dramatiques ou même des tragédies humaines font simplement partie du drag racing. Des moteurs qui explosent, un crash à 450 km/h ou des pilotes qui, comme par miracle, ne sont que légèrement blessés, sont des éléments qui agrémentent presque chaque grande manifestation. Des millions de dollars sont investis afin d'être un centième de seconde plus rapide que l'adversaire. Dans aucun autre domaine du sport automobile la pure augmentation de puissance n'est aussi payante car la courte distance d'une longueur exacte de 402,33 m permet d'effectuer une préparation du moteur qui sidère même les experts.

Une puissance illimitée

Au début des années 1950, les meilleurs tuners puisaient environ 500 ch d'un moteur V8 Big Block. Vingt ans plus tard, les dragsters top fuel les plus rapides se ruaient avec déjà plus de 2 500 ch vers la ligne d'arrivée et ce, toujours avec la même base, c'est-à-dire un moteur V8 américain de grande série de marque Chrysler ou Ford. Au tournant du siècle, les plus glorieux top fuel poussaient déjà à 4 500 ch. L'unité de propulsion reste toujours un moteur Hemi Chrysler ancestral avec arbre à cames culbuté et deux soupapes par cylindre alimenté d'un mélange composé de 15 % de méthanol et 85 % de nitrométhane. En 2006, en Amérique et en Europe, les stars de cette discipline extrême amenaient des dragsters de 6 000 ch vers la ligne de départ, et ce processus d'amélioration des performances ne semble pas être en phase de s'achever. En 2009, le Championnat du monde se tint sous le signe des moteurs à compresseur d'une puissance de 8 000 ch.

Le refroidissement : un détail accessoire

Sur les moteurs de dragsters, la cylindrée est limitée depuis des années à 8 193,5 cm³ (500 pouces cubes). Les énormes accroissements de puissance sont le résultat du concours de plusieurs facteurs. Le vieux bloc moteur Hemi rigide de Chrysler réalisé en acier fondu a été remplacé par un nouveau bloc moteur de même construction en aluminium. Ce bloc moteur bénéficie d'une rigidité supplé-

L'un des premiers dragstrips officiels fut aménagé à Irwindale dans la banlieue de Los Angeles où cette photographie fut prise. La piste rectiligne mesure 402,33 m et le départ est donné par un feu multicolore.

À la fin des années 1980, l'explosion des performances n'en finissait pas. Les 3 800 ch tiraient sur des pneus arrières d'une largeur de 47 cm. Don « The Snake » Prudhomme attira un sponsor digne d'intérêt : l'US Army.

mentaire par l'absence de canaux de refroidissement car, étant donnée la courte durée de la course, le refroidissement n'est plus une nécessité. Culasse, bielles et vilebrequin sont fabriqués en titane et dans d'autres matériaux très résistants, par des spécialistes tels que Keith Black. Les principaux progrès furent réalisés au niveau de l'allumage. En l'occurrence, trois bougies par cylindre et un dispositif d'allumage à haute performance assurent la tension nécessaire. Après chaque course, les bougies sont complètement fondues. Dès le milieu de la distance à parcourir, le moteur à compresseur fonctionne comme moteur à combustion spontanée. Le compresseur comprime notamment le mélange carburant-air dans les chambres de combustion à une surpression atteignant 5 bars. Les pilotes de dragsters top fuel se font leur propre idée de la consommation de carburant : un moteur de 6 000 ch consomme 5,7 l de nitrométhanol par seconde.

541,2 km/h en 4,428 secondes

Ce record du quart de mile (402,33 m) fut établi par l'Américain Tony Schumacher le 12 novembre 2006 sur la piste de Pomona, en Californie. Tony Schumacher est multiple champion du monde dans la catégorie top fuel. Cet homonyme de Michael Schumacher est sponsorisé par l'US Army. Lors de la course finale du Championnat des États-Unis, Tony empocha en 4,5 secondes une prime d'un million de dollars offerte par les organisateurs et les sponsors. De telles primes ne restent qu'un rêve inaccessible aux pilotes de dragster européens. Après tout, les pilotes européens de haut niveau les plus rapides réalisent aujourd'hui des meilleurs temps avoisinant ceux de leurs

Les plus puissants moteurs de dragsters développent aujourd'hui plus de 6 000 ch pour une cylindrée de 8 193,5 cm^3.

modèles américains. Le Suisse Urs Erbacher put se qualifier parmi les 16 participants retenus pour le dernier tour du Championnat américain en établissant un bon temps de 4,594 secondes et une vitesse de passage de 525,632 km/h. Urs Erbacher et le champion d'Europe britannique Andy Carter sont actuellement les meilleurs et les plus brillants pilotes européens de top fuel à prendre le départ aux côtés de 300 autres pilotes lors du plus important événement de l'année, les NitrOlympix, qui se tient à la mi-août au motodrome d'Hockenheim.

Hot Rod *1950*

C'est avec pour devise une grande puissance pour un faible poids que les premiers Hot Rods (bielles chaudes) virent le jour à la fin des années 1940. Un gros moteur huit cylindres assurait le vitesse nécessaire. La capacité d'accélération des moteurs V8 à haute cylindrée était plus importante qu'une vitesse finale élevée. Les duels d'accélération bloc contre bloc, bien sûr illégaux, organisés généralement la nuit, suscitèrent une grande excitation auprès de la population.

Burn-out *1968*

Les pneus slick sans sculptures sont le fruit d'un développement mené sur la scène des courses de dragsters. Le caoutchouc n'a une bonne adhérence que lorsqu'il est échauffé et permet alors d'améliorer les temps d'accélération. Le burn-out, l'échauffement des pneus entre 90 et 100 °C avant le départ est aujourd'hui encore une phase importante de chaque course de dragsters. En 1970, tous les dragsters concouraient avec un moteur V8 frontal qui délivrait 650 ch.

Ford Three Window Coupé *1970*

La célèbre Ford Three Window Coupé est aujourd'hui encore un classique absolu des premières courses de dragsters. Durant les années 1930, Henry Ford développa le premier moteur huit cylindres qui n'était pas plus cher qu'un quatre cylindres de General Motors. C'est sur cette base que furent réalisés de nombreux dragsters qui existent aujourd'hui encore dans diverses variantes. Les flammes peintes sont caractéristiques de cette époque.

Topolino 1970

Par la jolie Topolino 500, Fiat lança sur le marché une petite voiture de 13 ch durant les années 1930. En ce qui concerne cette Topolino gris-noir, un moteur V8 de 600 ch tourne sous la tôle. Les pilotes de dragsters sont toujours prêts à surprendre. Ce condensé de puissance remporta un titre de champion en 1932.

Jaguar Dragster 1972

Aux États-Unis et bientôt aussi en Europe, les aérodromes désaffectés datant de la Seconde Guerre mondiale furent transformés en pistes de dragster. En Europe, la première piste de dragster permanente fut aménagée à Santa Pod, en Angleterre, au milieu des années 1960. La photographie présente un dragster britannique à moteur Jaguar six cylindres qui développait un maximum de 350 ch sur l'essieu arrière grâce à trois carburateurs SU.

Top Fuel Dragster *1980*

Même les meilleurs freins ne suffisent plus lorsqu'un dragster franchit la ligne d'arrivée à près de 400 km/h. Un parachute de freinage stabilise les deux top fuel dans l'aire de dégagement. En 1980, 2 000 ch étaient considérés comme une puissance adéquate pour la classe supérieure de dragsters qui étaient alimentés d'un mélange de 85 % de nitrométhane et de 15 % de méthanol.

Turbo Dragster *1985*

Dans aucune autre discipline de sport automobile les concurrents travaillent à accroître la puissance avec autant d'acharnement que dans la course de dragsters. En moins de 7 secondes, la course est terminée. Ce dragster à turbocompression prit le départ en 1985 aux États-Unis. Contre les moteurs V8 à compression d'une puissance atteignant 3 500 ch, il n'eut aucune chance. À cette époque, la vitesse de pointe s'élevait à 405 km/h au bout de 402 m.

Funny Cars *1986*

Depuis le milieu des années 1980, les courses de dragsters occupent la première place sur l'échelle de popularité des manifestations américaines de sport automobile. Placé en seconde position dans les faveurs des spectateurs, on trouve les courses de stock cars et la troisième place revient aux voitures de course des 500 miles d'Indianapolis. Les favoris absolus du public sont les funny cars à suralimentation par compresseur que l'on voit ici exposés en attente de participer aux courses finales. Sous la carrosserie de résine synthétique, on retrouve la motorisation des dragsters top fuel de 3 500 ch à l'époque.

Top Methanol Funny Cars *1990*

Ce n'est que lorsque le feu de signalisation passe au vert que la ligne de départ peut être franchie. Un faux départ signifie une disqualification immédiate. Dans la deuxième plus grande catégorie de course, les moteurs à compresseur d'une cylindrée de 8 652,3 cm^3 sont autorisés. Presque tous les mécanismes d'entraînement V8 se basent sur le moteur Hemi Chrysler avec arbre à cames culbuté. En 1990, la puissance s'élevait à environ 3 800 ch, et en 2009, elle atteignait 8 000 ch.

Top Fuel Dragster *1992*

Les homes ne sont pas les seuls à maîtriser les top fuel qui montent à plus de 400 km/h. La plus célèbre pilote de dragster est Shirley Muldowney. Elle remporta le Championnat des États-Unis en 1977, 1980 et 1982 dans la classe supérieure. Shirley survécut à un effroyable crash en 1984 et prit à nouveau place dans un cockpit en 1989. Ce n'est qu'en 2003 qu'elle mit fin à sa carrière professionnelle.

Top Fuel Funny Car *1990*

Les « interminables » dragsters top fuel et les funny cars top fuel sont tabous pour les pilotes amateurs. La photographie présente un funny car top fuel. Le châssis est ici constitué par un treillis tubulaire en acier rigide. La carrosserie fine doit avoir une silhouette correspondant à celle des voitures de série, en l'occurrence une Pontiac. Dès 1990, les funny cars, très difficiles à conduire, filaient à 400 km/h vers la ligne d'arrivée au bout d'une distance de 402 m.

Chevrolet Nomad *1994*

L'un des secrets d'un succès persistant des courses de dragsters réside dans la diversité des types de véhicules participants à ces courses divertissantes. La photographie montre une Chevy Nomad trafiquée de 1957 qui prend le départ dans la catégorie amateur Super Gas. Au sein de cette classe, une égalité des chances est établie grâce à un temps de référence fixé. Une VW Coccinelle tunée peut donc tout à fait battre une Corvette de 700 ch.

Dragster VW *1995*

Grâce à l'initiative de Rico Anthes, le virus du dragster ne cesse de se propager en Allemagne. La première grande course de dragsters fut organisée en 1986 au motodrome d'Hockenheim devant 20 000 spectateurs. En 1989, déjà 60 000 spectateurs affluèrent vers Hockenheim pour assister au quart de mile. En 1994, Rico Anthes franchit la ligne d'arrivée à 447 km/h au volant de son top fuel 801 et battit le record mondial de vitesse de 436,3 km/h réalisé en 1936 par Rudolf Caracciola. Depuis lors, des VW Coccinelle de plus de 500 ch suscitent aussi l'enthousiasme du public.

Motor Exitus *1998*

Lors des manifestations américaines de dragsters, les courses finales décisives ont souvent lieu au crépuscule, un petit frisson en plus pour les pilotes et les spectateurs. On observe sur cette image un moteur V8 en train d'exploser durant une course à Bakersfield (Californie). Grâce aux multiples dispositifs de sécurité, le pilote a eu plus de peur que de mal.

Wheelstander *1998*

Showtime : ce pilote de dragster américain balaye le dragstrip à 250 km/h, tout à fait dans le style des pilotes de motocross. La masse totale est répartie de telle sorte que le centre de gravité se situe entièrement à l'arrière sur l'essieu moteur. Le wheelstander est commandé comme un char au moyen de deux leviers. La vue vers l'avant est rendue possible par la présence d'une vitre située sur la tôle de fond.

Crash à 340 km/h *1998*

Le high speed racing est dangereux, même si la plupart des accidents n'impliquent que des dommages matériels, comme ici suite à un problème de pneu peu avant la ligne d'arrivée. Le réservoir explose mais le système automatique d'extinction d'incendie se déclenche en l'espace d'une seconde. La combinaison ignifugée Nomex prescrite dans toutes les courses de dragster protège le pilote de graves brûlures.

Dragster expérimental *1999*

Le sport de course de dragsters offre une chance unique pour effectuer des expériences techniques. Cette construction audacieuse ne passa pas le stade de prototype. Le châssis extrêmement étroit permettait difficilement de maintenir une conduite droite stable.

Portrait

Rico Anthes

Le plus célèbre pilote de dragster allemand est Rico Anthes, originaire de Langen, près de Francfort. Rico remporta le Championnat d'Europe en 1997 et établit en 2001 un record absolu sur le dragstrip d'Hockenheim en réalisant une temps de 4,92 secondes et atteignant une vitesse maximale de 481,7 km/h. Depuis 2008, la meilleur piste de dragster d'Europe porte le nom de Rico Anthes Quartermile.

Budweiser Top Fuel Dragster *2006*

En Amérique, les meilleurs pilotes de dragster jouissent d'une popularité comparable à celle de Michael Schumacher sur notre continent. Au volant de son top fuel Budweiser, Kenny Bernstein conquit à six reprises le titre de champion du monde dans la catégorie supérieure de dragsters. Aux États-Unis, un paddock fermé constituerait un affront vis-à-vis des spectateurs. C'est pourquoi les pilotes vont à la rencontre de leurs fans et signent des autographes avec assiduité.

Top Fuel Funny Cars *2006*

Le matériel automobile devient de plus en plus avantageux pour les courses de dragsters européennes. En effet, les dragsters américains les plus rapides sont vendus en Europe après la fin de la saison. La photographie ci-contre montre le multiple champion d'Europe Alex Joon, des Pays-Bas, à l'arrière-plan. Au premier plan se trouve le Suédois Micke Kågered.

BAE Top Fuel Dragster *2008*

Les courses de dragsters sont retransmises dans tous les pays scandinaves. L'un des pilotes de top fuel les plus populaires dans cette région est Janne Ahonen, autrefois meilleur sauteur à skis de tous les temps. Au départ, la pleine puissance du moteur de plus de 6 000 ch ferait patiner les pneus slick même correctement préchauffés et coûterait donc un temps précieux. Le savoir-faire consiste à réaliser une accélération maximale sans faire patiner les roues. Un top fuel accélère de 0 à 100 km/h en 0,8 secondes.

Pointe à 495 km/h *2008*

Quelques instants déjà après le passage de la ligne d'arrivée, le vainqueur est présenté aux spectateurs. Au bout du quartermile de 402,33 m, l'affichage clignotant de droite indique temps décisif du vainqueur, 4,83 secondes, et une vitesse de passage de 495 km/h. Pendant la course, les pilotes doivent supporter une poussée de 4 à 6 g. À 6 g, un pilote de 85 kg pèse momentanément 510 kg ; soit plus d'une demi-tonne.

McKinney Top Fuel Dragster 2008

Le meilleur pilote de top fuel d'Europe, le Britannique Andy Carter, remporta trois fois le Championnat d'Europe de la FIA ; en 2008, il avait une avance d'un point seulement. Son dragster de 6 500 ch est entretenu par une équipe de 14 mécaniciens. Le châssis nu coûte 25 000 euros, l'aileron arrière 5 000 euros, l'aileron avant 1 200 euros et un moteur 45 000 euros. Outres les pièces de rechange courantes, au moins trois moteurs sont nécessaires pour une saison.

Blown Promod Corvette 63 2008

Ici, tout s'harmonise : la puissance et le design. Dans la catégorie Pro Modified, les amateurs restent encore entre eux bien que les temps réalisés ne cessent de s'améliorer. Le châssis est composé d'une structure en chrome-molybdène 4130. Un moteur Hemi V8 de 8 621 cm^3 de cylindrée est d'une puissance de plus de 2 200 ch est installé. Le carburant imposé est le méthanol. Le conducteur de cette Corvette est Marcus Hilt, originaire de Suisse.

La science des ailerons 2008

Le meilleur ami du pilote est son aileron, affirme le champion d'Europe Andy Carter. Pour que le dragster ne se transforme pas en avion, l'angle d'attaque doit être ajusté avec précision à la configuration de la piste. Une portance négative trop faible fait patiner les pneus, un effort de pression trop important réduit la vitesse maximale qui peut aujourd'hui dépasser 530 km/h. Dans ce cas, l'effort de pression mesuré est de 4 t.

Chevrolet Bel Air 55 2008

Les favoris absolus du public dans les courses de dragsters européennes sont les oldtimers branchés concourant dans la catégorie Pro Modified. Cette Chevy Bel Air de 1955 est pourvue d'un moteur V8 de 12 l qui développe environ 2 300 ch sur l'essieu arrière grâce à une suralimentation au protoxyde d'azote. Les meilleurs de cette classe montent à 350 km/h en près de 6,5 secondes. Le Néerlandais Henri Joosten est ici assis au volant.

Chevy Coupé 37 *2008*

Avec 2 500 ch, la conduite en ligne droite devient souvent un problème lorsque les roues arrières continuent de patiner après 100 m d'accélération. Les meilleurs pilotes juniors commencent dans la catégorie Pro Modified à l'instar du Néerlandais Marc Meihuizen présenté sur la photographie. Ensuite, ils accèdent à la catégorie Top Methanol dans laquelle la barre des 400 km/h est déjà franchie en 5 secondes.

Blown Nugget *2008*

Le Suisse Rolf Ammann participe au Championnat d'Europe dans la catégorie Pro Modified grâce à cette Chevy Coupé de 1938. Un compresseur garantit la puissance appropriée de 2 500 ch. Un dispositif de suralimentation au protoxyde d'azote est aussi permis dans cette classe très diversifiée. La cylindrée s'élève à 8 400 cm^3, la vitesse maximale à 360 km/h.

Pontiac Firebird 03 *2008*

Le Suédois Ulf Leanders pousse sont funny car top methanol vers la ligne de départ. Sur ce modèle, la structure est constituée de tubes d'acier résistants à la torsion qui sont utilisés avant tout dans la production d'aéronefs. La carrosserie d'une pièce est formée à l'aide de matériaux à base de fibre de carbone. Ulf Leanders mise sur un moteur Hemi TFX à suralimentation par compresseur de 8 600 cm^3 de cylindrée pour 3 500 ch : une voiture de grande qualité dans cette classe professionnelle atteignant une vitesse maximale de 400 km/h.

Chevy Rebellion 2000

Ce VW Combi roule vers la ligne d'arrivée sur deux roues. Les curieux wheelstander font partie du programme du spectacle de nombreuses courses de dragsters aux États-Unis mais aussi en Europe. Sans poutre de soutien, le VW Combi effectuerait une roulade vers l'arrière durant l'accélération.

Kenworth Dragster Truck 2003

Au Mexique, presque chaque week-end a lieu un concours de camions de course. Il s'agit soit de courses en ovale, soit de course off-road soit de courses de dragsters lors desquelles ce Kenworth argenté prend le départ. Il possède un moteur six cylindres de 1 800 ch à deux turbocompresseurs. L'intégralité de l'unité de propulsion fut logé à proximité de la cabine de conduite pour mieux répartir les charges sur les essieux.

Mack Dragster Truck 2003

Cette photographie montre de quoi est capable un camion de course trafiqué. Les camions dragsters américains les plus rapides accélèrent plus vite que n'importe quelle Porsche de série. Les moteurs à essence suralimentés ne sont ici pas autorisés. Le règlement impose l'utilisation de moteurs diesel fournissant plus de 1 900 ch pour une cylindrée de 16 800 cm^3.

Kenworth Super Truck 2003

Tom Martin éperonne son dragster. Ce Texan pilote le dragster truck le plus rapide d'Amérique. Il passa déjà plusieurs fois la ligne d'arrivée à 312 km/h. Cela ne dura en tout que 13 secondes. Tom Martin ne se prononce pas sur la puissance effective de son Kenworth – son propre banc d'essai ne va que jusqu'à 1 600 ch.

Cummins Express *2003*

Les dragsters mexicains sont particuliers. Ce camion de course au design rajeuni fut réalisé avec peu de moyens financiers mais beaucoup d'enthousiasme. Son fier propriétaire venait de vaincre un concurrent californien dont le moteur de course amélioré tomba en panne juste devant la ligne d'arrivée.

Pick-up Dragster Truck *2005*

Dans les courses européennes, les « petits » pick-ups bénéficient de la sympathie des spectateurs. La photographie présente un participant suédois durant la phase de burn-out, c'est-à-dire l'échauffement des pneus. La différence essentielle avec les camions dragsters américains réside dans la combustion au méthanol au lieu d'une carburation au diesel.

Diesel Power *2003*

À ce jour, aucune course de dragsters n'est organisée en Europe pour les gros camions, bien que la plupart des fans laissent entendre leur penchant pour les trucks trafiqués. La photographie présente deux dragsters mexicains devant la ligne de départ. Ces deux camions sont chacun pourvus de deux gros turbocompresseurs de Garrett fournissant une puissance de plus de 1 800 ch.

Kenworth Jet Truck *2006*

Bob Motz est l'un des camionneurs les plus populaire d'Amérique. Il possède 12 camions de course, et chaque années il en acquiert de nouveaux qui sont à la fois plus puissants et plus rapides. La photographie présente son Kenworth de 16 000 ch avec propulsion par turbine à gaz. Après 8,6 secondes, il passe à 347 km/h la ligne d'arrivée.

Cyclops Jet Dragster *1969*

L'Américain Art Arfons développa et pilota ce premier jet dragster dès 1969. La propulsion était assurée par une turbine de F-104 Starfighter de 17 500 ch. Sur la piste Rockingham International Dragway, Arfons atteignit une vitesse maximale de 440.04 km/h et devint alors le pilote de dragster le plus rapide au monde.

Sherbits Jet Dragster *1980*

Les premiers jet dragsters représentèrent un défi pour toutes les parties concernées. Roger Gustin était certes en mesure d'attester de sa licence de pilote de chasse mais de nombreux propriétaires de pistes de course considéraient son Sherbits Jet Dragster avec des sentiments mitigés. D'une part, le « monstre hurleur » constituait une attraction supplémentaire pour le public, d'autre part on n'était pas certain que cet engin n'exploserait pas à un moment ou un autre.

Alabama Express Rocket Car *1980*

Ky Michaelson élabora le premier dragster funny car doté d'une propulsion à fusées. Il développa aussi des motoneiges avec propulsion à fusées ou un fauteuil roulant pouvant se déplacer à 150 km/h – lui aussi doté de fusées. Alabama Express parcourut la piste de dragster de 402 m en seulement 4,4 secondes. Sa vitesse s'élevait à 456 km/h.

Vanishing Point Rocket Car *1995*

Sammy Miller est à ce jour le pilote de dragster le plus rapide au monde. Il développa plusieurs funny cars qui annulèrent tous les records de temps en vigueur des moteurs V8 à compresseur. Son meilleur temps au quart de mile (402 m) est de 3,58 secondes pour une vitesse de passage de 628 km/h. Sammy Miller travaille à titre professionnel en tant que représentant pour une grande compagnie d'assurance. Ses courses record sont de simples apparitions de spectacle qui se déroulent sans adversaire.

Texas Starship Rocket Car *1983*

Au cours des années 1980 et 1990, des pilotes de courses très courageux amenèrent vers la ligne de départ des dragsters dotés de propulsion à fusées qui coûtèrent la vie à certains d'entre eux. Le Texas Starship fut équipé d'un moteur de fusée de 9 000 ch par Ky Michaelson et présenté durant des intermèdes à l'occasion de courses de dragsters. La voiture monta à 511,89 km/h en tout juste 4,1 secondes.

Lava Machine Jet Dragster *2000*

Roger Gustin conçut son premier dragster avec moteur à réaction dès les années 1980. Sur cette photographie montrant un modèle plus récent, on reconnaît le moteur à réaction Westinghouse de 10 000 ch. Le pilote est assis tout à fait à gauche dans un cockpit d'une extrême étroitesse. Le bruit presque indescriptible de la turbine à gaz et une chaleur énorme agissent sur le pilote.

Lava Machine Jet Dragster *2000*

La Lava Machine de Roger Gustin fut le premier funny car à moteur à réaction. Après 6,2 secondes, cette terrible voiture franchit la ligne d'arrivée à 468,5 km/h.

Double Express Jet Dragster *2005*

La course à l'accroissement de puissance prit, en partie, une tournure grotesque. Sur ce jet dragster son montées deux moteurs à propulsion jet Westinghouse à postcombustion et d'une puissance de 32 000 ch. La consommation de carburant à charge maximale est de 70 l de kérosène pour juste 6 secondes.

Double Express Jet Dragster *2005*

Le premier dragster doté de deux mœurs à réaction est garant d'un bon spectacle mais il n'est pas véritablement rapide. Son meilleur temps est de 6,4 secondes pour 478 km/h. Les dragsters à réaction monomoteurs sont par contre nettement plus rapides car la résistance de l'air et le poids sont moindres.

Pontiac Jet Funny Car 2008

Les jet dragsters sont tels des avions de chasse sans ailes. La propulsion est assurée par un moteur à réaction d'au moins 10 000 ch. Cette Pontiac Firebird est équipée d'une turbine Pratt & Whitney de 16 000 ch disposant d'une chambre de postcombustion. Les seules valeurs d'accélération de tous les jet dragsters jusqu'à présent sont légèrement inférieures à celles des top fuel de 6 000 ch avec moteur V8 à compresseur.

Duel de jet dragsters 2008

Les courses de dragsters se nourrissent de combats singuliers. En Europe, les jet dragsters sont classés par les organisateurs comme engins présentant un risque pour la sécurité. C'est pourquoi les pilotes prennent le départ chacun leur tour durant le programme de spectacle. Il en va autrement aux États-Unis. Là-bas, les All American Jet Car Nationals organisés profitent d'un nombre croissant de participants, dans l'intérêt de la course de dragster.

Lightning & Thunder *2008*

L'armée subit des mesures de désarmement et les pilotes de jet dragster améliorent leur équipement. Au cours de ces dix dernières années aux États-Unis, quelques milliers d'avions de chasse furent envoyés à la ferraille. Ceux-ci n'étaient plus aptes au combat mais sont encore de quelque utilité pour les courses de dragsters. Par la présence de leurs moteurs à réaction Pratt & Whitney de 18 000 ch, ces deux jet dragsters font partie des jet cars les plus performants dans le monde entier. Thunder réalisa pour meilleur temps 5,1 secondes au quart de mile. À l'arrivée, son ordinateur de bord indiqua 507 km/h.

Star Jet Dragster *2008*

Un jet dragster d'une vitesse de 500 km/h ne peut être freiné efficace qu'au moyen de deux parachutes de freinage. Sur la photographie, on distingue les deux conteneurs argentés. La société Deist produit sous licence des parachutes de freinage qui permettent une décélération de 6 g et sont testés pour 530 km/h. Une force de freinage supplémentaire n'a lieu que grâce à des freins à disques sur les roues arrière. Les freins sur roues avant ne sont pas autorisés car ils pourraient influencer la stabilité en ligne droite.

Hooters Jet *2008*

Freddy Sibley conçut ce jet dragster ultra bas sur la base d'une Ford Mustang. Freddy concoure dans la catégorie funny cars. La chambre de postcombustion crache ici une boule de feu due au rejet de carburant non brûlé. Un moteur à réaction J-85 de General Electric prélevé sur un avion de chasse F-5 sert de source de propulsion. Son meilleur temps : 5,12 secondes et une vitesse de pointe de 501 km/h au bout de 402 m.

Records du monde

Être le plus rapide, avoir accompli quelque chose d'unique : depuis plus de 100 ans, cette idée pousse les pilotes de course à atteindre sans cesse de nouvelles performances. Sinon, comment pourrait-on expliquer que des hommes d'affaires fortunés à l'âge de la retraite investissent la totalité de leurs ressources dans des projets périlleux ?

L'Américain Craig Breedlove est l'un d'eux. Entre 1963 et 1965, il améliora cinq fois le record mondial absolu de 655 km/h, le portant finalement à 966,367 km/h. Breedlove est le King of Speed incontesté aux États-Unis et un membre du temple de la renommée. Craig survécut à quelques accidents effroyables au cours de ses tentatives de record et pourtant, à 60 ans, il plongea à nouveau dans l'« aventure de sa vie », comme il le déclara ouvertement en 1997 : il voudrait être le premier à franchir le mur du son dans un véhicule terrestre. Deux fois en une heure, comme l'impose le règlement. Craig investit toute sa fortune et assembla un bolide record de 48 000 ch. Ce projectile de 13 m au nom patriotique de Spirit of America Sonic 2 revint à cinq millions de dollars. À une vitesse de 1 086 km/h, une bourrasque soudaine happe son engin fulminant entraîné par turbines à gaz et le fit basculer. Après une glissade nerveusement éprouvante sur 3 km, le Spirit of America parvient enfin à s'immobiliser. *« Well »*, dit le pilote indemne, « il me faut encore modifier quelques choses puis le mur s'écroulera. »

Cette voiture-fusée torride de Walt Arfons suscita un immense intérêt médiatique en 1965. Contrairement à son premier et glorieux Wingfoot Express à moteur à réaction, Arfons équipa ce projectile d'une batterie de 15 fusées à combustible solide.

Avec plus de 70 000 ch à travers le mur du son

Un gaillard pas moins obstiné anéantit son rêve : un Britannique flegmatique, Andy Green, chef d'escadrille de la Royal Air Force. Le 15 octobre 1997, devant les yeux de Craig Breedlove, Andy Green franchit le mur du son à 1 204,71 km/h, établissant ainsi un record mondial absolu encore en vigueur aujourd'hui. Son Thrust SSC était équipé de deux moteurs à réaction Spey 205 de Rolls-Royce d'une puissance allant de 70 000 à 100 000 ch. Des personnes raisonnables se contenteraient du fait que le coup de poker concernant la course au mur du son soit désormais une affaire classée. Toutefois, des pointures

Chaque année, plusieurs centaines d'amateurs et de professionnels prennent le départ lors de la Bonneville Speed Week. La scène a lieu sur le Grand Lac salé partiellement asséché de l'Utah, près de Salt Lake City. La photographie montre un streamliner ultra plat de Don Vesco doté de deux moteurs quatre cylindres à suralimentation d'une puissance unitaire de 185 ch.

telles que Craig Breedlove et Andy Green ne peuvent pas être rangées dans cette catégorie. Actuellement, Craig Breedlove travaille à l'élaboration d'un nouveau Spirit of America Sonic 3 de plus de 100 000 ch. S'il le pilotera lui-même est une question qui reste encore ouverte. Le départ doit avoir lieu courant 2010. À plus de 70 ans, son enthousiasme exemplaire est toujours intact. Aux côtés de son directeur d'équipe Richard Noble, Andy Green planche sur un nouveau bolide record du nom de Bloodhound SSC pourvu d'une propulsion combinée fusée/turbine à gaz. L'objectif est clairement fixé à 2011 : 1 000 mph au compteur, soit 1 610 km/h. De même, une troisième équipe est quasiment prête au départ, la North American Eagle Team. Ed Shadle aimerait lancer son chasseur supersonique sans ailes (!) à 800 miles par heure (soit 1 288 km/h) sur la piste ferme du désert de Black Rock. Une turbine à gaz LM 1500 de 42 500 ch avec chambre de postcombustion de General Electric assure la poussée nécessaire. Trois pilotes de course infectés par le virus du record et un but commun : être le plus rapide sur terre.

La fièvre du record se propage

Le bien ou le mal fondé des courses record est une chose qui se discute. Pourtant, tous les sceptiques sont impressionnés de constater avec quelle énergie les pilotes de haut niveau poursuivent les objectifs qu'ils se sont imposés d'atteindre. C'est ainsi que chaque année, à la fin du mois d'août, une armada de pilotes de haut niveau et d'humeur optimiste se rendent sur deux, trois ou quatre roues à La Mecque des records : à Bonneville, en bordure du Grand Lac salé de l'Utah. Température extérieure atteignant 50 °C, pas d'ombre, pas d'arbre, uniquement une couche scintillante de sel blanc marquée de deux lignes noires dessinant une piste de 18 km. Durant des décennies, les Salt Flats furent les pistes de courses les plus rapides au monde. Aujourd'hui, la Bonneville Speed Week se présente comme le meilleur spectacle de voitures de course d'Amérique. Nulle part ailleurs, les accrocs de la vitesse ne peuvent se défouler aussi pleinement qu'à cet endroit. Un événement unique en son genre, sans perdant, car tout le monde se voit comme vainqueur après avoir établi son nouveau record personnel.

Record des 24 Heures Renault

1926

En 1926, c'est avec ce bolide haut sur roues que Renault voulut mettre à l'épreuve la fiabilité et la rapidité de ses grands modèles six cylindres. La tentative fut couronnée de succès grâce à un nouveau record mondial des 24 Heures avec une moyenne de 173 km/h et ce, en dépit de l'absence de formes aérodynamiques.

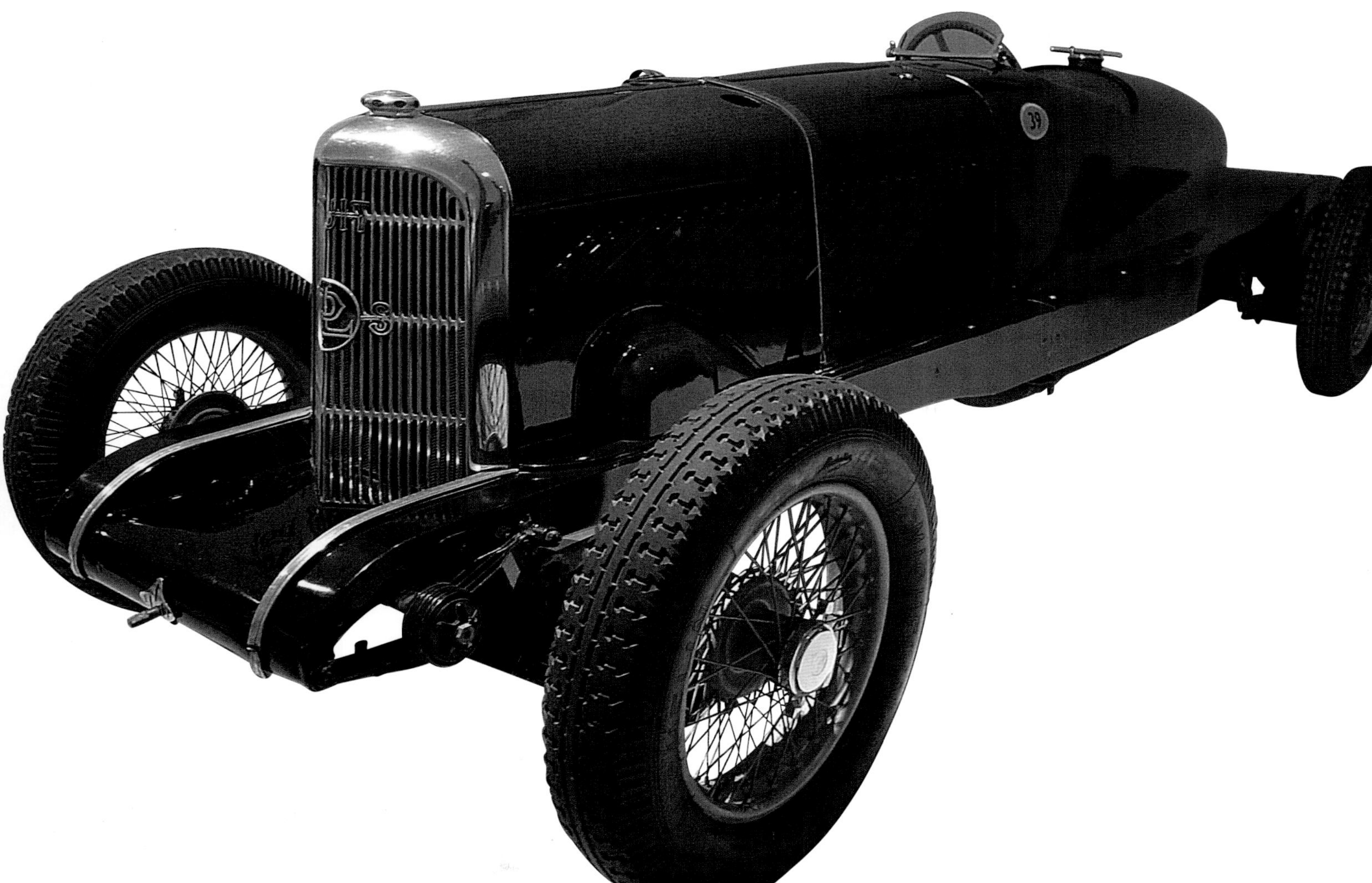

Panhard Levassor 35C *1926*

Au cours des années 1920, les constructeurs français rivalisèrent en établissant sans cesse de nouvelles courses record. Panhard-Levassor développa cette voiture record entraînée par un moteur à huit cylindres en ligne de 7 940 cm³ pour 290 ch. En 1934, Georg Eyston au volant de ce véhicule battit le record mondial de l'heure en parcourant 214,064 km.

Opel RAK I *1928*

La première automobile propulsée par moteurs fusées fut mise au point par Friedrich W. Sander et Max Valier en collaboration avec Fritz von Opel et le pilote professionnel Kurt C. Volkhart qui mis à feu la fusée sur le circuit Opel. Lors du premier essai, Volkhart ne se laissa pas aller à une course record et monta à demi-puissance seulement à 100 km/h.

Opel RAK 2 *1928*

Le 23 mai 1928, Fritz von Opel vide ses batteries sur l'Avus berlinoise et atteint une vitesse de 238 km/h au volant de sa deuxième voiture à fusées. Ce fut autrefois un événement mondial. Les fusées à poudre développées pour les situations d'urgence en mer étaient remplies de 120 kg d'explosif. Devant plusieurs dizaines de milliers de spectateurs et 2 000 invités, cet entrepreneur à l'intrépidité inhabituelle alluma les 24 fusées. À plus de 230 km/h, l'avant de la voiture de course se souleva à plusieurs reprises de l'étroite piste.

Record des 48 Heures Renault
1934

Avec cette voiture de course ultra longue, Renault ne tenait pas à établir un nouveau record absolu de vitesse. Pour une série de records permanents des 24 et 48 Heures, une vitesse de 168 km/h était autrefois suffisante.

Mercedes-Benz W-125 Rekordwagen

1938

Au volant de cette voiture aux lignes aérodynamiques, Rudolf Caracciola fila à 432,7 km/h sur l'autoroute récemment inaugurée entre Francfort et Darmstadt. Son moteur à compresseur 12 cylindres développait 736 ch à 5 7800 tr/min. Cependant, cette autoroute n'était pas appropriée pour établir un record absolu de vitesse. Déjà en 1938, le Britannique John Cobb fulmina à 563,472 km/h sur le Lac salé de Bonneville aux États-Unis.

Auto Union Rekordwagen *1938*

Auto Union et Mercedes-Benz se livrèrent des duels acharnés sur les pistes de grand prix et lors de records de distance au cours des années 1930. La photographie présente la réplique conforme à l'original de l'Auto Union Rekordwagen aérodynamique de Bernd Rosemeyer dotée d'un moteur 16 cylindres de 6,5 l. La puissance maximale s'élevait à 545 ch. À bord de ce bolide, Rosemeyer établit plusieurs records au sein de sa catégorie. Sa vitesse maxi atteignit 406,3 km/h. Le 22 février 1933, le record du monde absolu de vitesse de 437,823 km/h fut établi par Sir Malcolm Campbell à bord d'une Napier.

Mercedes-Benz W-154 Rekordwagen *1939*

Le régime nazi brûlait d'envie de présenter l'ingénierie allemande sous son véritable jour. Il était par conséquent évident que des voitures de grand prix modifiées afin de présenter d'encore meilleures caractéristiques aérodynamiques seraient utilisées dans des courses record sur de plus courtes distances. Cette photographie datant de 1939 présente un parcours record réussie par Rudolf Carraciola sur le tronçon d'autoroute entre Dessau et Bitterfeld. La tâche : départ arrêté, passage de la ligne d'arrivée au bout de 1 km. La motorisation de l'époque était représentée par un moteur de grand prix 12 cylindres issu de la W 154 et offrant 2 962 cm^3 de cylindrée, 453 ch pour 8 000 tr/min, avec des pointes à plus de 285 km/h selon la démultiplication.

Mercedes-Benz T80-Rekordwagen
1939

Avec une vitesse de plus de 600 km/h, cette fascinante voiture aérodynamique devait établir un nouveau record absolu de vitesse sur l'autoroute dans les environs de Darmstadt. Le professeur Ferdinand Porsche développa cette flèche argentée à trois essieux moteurs. Hans Stuck était prévu pour piloter cet engin. La puissance nécessaire devait être fournie par un moteur d'avion DB 603 d'une cylindrée de 44 522 cm^3. Quelque 3 000 ch offraient une puissance suffisante. Cependant, avec le déclenchement de la Seconde Guerre mondiale, toutes les activités de course en Europe prirent fin et la T80 fut reléguée au musée Mercedes-Benz.

Flying Caduceus *1960*

Nathan Ostrich conduisit la première voiture record à une propulsion à turbine à gaz sur le Lac salé, près de Bonneville, en 1960. En tant que docteur en soins dentaires, il ne correspond pas tout à fait à l'archétype des mordus de vitesse coriaces qui, chaque année, utilisent le Grand Lac salé d'Utah comme terrain de jeu. Son meilleur résultat était de 483 km/h. Ce ne fut certes pas suffisant pour un record du monde mais cela constitua néanmoins une preuve évidente que l'avenir appartenait aux moteurs à réaction.

Voiture record allemande *1960*

L'ingénieur de Porsche, Leopold F. Schmid, dessina en 1960 un modèle de voiture record allemande. Une turbine de jet à postcombustion est installée sur le milieu du véhicule. Finalement, cet intéressant projet échoua par manque de sponsors financièrement solides.

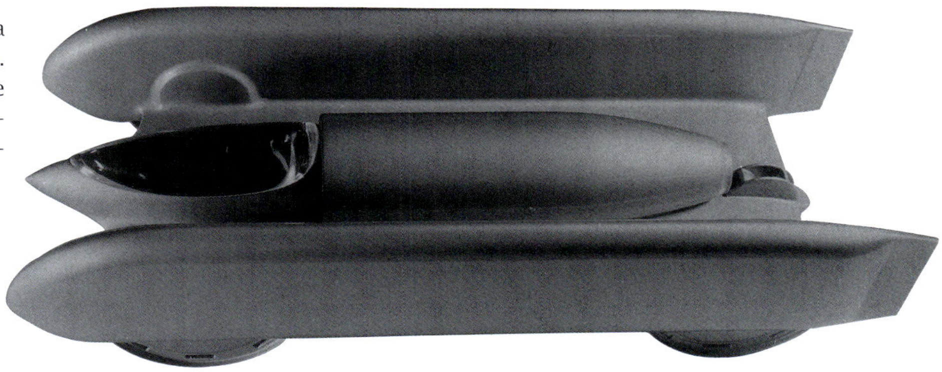

Bluebird CN7 *1964*

Le Britannique Donald Campbell hérita de son père, Sir Malcolm Campbell, sa passion insatiable pour les tentatives de record risquées sur l'eau et sur terre. En 1964, Donald Campbell réalisa un nouveau record mondial absolu sur le lac salé asséché de Lake Eyre en Australie, en atteignant une vitesse de 649 km/h. La même année, il améliora le record absolu sur l'eau. Cette passion ne le laissa pas tranquille. Le 4 janvier 1967, il mourut lors d'une nouvelle tentative de record à bord de son jet boat Bluebird K7 sur le Lake Coniston (Angleterre).

Nikitin 500 *1965*

En Union Soviétique aussi, il fut un temps où la chasse aux nouveaux records sévit. Vladimir Nikitine développa ce bolide de seulement 67 cm de largeur à Kharkov. Nikitine établit quelques records nationaux dans la catégorie de 250 à 500 cm^3 de cylindrée qui ne furent pas chronométrés par un jury international et ne furent donc pas homologués.

Goldenrod *1965*

En 1963, les deux pilotes de dragster Bill et Bob Summers développèrent ce streamliner très allongé. En 1965, Bob Summers décrocha le record mondial absolu pour véhicules terrestres sur roues grâce à une vitesse de 658,924 km/h. Quatre moteurs V8 Hemi Chrysler d'un total de 2 400 ch constituèrent la source de puissance. Ce record fut battu en 1991.

Wingfoot Express *1964*

Sans un moteur à réaction d'au moins 12 000 ch, aucun pilote ne pourrait prétendre avoir la moindre chance de réaliser un nouveau record du monde. Walt Arfons amena ce Wingfoot Express à Bonneville dès 1963. En 1964, une turbine de Sabre retiré du service se révéla être un investissement sensé : le pilote de Walt Arfons, Tom Green, fonça à 664,96 km/h vers la ligne d'arrivée – un nouveau record du monde. Walt Arfons fit l'acquisition de cette turbine auprès d'un ferrailleur pour 750 dollars.

Spirit of America Sonic 1 *1965*

C'est sous la forme d'une confrontation unique à ce jour qu'Art Arfons et Craig Breedlove se poussèrent mutuellement à atteindre sans cesse de nouvelles performances au cours de l'automne 1965. À la fin, le nouveau record mondial absolu était porté à 966,367 km/h, soit presque exactement 300 km/h de plus qu'un an auparavant ! Ce duel fou approchant les 1 000 km/h fut remporté par Craig Breedlove à bord de cette fusée à turbine à gaz de 17 800 ch qu'il avait lui-même conçue.

Blue Flame *1970*

Durant cinq ans, de nombreux prétendants au record échouèrent face à la performance de 966,367 km/h de Craig Breedlove. C'est alors que Gary Gabelich se mit au volant du Blue Flame. Contrairement à tous les autres chasseurs de records de haut niveau, l'équipe de Gabelich misa sur la création d'un nouveau moteur fusée alimenté au gaz naturel en tant que mode de propulsion, ce qui inspira le nom de Blue Flame. Le 23 octobre 1970, ce projectile d'une dizaine de mètres et de 2 t délivrant une puissance de 35 000 ch franchit la barrière photoélectrique à 1 008,62 km/h.

Pollution Packer *1970*

Sans propulsion à fusées, le record du monde du Blue Flame ne pourrait jamais être battu – c'est du moins ainsi que la plupart des accrocs de la vitesse des années 1970 voyaient la situation. L'un d'entre eux était Tony Fox, à gauche sur l'image : une personnalité à plusieurs facettes et un homme d'affaires malin qui gagnait une fortune grâce à sa société d'élimination des ordures ménagères. Il investit immédiatement cet argent dans de nouvelles voitures à fusées. Son pilote Dave Anderson, à droite sur l'image, établit 13 records du monde sur courtes distances mais il resta cependant loin des 1 008,62 km/h de Gary Gabelich.

SMI Motivator *1976*

L'autodidacte et constructeur californien Bill Fredrick développa et construisit cette voiture fusée de 48 000 ch dans son garage. Le pilote de dragster Billy Meyer devait conduire ce projectile d'environ 1 200 km/h alimenté au super peroxyde d'hydrogène. Après le premier essai, il déchanta et renonça à ce siège très explosif. Ensuite, la cascadeuse sourde et muette Kitty O'Neil prit le volant. Après 6 secondes, les chronométreurs mesurèrent déjà 853,736 km/h. Kitty était prête à battre le record mais le sponsor ne voulut pas prendre le risque de voir éventuellement la pilote de course périr dans un accident et se retira de ce projet prometteur.

Mercedes-Benz C111/III *1978*

L'entreprise de Stuttgart utilisa les tentatives de record en premier lieu comme démonstration de moteurs diesel encore plus performants et plus économiques. Sur la piste de vitesse de Nardo en Italie, cette voiture de course profilée établit neuf records du monde. La moyenne des 1 000 miles de 319,091 km/h est un résultat sans précédent. Les données techniques sont un moteur turbo diesel cinq cylindres de 230 ch, une cylindrée de 2 998 cm^3, une vitesse maximale de 327 km/h et un coefficient de traînée de 0,195.

Mercedes-Benz C111/IV *1979*

L'ingénieur d'essai de Daimler, Hans Liebold, établit un record sensationnel du tour au volant de cette flèche d'argent d'une longueur de 6 m. Le record absolu du tour de 355 km/h était détenu depuis 1975 par la Porsche 917 CanAm de 1 200 ch de Mark Donohoe. En mai 1979, cette Mercedes-Benz C111/IV porta le record à 403,98 km/h. Les caractéristiques techniques : moteur à essence V8 biturbo, cylindrée 4 800 cm^3, 500 ch à 6 200 tr/min, coefficient de traînée 0,182.

Budweiser Rocket *1979*

Le constructeur de SMI, Bill Fredrick, gagna la collaboration d'un nouveau sponsor. Pour sa nouvelle fusée sur roues encore plus puissante, il trouva un pilote prêt à affronter la mort : Stan Barrett. Cette Budweiser Rocket à l'allure d'une flèche de 60 000 ch devait franchir le mur du son au bout de 20 secondes. Cette entreprise fut couronnée de succès le 18 décembre 1979. Après une course de 18 secondes dans la zone d'essai de la Nasa du Désert des Mohaves, la fusée passa la barrière photoélectrique à une vitesse de 1 190,122 km/h. Le mur du son s'effondre mais le record n'est pas homologué car le règlement prescrit en supplément un retour en l'espace d'une heure.

Portrait

Stan Barrett

Stan Barrett fut le premier homme à percer le mur du son à bord d'un véhicule terrestre. Même les experts de la Nasa n'étaient préalablement pas tous du même avis sur les effets de cette course. Le passage de la voiture à fusées dans le domaine supersonique ferait-il dévier le véhicule de sa trajectoire ? Les contraintes amèneraient-elles le fuselage assemblé à l'aide de rivets de titanes à se désintégrer ? Le pilote supporterait-il une poussée de presque 7 g jusqu'à 12 secondes ? Stan Barrett est l'un des meilleurs acteurs à sensation d'Hollywood, père de deux enfants et chrétien très croyant.

Thrust 2 *1983*

Après une période difficile de six ans ponctuée de nombreux problèmes techniques, le Britannique Richard Noble parvint enfin un coup de maître le 4 octobre 1983. Il suspendit le record du monde de Gary Gabelich à bord de son Blue Flame, officiel depuis 13 ans, et l'améliora avec une vitesse de 1 019,25 km/h. Richard Noble trouva dans le désert du Nevada une piste de vitesse de record idéale composée d'argile sèche. Le Thrust 2 est propulsé par une turbine à gaz Rolls Royce 32 de 8 000 kiloponds.

Portrait

Andy Green

En 1947, Chuck Yeager, à bord de son avion-fusée expérimental Bell X-1, devient le premier homme à se déplacer plus vite que le son. Presque 50 ans plus, Andy Green franchit deux fois le mur du son à 1 203,71 km/h en une heure. Pour tous les pilotes détenteurs de records, le 15 octobre 1997 est une journée historique. Jusqu'alors, durant toute sa carrière, Andy Green n'a encore disputé aucune course automobile. Par contre, en tant que chef d'escadrille de la Royal Air Force, il maîtrise les avions de combat les plus rapides qui atteignent aujourd'hui mach 2. Il est l'homme qu'il faut pour une course record à travers le mur du son.

Spirit of America Sonic 2 *1997*

Un nouveau duel dans le désert du Nevada. Il est environ trois heures du matin, le plein de carburant du bolide à turbine à gaz de Craig Breedlove est effectué. Des records audelà de la barre des 1 100 km/h ne sont possibles qu'en cas d'absence presque complète de vent. Avant chaque parcours d'essai, les 18 km de piste doivent être aplanis à l'aide d'un véhicule spécial. Craig Breedlove perdit le duel face au Britannique Andy Green qui fut le premier homme à franchir le mur du son par deux fois en l'espace d'une heure.

Plus rapide que le son *1997*

Le Thrust SSC « vole » à travers la barrière photoélectrique à une vitesse atteignant 1 253 km/h. En ce 15 octobre 1997, après un élan plus prolongé, Andy Green aurait certainement filé à 1 300 km/h sur la piste d'argile du désert de Black Rock. Les deux turbines à gaz développent de 75 000 à 100 000 ch selon la température. Cette voiture record de 16,49 m est guidée par les deux roues arrières agencées dans le sens longitudinal. Avec un poids de 10,4 t, le Thrust SSC est la voiture record la plus lourde de toute l'histoire de l'automobile, et peut-être également la dernière à se déplacer plus vite que le son.

Unblown Roadster 2000

Même sans forme aérodynamique ou suralimentation par compresseur, il est possible d'atteindre des vitesses considérables lorsque l'élan est suffisamment long. Ce hot rod roula à 276 km/h sur la surface salée. Il concourt dans la catégorie hot rod inférieure sans suralimentation par compresseur. Chaque participant doit se soumettre à un examen médical car la prise de certains médicaments peut rendre les pilotes inaptes à conduire, nuisant de ce fait aussi aux autres pilotes et aux spectateurs.

Harnaché pour 400 km/h 2003

Une défaillance technique légère est généralement la cause d'un sérieux crash. Ainsi, une crevaison insidieuse modifie de façon dramatique le comportement du véhicule sur la piste et conduit presque toujours à un renversement. Afin de prévenir des incidents incalculables, les organisateurs de la Speed Week imposent entre autres les dispositifs de sécurité suivants pour le pilote : ceinture de sécurité six points, fixations supplémentaires du casque, les bras sont fixés à l'aide de ceintures pour qu'en cas de tonneau le corps reste à l'intérieur de la cage de sécurité.

Carburants exotiques 2003

Tous les carburants ne se ressemblent pas. Durant la Bonneville Speed Week, des bolides alimentés au méthanol prennent le départ, et le protoxyde d'azote est utilisé pour optimiser les performances. Pour cette classe de course supérieure, des dispositifs de sécurité supplémentaires sont imposés, tels que ce masque respiratoire et des combinaisons spéciales ignifugées car le méthanol ne produit pas de flamme visible.

Vector *2004*

Le Lac salé asséché de Bonneville est loin d'être aussi lisse que le souhaiteraient les pilotes de course. Tôt le matin, le sel est encore humide et produit des rides qui durcissent au cours de la journée. Le Vector concourt dans la catégorie streamliner. Ce tube d'aluminium d'une longue de 6 m est propulsé par deux moteurs Ford quatre cylindres de 1 200 ch. La vitesse de pointe atteint 486 km/h.

Thunderbird *2004*

Dans la catégorie illimitée streamliner, de fascinants bolides se retrouvent à Bonneville. Ce Thunderbird rouge est propulsé par une turbine à gaz d'hélicoptère de 2 500 ch. Mais hélas, à plus de 650 km/h, la transmission défaillit.

Slicks pour lacs salés *2004*

Durant des décennies, Goodyear et Firestone se livrèrent un duel acharné sur le Lac salé. Pour les participants à la Speed Week, les fournisseurs moins connus tels que Mickey Thompson ou Hoosier jouent un rôle important. Leurs pneus slick à faible frottement coûtent entre 400 et 800 euros et sont testés à une vitesse de 600 km/h.

Spirit *2004*

Sur ce streamliner, les deux roues avant agencées l'une derrière l'autre sont directrices, la résistance à l'air est ainsi nettement inférieure à une configuration de roues avant découvertes. Le meilleur temps accompli était de 620 km/h. La base était fournie par le châssis tubulaire modifié d'un dragster sling shot pourvu d'un moteur à compresseur V8 Hemi Chrysler d'environ 4 800 ch et d'une cylindrée de 8 600 cm^3.

Burke & Cook Special 2004

La Bonneville Speed Week est un énorme défi pour la plupart des participants. À quel autre endroit est-il possible de connaître la sensation d'une vitesse pouvant atteindre 700 km/h ? Nulle part, car les autres lacs salés sont soit trop courts, soit trop irréguliers ou soit classés sites naturels protégés. Ce streamliner aux allures nostalgiques améliore chaque année son meilleur temps. Ainsi, en 2008, il monta à 478,58 km/h.

333 Hot Rod 2004

Avec pour devise « beaucoup de puissance mais peu de tôle », les hot rods chromés s'établirent comme la catégorie de course principale durant la Speed Week de Bonneville. Essieu rigide à l'avant, essieu rigide à l'arrière : avec un tel châssis, une vitesse 390 km/h devient une véritable aventure. Le moteur V8 de 7 600 cm³ est surmonté du compresseur. Il assure quelque 2 400 ch.

Young Bros Special 2005

Ce Ford Coupé superbement arrangé date de 1936. Lors de la Speed Week, on rencontre des stock cars à valeur historique regroupés au sein de leur propre classe de voitures de course nostalgiques. De profondes modifications de tuning ne sont pas autorisées dans cette catégorie. La propulsion doit correspondre à l'original.

Lancaster Special 2005

Une forme aérodynamique est un atout. Dans le cas de cette voiture de course de Bonneville, il s'agit d'un réservoir supplémentaire qui était employé sur les bombardiers Lancaster P28 durant la guerre du Viêtnam. La catégorie Lancaster comprend de nombreux concurrents car il n'existe quasiment aucune alternative financière aussi avantageuse pour obtenir une telle carrosserie aérodynamique. Les plus rapides de tous atteignent plus de 450 km/h. Pour la plupart des pilotes, des vitesses aussi élevées procurent de grands frissons car seulement deux fois par an, des essais de pilotage sont permis sur la piste de course beaucoup plus lente d'El Mirage Dry Lake.

Open Wheel Racer 2005

Sur ce lac salé archi-sec, le thermomètre grimpe à plus de 40 °C à l'heure du midi. Dans ces conditions, de nouveaux records sont absolument illusoires car tous les moteurs à combustions nécessitent une brise fraîche pour atteindre des performances maximales. Dans la catégorie open wheel sont regroupés les streamliners élancés sans garde-boue. Les plus rapides filent jusqu'à 460 km/h.

Pocket Racer 2005

L'association Southern Timing est chargée de contrôler l'exactitude des tentatives de record et du chronométrage. Les inspecteurs prennent leur travail au sérieux et ne se laissent pas influencer. Ci-contre, un pilote de la catégorie open wheel jusqu'à 250 cm^3 attend le signal positif après la course. Dans cette plus petite catégorie de véhicules, le meilleur résultat atteint une valeur substantielle de 256 km/h. Après la manifestation a lieu le grand nettoyage. Les pièces de véhicules sont vendues au plus offrant ou échangées. La communauté des pilotes de course fait preuve d'une solidarité inébranlable car excepté une nouveau record de catégorie ou du monde, aucune prime financière ne peut être gagnée durant la Speed Week de Bonneville.

Double D 2005

En 1979, Bill Snyder devint le premier pilote à se présenter au volant d'un camion diesel sur le Lac salé pour tenter de battre le record. Son camion de l'époque fut sorti du musée pour la course dans la catégorie nostalgie. Le Double D est équipé de deux moteurs diesel V10 Detroit. Le deuxième moteur est monté sur la surface de chargement. Bill Snyder fila sur le sel à une vitesse de 396,4 km/h sur quatre pneus pour poids lourds entièrement rechapés.

State Line Casino Special 2005

La petite localité de Wendover se situe directement en bordure de la piste de record de Bonneville. La majorité des habitants gagnent leur vie en tant qu'employés du casino. À cet endroit, le risque, la passion du jeu et des courses se côtoient étroitement. Ce Modified Rod de 1 500 ch parcourut la distance de chronométrage d'un mile à 410 km/h.

Fly Rod Dodge Charger 2005

En 1970, Chrysler amena ce Muscle Car sur la piste de course. Lors de la course du Daytona 500 pour stock cars NASCAR, les « Superbirds », comme les nomme le slogan publicitaire, occupèrent les trois premières places. Avec son moteur V8 trafiqué de type Hemi Chrysler de 7 l, cette Fly Rod (bielle volante) monta en 2005 à une vitesse de 347,08 km/h.

Lil Scamper Yanmar 2005

Les créations les plus inhabituelles prennent part à la Speed Week de Bonneville. Dès 1980, Robert Demore atteignit près de 170 km/h au volant de cette petite voiture de course de 12 ch seulement et établit un nouveau record. Un moteur monocylindre de bateau Yanmar est installé en guise de propulsion. Sur la photographie, on voit ce bolide bleu en attente d'effectuer une nouvelle tentative de record en août 2005.

The Big Sky Country 2007

La passion de très nombreux Américains pour les courses est presque illimitée. Ce participant a fait le voyage depuis les contrées lointaines du Montana. Lorsque la configuration de la piste est favorable, en une semaine chaque pilote peut tenter au maximum 12 fois de battre un record existant. Si le temps n'est pas favorable, la piste est inondée par les pluies persistantes. Au cours des dix dernières années, ce fut deux fois le cas, aucune course ne put avoir lieu.

Phases de travail 2007

Les tentatives de record sont une affaire familiale. De six heures du matin jusque tard dans la nuit, les mécaniciens trafiquent et astiquent les voitures de course sept jours durant. Ils dorment sur des lits de camp ou dans des tentes et l'alcool est strictement prohibé sur le sel. Lorsque monsieur réalise alors son meilleur temps, toute la famille est heureuse – jusqu'à la Speed Week suivante.

Red 262 2007

Ça y est ! Ce roadster modifié franchit la barrière photoélectrique à une vitesse de 452 km/h. La moyenne du mile fulminant s'éleva à 431,48 km/h après deux passages – un nouveau record national dans cette catégorie durement disputée.

Index

C

D

E

F

G

H

N

O

P

R

S

T

U

V

Remerciements

Un livre d'une telle ampleur ne peut être réalisé sans de nombreux soutiens. Les auteurs et l'éditeur remercient tous ceux qui ont contribué à ce travail :

la Kölner Renn- und Rallyesport-Archiv McKlein qui a autorisé la reproduction de documents rares, avec la contribution des photographes Lars Olaf Magnil, Martin Pfunder, Hugh Bishop, Gerhard D. Wagner, Jeff Lehalle, Colin Taylor Productions, Alois Rottensteiner, Peter Kumpa, Foster & Skeffington, Bob McCaffrey, Daniel Roeseler, Tony Welam, Colin McMaster, Hans G. Isenberg et Reinhard Klein ; Maria Feifel des archives de Daimler AG et Ernst-Peter Berresheim des archives historiques de Adam Opel A pour leurs recherches ; le personnel des entreprises BMW Sauber, Red Bull, Renault, Toro Rosso, Toyota, Williams, Force India et McLaren-Mercedes, ainsi que HS Rallye Team, Renault-Nissan Allemagne et Mitsubishi Motors Allemagne qui ont fourni des photographies impressionnantes. Se sont également beaucoup investis Allianz AG, Alfa Romeo, Audi, Fiat, Lancia, Goodyear, Michelin, BFGoodrich, Bridgestone, Firestone et Dunlop.